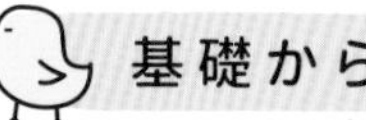

基礎からしっかり学べる

Photoshop Elements 2023 最強の教科書

ソーテック社 著

Windows & macOS 対応

JN086794

ソーテック社

Adobe、Adobe ロゴおよび ADOBE PHOTOSHOP ELEMENTS ならびに Adobe PREMIERE ELEMENTS は、Adobe Systems Incorporated（アドビシステムズ社）の米国ならびに他の国における商標または登録商標です。
Windows は米国 Microsoft 社の各国における商標もしくは登録商標です。
本文中に登場する製品の名称は、すべて関係各社の登録商標または商標であることを明記して本文中での表記を省略させていただきます。
本書に掲載されている説明およびサンプルを運用して得られた結果について、株式会社ソーテック社は一切責任を負いません。個人の責任の範囲内にて実行してください。
本書の操作および内容によって生じた損害、および本書の内容に基づく運用の結果生じた損害につきましては一切当社は責任を負いませんので、あらかじめご了承ください。また、本書の制作にあたり、正確な記述に努めていますが、内容に誤りや不正確な記述がある場合も、当社は一切責任を負いません。
本書の内容は執筆時点においての情報であり、予告なく内容が変更されることがあります。また、システム環境、ハードウェア環境によっては本書どおりに動作および操作できない場合がありますので、ご了承ください。

まえがき

本書は、Photoshop Elements 2023をはじめて使う初心者の方から、撮影したさまざまな写真を整理したり印象的な写真をInstagramやTwitterなどのSNSなどにアップしたい方、またはRaw現像したい一眼レフユーザーのハイアマチュアの方までを対象としてつくりました。

Photoshop Elementsのほぼすべての使い方を、操作の手順に沿って説明し操作をマスターするための入門書です。

Photoshop Elements 2023では、補正される前後の画像を比べながら色や明るさ、彩度などを調整できるクイックモード、あらかじめつくるイメージがセットされたガイドモード、手動で選択範囲をつくり、レイヤー合成、色調補正ができるエキスパートモードといった、ユーザーのレベルに応じた操作モードが用意されています。

Elements Organizerでは、デジタルカメラで撮影した画像をパソコンに取り込み、キーワードタグ、人物、場所、イベントによる多彩な検索で画像やビデオ等をピックアップすることができます。

スライドショー、フォトコラージュ、プリントアウト、メールやTwitter、YouTube等へのアップロードなどアウトプットの方法も多彩です。

デジタルカメラ、スマートフォンで撮影したレジャーや旅行、趣味の写真など大量の写真が各々の機器に保管されているでしょう。Photoshop Elementsはそれら大量の写真を分類していつでも必要なときにピックアップして、TwitterなどのSNSに印象的な写真をアップできます。

今回のバージョンアップでは、次のような新機能や更新された機能があります。

- **ガイド編集での検索**
- **ムービングエレメンツ**
- **追加されたガイド編集（のぞき見オーバーレイ）**
- **更新されたガイド編集（「顔写真をきれい」にで「目を開く」の追加、「背景の置き換え」のプリセット追加、パターンブラシのブラシ追加）**
- **効果パネル→アーティスティック**
- **ACR（Adobe Camera Raw）プラグインの本体からの切り離し（別途インストールが必要）**

本書は、このような新機能を踏まえつつ、画像のレタッチや合成などの例をふんだんに使いながら、Photoshop Elements 2023の機能を豊富な図版によって、ほぼ完全に解説しています。また、初心者の方には分かりにくいデジタル画像の処理についても、できるだけ分かりやすく記述することを心がけています。

本書で使用している画像をダウンロードして、実際に操作しながら覚えてみましょう。

本書でPhotoshop Elementsの基本操作を学び、デジタルカメラの写真をうまく管理し、より楽しい写真の撮影や管理、レタッチ、配信ができるようになっていただけたら幸いです。

2022年10月

ソーテック社　編集部

CONTENTS

まえがき …… 3
本書の読み方・使い方 …… 7
本書の構成 …… 8

CHAPTER 1 Photoshop Elements 2023の基本をマスターしよう …… 9

1.1 デジタル画像について知っておこう …… 10
1.2 Photoshop Elementsの起動と各モード …… 13
1.3 新しいドキュメントを作成しよう …… 16
1.4 ファイルを開いてみよう …… 18
1.5 Camera Raw画像を編集して開こう …… 20
1.6 開いた画像を閉じよう …… 24
1.7 画像を保存してみよう …… 25
1.8 Web用の画像を保存しよう …… 27
1.9 画像サイズと解像度を変更しよう …… 32
1.10 カラーモードを理解しよう …… 37

CHAPTER 2 Elements Organizerを使いこなそう …… 39

2.1 カタログに写真を取り込もう …… 40
2.2 Elements Organizerの基本操作 …… 47
2.3 画像を検索してピックアップしよう …… 56
2.4 キーワードタグを使って写真を整理しよう …… 58
2.5 アルバムを作成しよう …… 64
2.6 人物ビューを使いこなそう …… 67
2.7 地図上に写真を表示しよう …… 70
2.8 カレンダーから写真を表示しよう …… 72

CHAPTER 3 ウィンドウとパネルの操作を覚えよう …… 75

3.1 画像を拡大・縮小して表示しよう …… 76
3.2 パネルとツールオプションの操作を覚えよう …… 80
3.3 ツールボックスのツールを覚えよう …… 84
3.4 定規、グリッドを使いこなそう …… 85
3.5 ヒストリーで過去の操作に戻ろう …… 87

CHAPTER 4 選択範囲の作成とコピペ・切り抜きを覚えよう …… 89

4.1 選択範囲を作成しよう …… 90
4.2 選択範囲を移動・調整しよう …… 100
4.3 選択範囲を他の画像に貼り付けてみよう …… 111
4.4 画像を切り抜いてみよう …… 114
4.5 画像を削除して背景を透明にしよう …… 116

CHAPTER 5 レイヤーを使って画像を合成しよう …………………… 119

5.1 画像を貼り付けてレイヤーをつくってみよう …………………… 120
5.2 レイヤーの基本操作を覚えよう …………………… 122
5.3 不透明度と描画モードで合成しよう …………………… 134
5.4 レイヤースタイルを適用してみよう …………………… 136
5.5 塗りつぶしレイヤーで塗ってみよう …………………… 145
5.6 レイヤーの画像を変形しよう …………………… 150
5.7 クリッピングマスクを活用しよう …………………… 156
5.8 パノラマを作成してみよう …………………… 158

CHAPTER 6 テキスト・シェイプレイヤーを使いこなそう …… 161

6.1 テキストを入力してみよう …………………… 162
6.2 テキストを選択して書式を設定しよう …………………… 164
6.3 テキストをゆがませてみよう …………………… 169
6.4 テキストにスタイルを適用しよう …………………… 172
6.5 シェイプレイヤーで図形を描こう …………………… 175

CHAPTER 7 カラーを設定し描画・レタッチしてみよう ……… 181

7.1 カラーを設定しよう …………………… 182
7.2 スウォッチパネルを使おう …………………… 185
7.3 カラーピッカーと塗りつぶし …………………… 187
7.4 ブラシ、消しゴム、鉛筆ツール …………………… 189
7.5 好みのブラシをつくろう …………………… 192
7.6 印象派ブラシで描画しよう …………………… 196
7.7 画像をレタッチして修正しよう …………………… 197
7.8 スマートブラシツールで加工しよう …………………… 202
7.9 画像の特定部分を削除しよう …………………… 204
7.10 グラデーションで描画しよう …………………… 205
7.11 パターンで塗りつぶそう …………………… 211

CHAPTER 8 写真の色味や明暗を補正しよう …………………… 213

8.1 クイックモードで色調補正しよう …………………… 214
8.2 調整レイヤーを使って補正しよう …………………… 218
8.3 レベル補正で明るさを調整しよう …………………… 220
8.4 カラーバランスを補正しよう …………………… 226
8.5 明るさやコントラストを調整しよう …………………… 227
8.6 シャドウ・ハイライトを補正しよう …………………… 228
8.7 色相・彩度を補正しよう …………………… 229
8.8 特定の色を変更してみよう …………………… 232
8.9 肌色や粗れを修正しよう …………………… 233
8.10 顔立ちを調整、閉じた目を調整しよう …………………… 234

8.11 画像の反転、平均化してみよう …… 235
8.12 画像の階調を落としてみよう …… 236
8.13 カラーカーブとモノクロバリエーション …… 237
8.14 レンズのフィルター効果を適用しよう …… 238
8.15 モノクロ画像を作成しよう …… 239
8.16 かすみを除去しクリアにしよう …… 240
8.17 ガイドモードで写真を補正しよう …… 241

CHAPTER 9 フィルターを使いこなそう …… 245

9.1 フィルターを使ってみよう …… 246
9.2 さまざまなタッチで描画するフィルター …… 249
9.3 画像をくっきりと鮮明にするフィルター …… 250
9.4 2色の絵画調にしてみよう …… 252
9.5 壁紙やモザイクなどのテクスチャ効果 …… 253
9.6 ノイズを増やしたり削除してみよう …… 254
9.7 モザイクや水晶などピクセル状にしてみよう …… 255
9.8 ブラシで描いた画像にしてみよう …… 256
9.9 画像をぼかしてみよう …… 257
9.10 輪郭を強調して表現しよう …… 259
9.11 光の反射で表現してみよう …… 260
9.12 波形、波紋、球面などでゆがめてみよう …… 261
9.13 ピクセル値をずらした効果を与えてみよう …… 262

CHAPTER 10 プロジェクトをつくって配信してみよう …… 263

10.1 プロジェクトを作成しよう …… 264
10.2 メールやTwitterで配信しよう …… 272

CHAPTER 11 プリントとバッチ処理を覚えよう …… 275

11.1 プリントしてみよう …… 276
11.2 複数ファイルを一括処理しよう …… 281

CHAPTER 12 環境設定・カラー設定を行おう …… 283

12.1 環境設定とカラー設定で使いやすく …… 284

描画モード一覧 …… 294
ショートカット一覧 …… 296
INDEX …… 298

本書の読み方・使い方

これから Photoshop Elements をはじめる方、もっと詳しく知りたい方に読んでほしい一冊です。基礎部分から読み進めて行き、次第に応用度が高くなっていく内容になっています。

●はじめて Photoshop Elements をはじめる方は

初心者の方は、Chapter1 から順を追って読むことをお勧めします。Photoshop Elements はデジタル画像についての把握がある程度必要なソフトなので、ビットマップ画像、サイズと解像度、カラーモードなどの理解が不可欠です。特にデジタルカメラから取り込んでリサイズする場合などは、解像度の理解が不可欠です。

SD カードやスマートフォンなどから取り込んだ写真の整理やアルバムの作成はとても便利な機能です。Chapter2 でインターフェースからさまざまな Elements Organizer の使用方法を紹介しています。

また、Photoshop Elements 操作の基本となる選択範囲の作成については Chapter4 で、レイヤーの基本操作、レイヤースタイルなどは Chapter5、テキストレイヤー、シェイプレイヤーなどは Chapter6 で、開いた写真の補正は Chapter8 で、フィルターは Chapter9 で解説しています。

●より進んだ内容、ショートカットは TIPS 欄に

Photoshop Elements は同じ操作でも、さまざまな方法で同じ操作を実行できます。TIPS 欄には別の操作方法、ショートカット、ちょっと進んだ内容を記述しています。

●使用頻度と目次、索引を活用しよう

Photoshop Elements は頻繁に使用する機能についてはご存知の方は多いと思いますが、普段使用しない機能も使い方を覚えるとその便利さに驚かされます。使わない機能でも本書の目次や索引で調べて一通り試してみると、クリエイティブワークなどで Photoshop Elements の力はさらに発揮できるでしょう。

各「Section」タイトルには一般的な「使用頻度」を示しているので、未使用機能について覚える目安としてください。

●学校、セミナリングでの活用

本書は、各 Chapter ごとのカリキュラムとしても使えるように構成されています。Photoshop Elements の授業や講習、セミナーでもご活用ください。

●本書の制作環境

本書は Windows 10/11 環境で制作していますが、Mac OS を使用している方も、ほぼ同じ操作で学ぶことができます。Mac ユーザーの方は、ショートカットキーを次のように読み替えてください。

[Ctrl]キー → [⌘]キー

[Alt]キー → [option]キー

本書の構成

本書は、次のような項目でページを構成しています。CHAPTERは機能や操作ごとにSECTIONで構成されているので、すぐに目的の操作の解説を探すことができます。操作の流れは、番号を付けた解説とともに表示しているので、初心者でも簡単に操作方法をマスターすることができます。

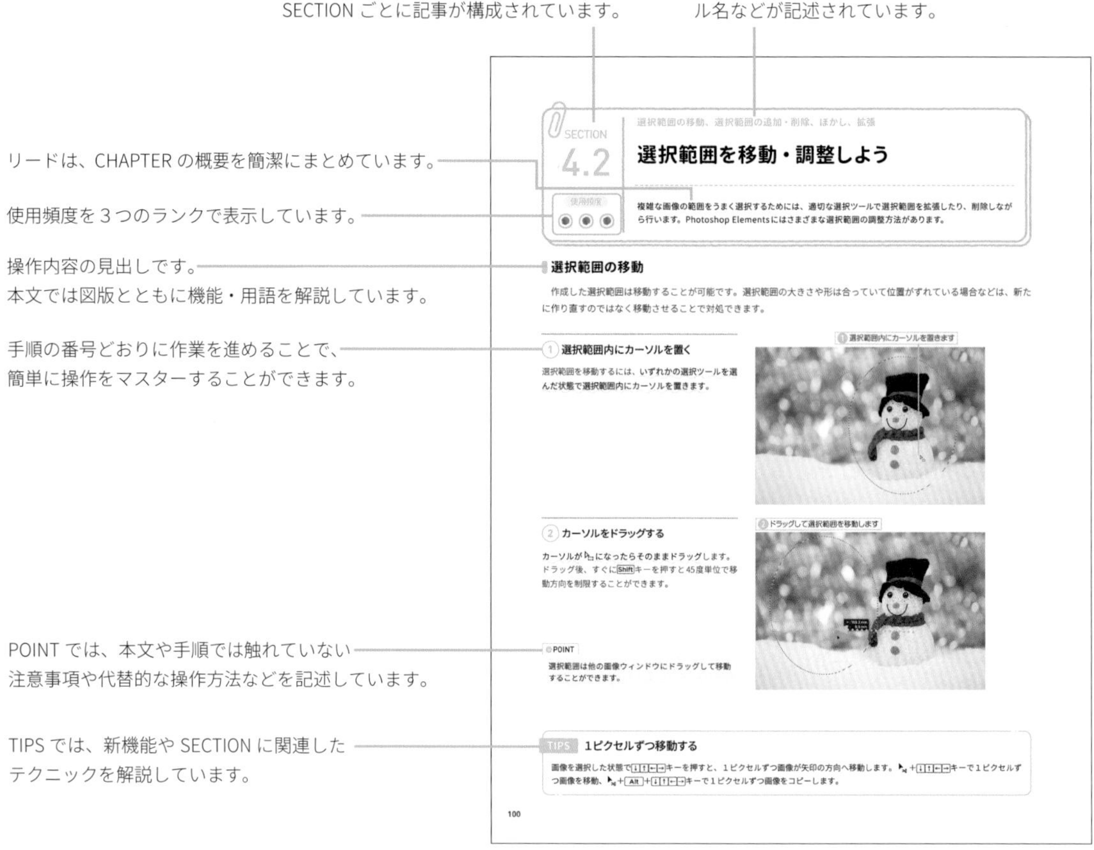

CHAPTER（章）内にSECTION（節）があり、SECTIONごとに記事が構成されています。
小さなタイトルには、機能名、操作名、ツール名などが記述されています。
リードは、CHAPTERの概要を簡潔にまとめています。
使用頻度を3つのランクで表示しています。
操作内容の見出しです。
本文では図版とともに機能・用語を解説しています。
手順の番号どおりに作業を進めることで、簡単に操作をマスターすることができます。
POINTでは、本文や手順では触れていない注意事項や代替的な操作方法などを記述しています。
TIPSでは、新機能やSECTIONに関連したテクニックを解説しています。
SECTION
4.2
選択範囲の移動、選択範囲の追加・削除、ぼかし、拡張
選択範囲を移動・調整しよう
使用頻度
複雑な画像の範囲をうまく選択するためには、適切な選択ツールで選択範囲を拡張したり、削除したりしながら行います。Photoshop Elementsにはさまざまな選択範囲の調整方法があります。
選択範囲の移動
作成した選択範囲は移動することが可能です。選択範囲の大きさや形は合っていて位置がずれている場合などは、新たに作り直すのではなく移動させることで対処できます。
1 選択範囲内にカーソルを置く
選択範囲を移動するには、いずれかの選択ツールを選んだ状態で選択範囲内にカーソルを置きます。
1 選択範囲内にカーソルを置きます
2 カーソルをドラッグする
カーソルがになったらそのままドラッグします。ドラッグ後、すぐにShiftキーを押すと45度単位で移動方向を制限することができます。
2 ドラッグして選択範囲を移動します
POINT
選択範囲は他の画像ウィンドウにドラッグして移動することができます。
TIPS 1ピクセルずつ移動する
100

本書で使用したファイルのダウンロードについて

本書の解説で使用しているファイルは、以下のサポートページからダウンロードすることができます。なお、権利関係上、配付できないファイルもありますので、あらかじめご了承ください。

本書のサポートページ

http://www.sotechsha.co.jp/sp/1309/

CHAPTER

1

Photoshop Elements 2023の基本をマスターしよう

最初にPhotoshop Elementsの起動方法や保存、インターフェースなどの基本操作を覚えましょう。また、ウィンドウ内の画像の拡大やスクロール方法、ガイド線の設定、情報の表示などについても解説します。

SECTION 1.1

ビットマップデータ、ベクトールデータ、ピクセル、カラーモード、解像度

デジタル画像について知っておこう

使用頻度

Photoshop Elementsを活用するには、デジタル画像の特徴について知っておく必要があります。ここでは、ビットマップとベクトルグラフィックスの違い、カラーモード、ビット深度といったデジタル画像に特有な基本的な概念を覚えておきましょう。少し難しい内容なので、後から覚えてもかまいません。

デジタル画像とは

Photoshop Elementsは、デジタルカメラやスマートフォンのカメラで撮影したデジタル写真の色補正や画像合成を行うためのWindowsやMac OSで使えるアプリケーションです。

デジタルカメラ等で撮影されたデジタル画像は、どんどん拡大してみると**四角いピクセル状の集まり**で表現されているのがわかります。これを**ビットマップデータ**といいます。

一方、同じAdobe社から発売されているIllustratorは**ベクトル**と呼ばれる線と内部の塗りで形状を表現しています。それを拡大してみると、ギザギザのエッジでなく**滑らかな曲線**でつくられているのがわかります。

Photoshop Elementsのビットマップデータ

拡大するとビット形状が確認できます

Illustratorのベクトルデータ

拡大しても精度が保たれます

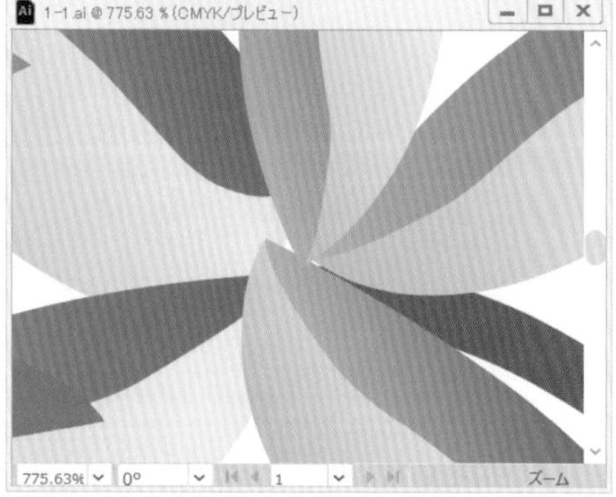

▶デジタル画像はピクセルデータを変更して画像を処理する

モニタに映される画像は、1つ1つのピクセルから画像が成り立っています。拡大ツールなどでウィンドウを拡大していくと、細部のピクセルを確認することができ、**画像データは四角いピクセルでできている**のがわかります。

画像の細部を拡大してみると、四角いピクセルから画像が成り立っているのがわかります。

Photoshop Elementsは、画像の明るさや色合い等の変更、フィルター処理によるさまざまなタッチの創作や、画像のサイズやカラーモードの変更などができる万能ソフトウェアです。そこでは1つ1つのピクセルを別の値に変更することで、画像処理が行われています。

図は「水彩画」フィルター処理を行ったものですが、拡大した図を見ると、ピクセルが変更されているのがわかります。

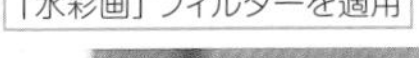

目的に応じたカラーモード

テレビやパソコンモニタ、スマホなどのモニタの色は、赤、緑、青の**光の三原色**で構成され、これを**RGBモード**といいます。

一方、紙にインクで印刷する色は、シアン、マゼンタ、イエロー、黒の**4つのインク色**から構成され、**CMYKモード**といいます。

Photoshop Elementsでは、モノクロ2階調、グレースケール、インデックスカラー、RGBカラーがサポートされています。

商用印刷で使用するCMYKカラーを使いたい場合には、Photoshopが必要になります。

カラーモードについては37ページ以降を参照してください。

RGBモード

RGBの3つのチャンネルがあります。それぞれのチャンネルの画像はチャンネルパネルで確認できます。

グレースケールモード

K版（墨版）1つのチャンネルがあります。

デジタル画像の細かさを表わす「解像度」

解像度とは、**1インチ（センチ）の中にいくつのピクセルがあるか**を表わす**画像の密度**です。

1インチの中に沢山のピクセルがある密度の高い画像は、「解像度が高い」と表現され、プリントアウトもきれいに出力できます。一方、密度が粗く解像度の低い画像は、ピクセルのギザギザが目立ち、印刷すると精彩さを欠き少しぼやけます。また、解像度の低い画像はピクセル数が少なく、その分ファイルサイズは小さくなります。

解像度や画像サイズを変更する操作の詳細は、32ページを参照してください。

350ピクセル/インチの解像度

72ピクセル/インチの解像度

Photoshop Elementsで扱える色の数とビット深度

Photoshop Elementsでは、モニタに映るRGB（赤・緑・青）の3色それぞれを256色（8bit）の色数で表現しています。RGBのカラー画像の場合は、**RGBの3つの8bitチャンネルの組み合わせ**により1670万色で表現できます。このbit数は**ビット深度**とも呼ばれ、RGBカラーやグレースケールカラーなどのカラーモードによる色数を決める尺度となります。各カラーモードの色数は

グレースケール	**8bit（2^8=256色）×1チャンネル**
RGB	**8bit（2^8=256色）×3チャンネル=1670万色**
CMYK	**8bit（2^8=256色）×4チャンネル**

のように表現することができます。

パソコン等のモニタではRGBカラー（8bit×3チャンネル）に対応した色を表現できます。しかし、人間に認識できない範囲も含め、実際の色は1チャンネルあたり16bitで計算して表現することが可能です。

Photoshop Elementsでは、Raw現像で保存した16bitの画像を処理することができます。ただし、16bit画像の処理には制限があり、次の機能は使用できません。

自動選択、選択ブラシ、ブラシ、スマートブラシ、詳細スマートブラシ、塗りつぶし、グラデーション、消しゴムなどペイント系のツール、ぼかし、修復ブラシ、コピースタンプなどレタッチ系のツール、シェイプツール、文字ツール、角度補正ツール、赤目修正ツール、レイヤーの操作、フィルターの一部、効果パネル、グラフィックパネルの操作。

これらの処理は、Elements Editorの「イメージ」メニューの「モード」から「8bit/チャンネル」を選択して一度8bitに変換してから行ってください。

POINT

Photoshop Elementsでは、Raw画像（20ページ参照）を開くことができ、その際に16bit/チャンネルを指定できます。
16ビット/チャンネルの画像はPhotoshop形式、Photoshop PDF形式、PNG形式、Photo Project形式、TIFF形式、汎用フォーマット（.RAW）のいずれかの形式で保存することができます。

SECTION 1.2

使用頻度 ●●●

ホーム画面、整理モード、編集モード

Photoshop Elementsの起動と各モード

Photoshop Elements を起動すると、作業エリアを選択するためのスタートアップスクリーンが表示されます。
製品の概要や、写真を編集する、写真を整理するなどを選ぶことができます。

Photoshop Elements起動時のホーム画面

スタートメニューから、またはデスクトップのPhotoshop Elementsアイコンをダブルクリックして起動すると、**ホーム画面**が表示されます。ホーム画面には、機能の紹介や自動作成、そして各アプリの起動アイコンがあります。

ここで「整理」をクリックすると、Elements Organizerが起動し、「写真の編集」をクリックすると、Elements Editorが起動します。

POINT

Mac版は、Finderウィンドウの「アプリケーション」フォルダに「Adobe Photoshop Elements 2023」フォルダができます。その中のアプリケーションアイコンをドックに登録すると使いやすくなります。

Photoshop ElementsのInstagram、Facebookページ、Twitter、Adobe社へのリンクです。

起動時に写真やビデオのスライドショーやコラージュが自動作成されプレビューできます。

自動作成が個別に表示されます。

Premiere Elementsを起動できます。

ここで写真を整理するか編集するかを選びます

Elements Organizerで写真の整理

ホーム画面の「整理」をクリックすると、**Elements Organizerが起動**します。デジタルカメラからの取り込み、キーワード検索、アルバム表示、人物、場所、イベント、プロジェクト作成などで、大量の写真を効率よく管理することができます（47ページ参照）。

クリックすると、Elements Organizerのウィンドウが開きます

TIPS ホーム画面を表示するには

「ヘルプ」メニューの「ホーム画面」を選択、または、タスクバーの「ホーム画面」をクリックすると、ホーム画面を表示することができます。

Elements Editorで写真の編集

「写真の編集」をクリックすると、Elements Editorが起動します。Elements Editorでは写真を開いてツールやメニューコマンド、レイヤー、パネル、フィルター等を使用して画像を編集、合成、加工、印刷、書き出しなどを行います。

Elements Editorには、クイック、ガイド、エキスパートの3つのモードがあります。

クリックすると、Elements Editorが起動します

フォトエリア

現在開いている写真が表示されます。アルバムやマイフォルダーの写真をメニューで切り替えて表示することもできます。

「エリアの操作」メニューから「印刷」、「アルバムとして保存」を選択し、表示された写真を操作することができます。

プロジェクトエリアのファイルを印刷...
プロジェクトエリアのファイルをアルバムとして保存...
グリッドを表示...

TIPS Elements Editorの3つの編集モード

Elements Editorには、通常のPhotoshopに近いスタンダードな「エキスパート」の他に、簡単に色調補正が行える「クイック」、ガイドに沿って編集が行える「ガイド」の3つの編集モードがあります。

プロジェクトを作成する

Elements Editor、Elements Organizerのタスクパネルの「作成」メニューからフォトプリント、フォトブック、グリーティングカード、フォトカレンダー、フォトコラージュ、スライドショー、CDジャケット、DVDジャケット、CD/DVDラベルをウィザードに沿って簡単にプロジェクトを作成することができます（詳細は264ページ参照）。

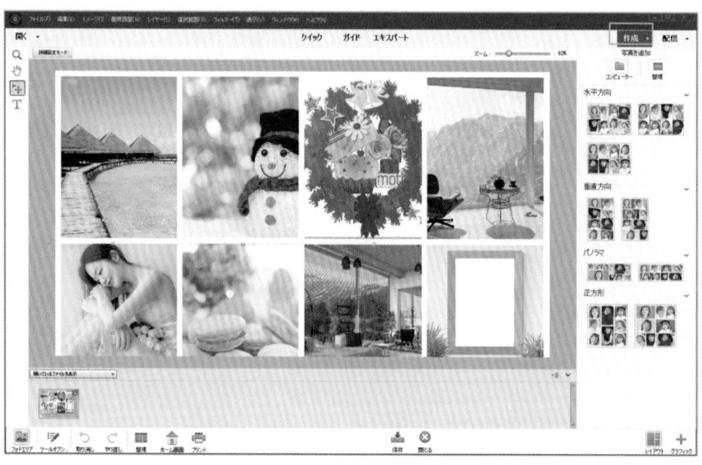

写真を配信する

Elements Organizerの「配信」ボタンをクリックすると、メニューから電子メール、Twitter、Flickr、Vimeo、YouTube、PDFスライドショーなどの配信方法を指定できます（詳細は272ページ参照）。

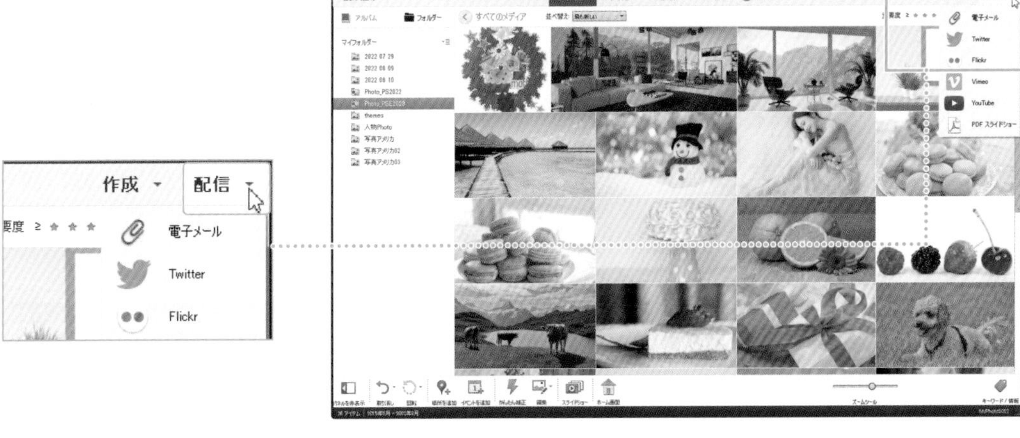

Photoshop Elementsを終了する

画像ウィンドウを閉じても、Elements Editorのプログラムは起動しています。終了するには「ファイル」（Macはアプリ名のメニュー）メニューから「終了」（Ctrl+Q：Macは⌘+Q）を選択すると、Elements Editorは終了し、すべてのウィンドウが閉じます。または、Elements Editorウィンドウの「閉じる」ボタン☒をクリックします。

このとき、保存されていないファイルがある場合、保存するかどうかを確認するダイアログボックスが表示されます。

Elements Organizerも同様の方法で終了することができます。

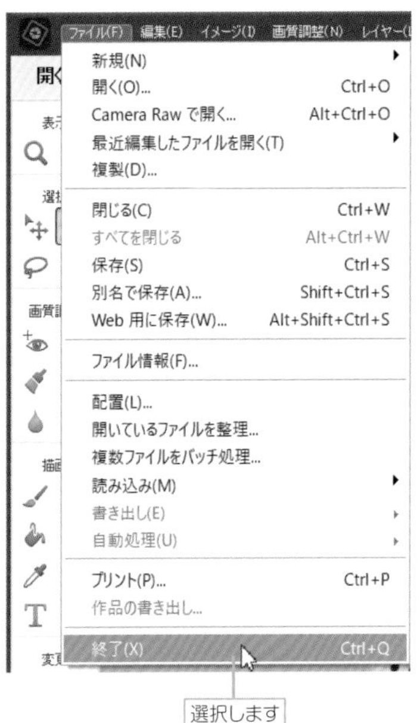

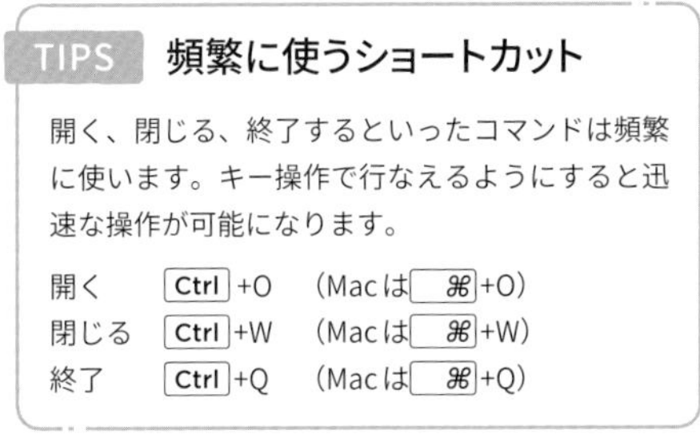

TIPS 頻繁に使うショートカット

開く、閉じる、終了するといったコマンドは頻繁に使います。キー操作で行なえるようにすると迅速な操作が可能になります。

開く	Ctrl+O	(Macは⌘+O)
閉じる	Ctrl+W	(Macは⌘+W)
終了	Ctrl+Q	(Macは⌘+Q)

SECTION
1.3

使用頻度

白紙ファイル、新規ドキュメント、カンバスカラー

新しいドキュメントを作成しよう

Elements Editorから新しいドキュメントを作成してみましょう。その際には、ドキュメントのサイズ、解像度、カラーモード、カンバスカラーを必ず設定します。

新規ファイルを作成するには

新しい白紙のファイルを作成してみましょう。白紙ファイルをつくる際には、サイズや解像度を決める必要があります。

①「新規」の「白紙ファイル」を選択

Elements Editorが起動したら、「ファイル」メニューの「新規」から「白紙ファイル」（Ctrl＋N：Macは ⌘+N）を選択します。

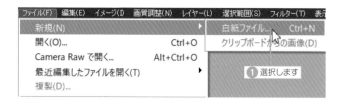

ファイル(F) 編集(E) イメージ(I) 画質調整(N) レイヤー(L) 選択範囲(S) フィルター(T) 表示
新規(N)
白紙ファイル... Ctrl+N
クリップボードからの画像(D)
開く(O)... Ctrl+O
Camera Raw で開く... Alt+Ctrl+O
最近編集したファイルを開く(T)
複製(D)...
❶選択します

②「新規」ダイアログボックスの設定

「新規」ダイアログボックスが表示されます。
ここでは新しい白紙の画面を設定します。最初に画像のサイズを決めます。サイズは「ドキュメントの種類」で「日本標準用紙」や「写真」「Web」などのカテゴリを選び、さらに「サイズ」で規格を選びます。
それに応じて自動的に幅、高さが設定されます。
幅、高さ、解像度に数値と単位を入力して設定することもできます。
画像のカラーモード、カンバスカラーなどを目的に応じて設定します。

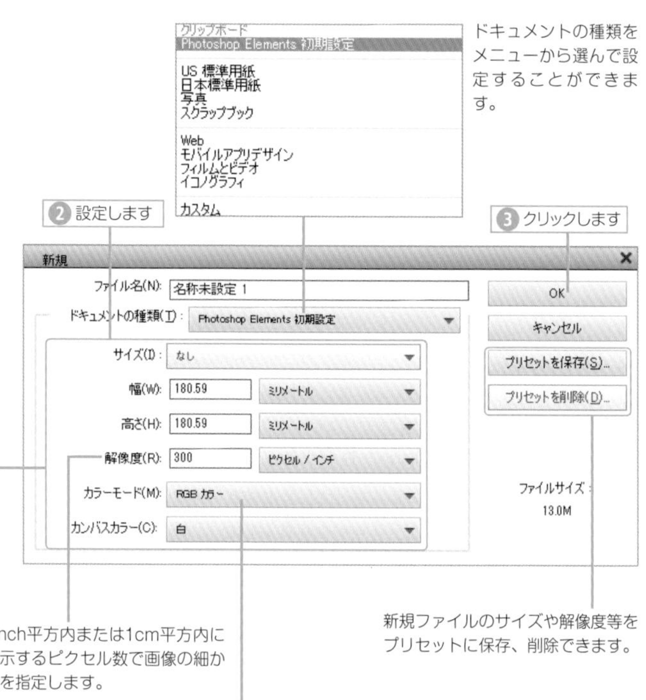

ドキュメントの種類をメニューから選んで設定することができます。

画像の大きさ（幅、高さ、解像度、カラーモード）をそれぞれ設定します。幅、高さは最終的な画像の用途によって入力の仕方が決まります。
例えばWeb用の画像など、画面上で表示させるものや、ピクセル数に依存する画像なら単位のメニューで「pixel」を選び、必要なサイズを入力します。

1inch平方内または1cm平方内に表示するピクセル数で画像の細かさを指定します。

新規ファイルのサイズや解像度等をプリセットに保存、削除できます。

カラーモードを決めます。Webなど画面表示用であれば、「RGBカラー」を選択します。

③ 白紙のファイルが作成される

画像が表示されていない新規のウィンドウが作成されます（この段階でファイルは保存されていないので後で保存をする必要があります）。

④ 白紙ファイルが作成されます

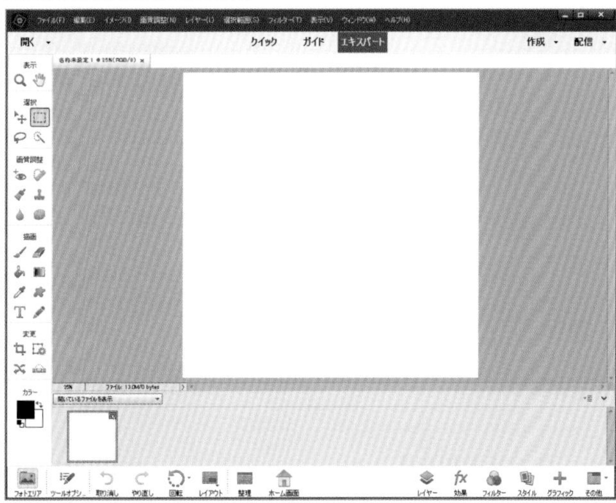

TIPS コピーした画像がある場合

クリップボードにコピーした画像がある場合は、ダイアログボックス内の画像のサイズは自動的にコピーした画像のサイズが入力されます。
これを反映させたくない場合は、Alt + Ctrl +Nキーを押すと、コピーする前に設定されているサイズの新規画面が表示されます。

▶ カンバスカラーの設定について

「カンバスカラー」は、新規ファイルを開くときの背景の色を決めるものです。「白」は白い背景、「背景色」はツールボックスであらかじめ指定した背景色が使われます。

「透明」を選ぶと、背景の代わりに透明なレイヤーが置かれた状態でファイルが開きます。この状態のファイルはPhotoshop形式（.psd）やTIFF形式等で保存する必要があります。

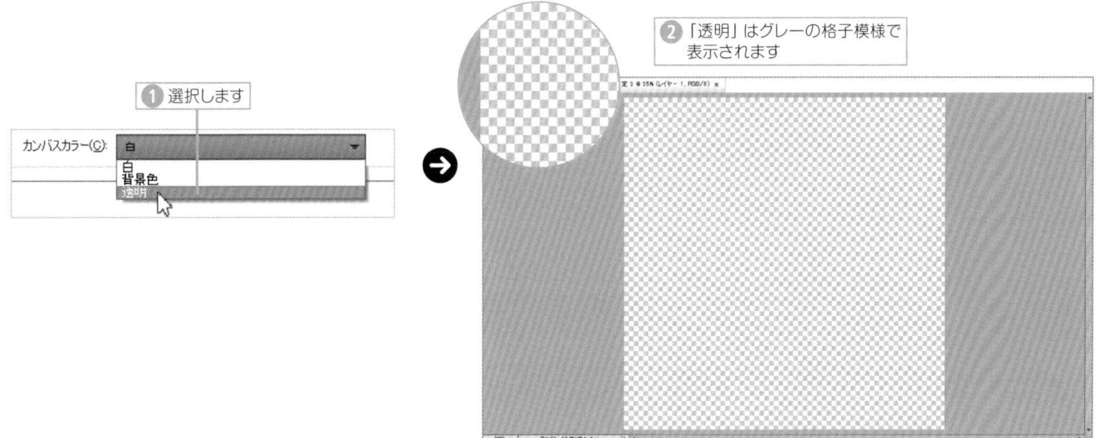

透明な背景のレイヤーは、レイヤー名が「背景」ではなく「レイヤー1」のように、描画可能で、下のレイヤーが透過します。

透過GIFや透過PNG画像を作成する場合には、「カンバスカラー」を「透明」にします。

SECTION 1.4

使用頻度 ●●●

開く、Elements Organizerから開く、フォトエリア、ファイル形式

ファイルを開いてみよう

Elements Editorでは、パソコン内に保存されているさまざまなファイル形式の画像を開いて編集することができます。Elements OrganizerからElements Editorで開くこともできます。

画像を開く

Photoshop Elementsでは、PSDやJPEG、Rawなどさまざまな形式の画像を開くことができます。

①「開く」を選択する

Elements Editorでタスクエリアの「開く」をクリックするか、「ファイル」メニューから「開く」（Ctrl＋O：Macは⌘＋O）を選択します。
または、フォルダ内の画像ファイルのアイコンをElements Editorウィンドウ内にドラッグします。

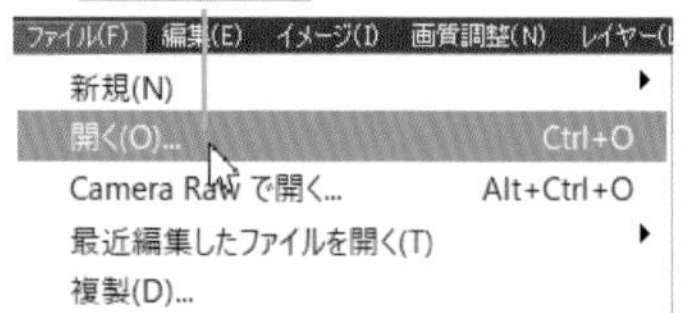

②「開く」ダイアログボックス

「開く」ダイアログボックスで、画像のあるフォルダを指定し、ファイルを選択してから［開く］ボタンをクリックすると、画像が開きます。

リストに表示するファイルの種類を選択する

Photoshop (*.PSD;*.PDD)
BMP (*.BMP;*.RLE;*.DIB)
CompuServe GIF (*.GIF)
GIF (*.GIF)
High Efficiency Image (HEIF) (*.HEIC;*.AVCI;*.HEIF)
JPEG (*.JPG;*.JPEG;*.JPE)
Photoshop PDF (*.PDF;*.PDP)
PICT ファイル (*.PCT;*.PICT)
Pixar (*.PXR)
PNG (*.PNG;*.PNS)
TIFF (*.TIF;*.TIFF)
Photo Project 形式 (*.PSE)
すべてのファイル (*.*)

③ファイルが開く

画像ファイルが開きます。左上のタブにはファイル名、表示倍率、カラーモード、チャンネルが表示されています。

POINT

画像ファイルが開いたときの表示倍率は、100％ではありません。Photoshop Elementsのウィンドウのサイズによって自動調整されます。表示倍率の変更については、76ページを参照してください。

Elements Organizerから画像を開く

Elements Organizerで選択している画像をElements Editorで開くには、サムネールを選択した状態でタスクバーの「編集」ボタンをクリックします。

Elements Editorで開いている写真は、Elements Organizerでは鍵マークと「画像を編集中」が表示されます。

ボタン右の▼をクリックすると、メニューが表示され、Photoshopや外部エディター、ビデオの編集（Premiere Elements）、フォトエディター（Photoshop Elements）を選ぶことができます。

TIPS　Elements Organizerから素早く開くショートカット

Elements Organizerで写真を選択し、Ctrl+Iキーを押すと、Elements Editorで開くことができます。

POINT

「編集」ボタンのメニューに表示されるアプリケーションは、「環境設定」の「編集」カテゴリで設定します。外部エディターを設定したり、「ビデオの編集」「フォトエディター」を非表示にすることもできます。

TIPS　フォトエリアから表示する

フォトエリアでは、現在開いているファイルや過去に表示したフォルダー、Elements Organizerで選択している写真を表示し、クリックするだけで表示することができます。

クリックして表示・非表示を切り替えます

Photoshop Elements 2023で開くことのできるファイル形式

ファイル形式	拡張子	ファイルの特徴
Photoshop	.PSD .PDD	Photoshopのオリジナル画像形式。Photoshopの適用効果をすべて含む
BMP	.BMP	Windowsで標準的なビットマップファイル形式
Camera Raw	メーカーごと	デジタルカメラのセンサーが捉えた生データ
CompuServe GIF	.GIF	高い圧縮率でインターネットなどに使われる画像形式
JPEG	.JPG. .JPEG	高い圧縮率で主にインターネットの写真画像に使われる形式
Photoshop PDF	.PDF	Photoshopの「別名で保存」で保存されたPDF形式
Pixar	.PXR	PIXAR社のグラフィックスワークステーションと互換性のある画像形式
PNG	.PNG	W3Cが提唱する新たなWeb上での画像形式
TIFF	.TIF .TIFF	Aldus社が開発した画像形式。さまざまなOSプラットフォームに対応
Photo Project	.PSE	Elements Organizerで作成した作品のフォーマット
HEIF	.heif .heic	iPhoneなどで撮影できる高圧縮の画像形式

SECTION
1.5

使用頻度

Raw形式、CameraRaw、ホワイトバランス、色温度、露光量、コントラスト

Camera Raw画像を編集して開こう

Photoshop Elementsでは、カメラセンサーが捉えた生データのCamera Rawを読み込むためのプラグインを実装しCamera Rawファイルを読み込み、Raw現像の処理を行えます。

Camera Rawデータを開く・編集する

Camera Rawファイルは、デジタルカメラのCCDやCMOSセンサーが捉えたまったく処理がなされていない状態のファイルです。Raw形式の保存に対応したデジタルカメラで撮影したRaw画像をPhotoshop Elementsで**現像して開く**ことができます。Raw形式で撮影したデータをデジタルカメラからパソコンに取り込み、Elements Editorの「ファイル」メニューの「開く」でRawファイルを開くと、Camera Raw用のダイアログボックスが開きます。

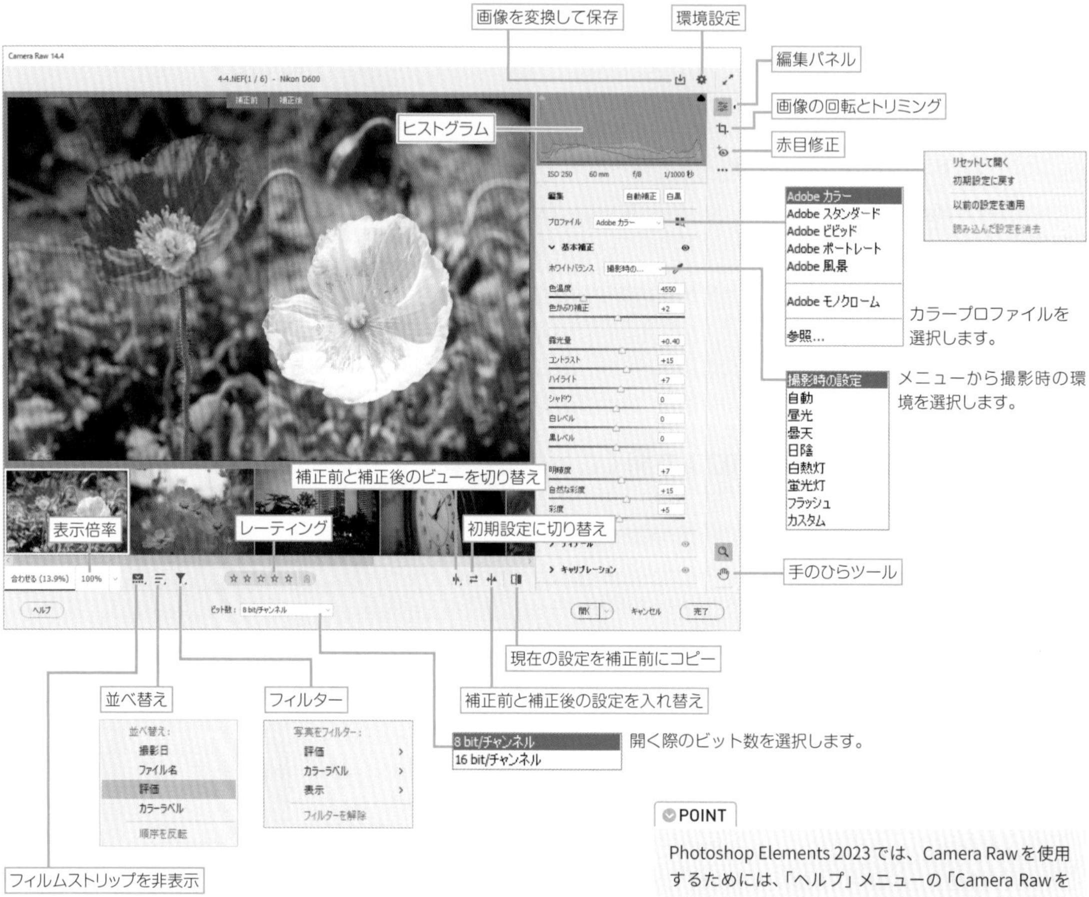

画像を変換して保存

環境設定

編集パネル

画像の回転とトリミング

ヒストグラム

赤目修正

リセットして開く
初期設定に戻す
以前の設定を適用
読み込んだ設定を消去

Adobe カラー
Adobe スタンダード
Adobe ビビッド
Adobe ポートレート
Adobe 風景
Adobe モノクローム
参照...

カラープロファイルを選択します。

撮影時の設定
自動
昼光
曇天
日陰
白熱灯
蛍光灯
フラッシュ
カスタム

メニューから撮影時の環境を選択します。

補正前と補正後のビューを切り替え

表示倍率

レーティング

初期設定に切り替え

手のひらツール

現在の設定を補正前にコピー

補正前と補正後の設定を入れ替え

並べ替え

並べ替え：
撮影日
ファイル名
評価
カラーラベル
順序を反転

フィルター

写真をフィルター：
評価
カラーラベル
表示
フィルターを解除

8 bit/チャンネル
16 bit/チャンネル

開く際のビット数を選択します。

フィルムストリップを非表示

POINT

Photoshop Elements 2023では、Camera Rawを使用するためには、「ヘルプ」メニューの「Camera Rawをインストール」でPhotoshop Elementsのプログラムとは別にインストールする必要があります。

▶ 基本補正の設定項目

編集
自動補正
白黒
プロファイル
Adobe カラー
基本補正
ホワイトバランス
撮影時の...
色温度
4550
色かぶり補正
+2
露光量
+0.40
コントラスト
+15
ハイライト
+7
シャドウ
0
白レベル
0
黒レベル
0
明瞭度
+7
自然な彩度
+15
彩度
+5
メニューからAdobeカラープロファイルを選びます。右の をクリックすると、プロファイルブラウザーが表示され、サムネールやリストで表示することができます。
「ホワイトバランス」とは、白い色が白く写るために行う設定です。太陽光、白熱灯など、光源により白い色がオレンジや青、緑がかった色に変化しますが、ここで調整を行います。「撮影時の設定」が選択されていれば、撮影したカメラに対応したホワイトバランス設定が使用されます。
「色温度」とは、色を温度で表した数値で、単位はK(ケルビン)です。赤っぽい色ほど低く、青っぽい色ほど高い数値になります。3000K 電球色 / 5000K 昼白色 / 6000K 昼光色
ホワイトバランスを設定して、グリーンまたはマゼンタの色合いを補正します。色かぶり補正の値を上げると画像のグリーンが強まり、色かぶり補正の値を下げるとマゼンタが強まります。
カメラの絞り値を設定します。露出量(+1で1絞り分)の設定。
コントラストを上げると、明るさが中間より暗い部分はより暗く、中間より明るい部分はより明るくなります。コントラストを下げると逆の作用となります。
左にドラッグするとハイライトが暗くなり、「白とびした」部分のディテールが再現されます。右にドラッグすると、ハイライトが明るくなるとともにクリッピング量が最小限になります。
左にドラッグすると、シャドウが暗くなるとともにクリッピング量が最小限になります。右にドラッグするとシャドウが明るくなり、シャドウ部のディテールが再現されます。
白レベルを調整します。左にドラッグすると、ハイライトのクリッピング量が減少します。
黒レベルを調整します。左にドラッグすると、ブラックのクリッピング量が増加します。
ローカルコントラストを上げることにより画像の深度を増加させます。
カラー彩度の高まりに応じて、クリッピングが最小化されるよう彩度を調整します。
画像の彩度を調整します。

▶ ディテールの設定項目

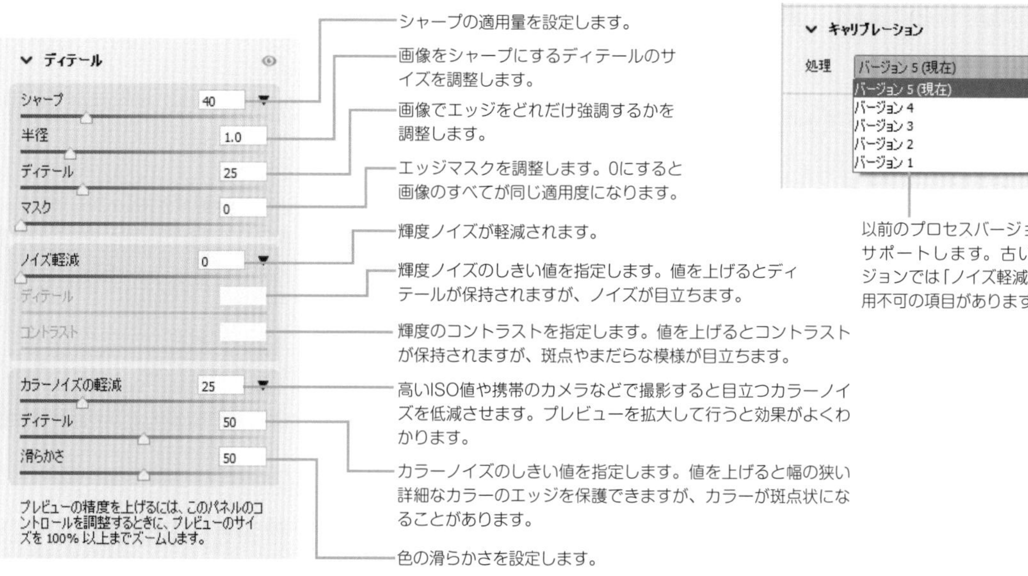

▶ カメラキャリブレーション

キャリブレーション
処理
バージョン 5 (現在)
バージョン 5 (現在)
バージョン 4
バージョン 3
バージョン 2
バージョン 1

以前のプロセスバージョンをサポートします。古いバージョンでは「ノイズ軽減」で使用不可の項目があります。

POINT

開いたRaw画像は、そのまま同じRaw形式として保存することはできないので、16ビット保存が可能なDNG形式、Photoshop形式やTIFF形式として保存しておくとよいでしょう。なお、Raw画像のファイルの拡張子はデジタルカメラによって異なります。Rawファイル共通のDNG形式で保存しておくことを勧めます。

ホワイトバランス、色温度を設定する

「Camera Raw」ダイアログボックスの「基本補正」の「**ホワイトバランス**」「**色温度**」では、撮影時の光源（蛍光灯、白熱灯、曇天、晴天）による被写体の色の変化を補正することができます。

メニューからホワイトバランスの項目を選ぶと、「色温度」「色かぶり補正」の値も変化します。

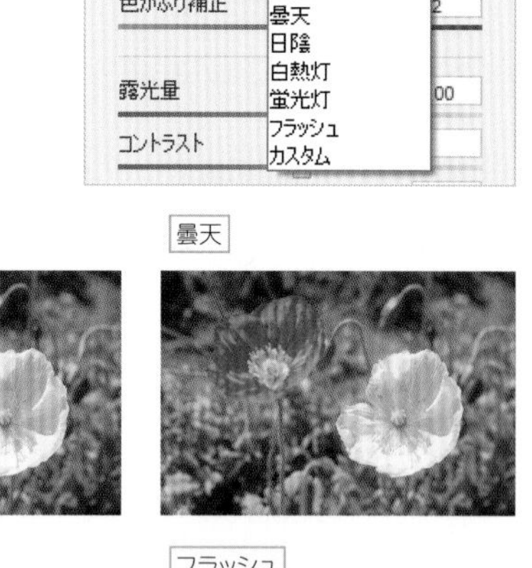

POINT

色温度の数字はK（ケルビン）が単位です。JISの規格区分では「電球色2600-3250K」「温白色3250-3800K」「白色3800-4500K」「昼白色4600-5500K」「昼光色5700-7100K」となっています。

撮影時の設定

自動

昼光

曇天

日陰

白熱灯

蛍光灯

フラッシュ

露光量とコントラスト

撮影した写真で光量が足りなくアンダー気味になったときなどは、「**露光量**」スライダーで画像全体の明るさを調整します。

「コントラスト」では、明るさが中間より暗い部分はより暗くなり、明るさが中間より明るい部分はより明るくなります。

ハイライトとシャドウ

「Camera Raw」ダイアログボックスで露光量やコントラストを上げると、画像上で白とびした部分は赤い領域で**ハイライトクリッピング警告**が表示されます。ここで「ハイライト」スライダーを赤いクリップが少なくなるよう左にドラッグします。または、「白レベル」スライダーで画像全体が暗くなるよう補正します。

露光量、コントラストを上げたためにハイライトのクリッピング警告が表示されました

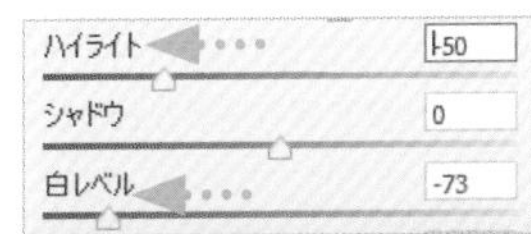

「ハイライト」「白レベル」スライダーを左にドラッグしてハイライトクリッピングを低減させます

同様に、露光量を少なくし画像全体を暗く補正したい場合、黒くつぶれた部分にはシャドウクリッピングが発生し、青く表示されます。このような場合には、「シャドウ」スライダー、「黒レベル」スライダーを右にドラッグします。

明瞭度と自然な彩度

「**明瞭度**」スライダーを使って、部分的な（輝度に対する）コントラストを上げることにより画像の深度を増加させます。

明瞭度を低くするとソフトフォーカスをかけたような画像になります。

通常「**彩度**」は色の強さですが、「**自然な彩度**」では、彩度が高い部分は影響を低く、彩度が低い部分を強調して調整します。

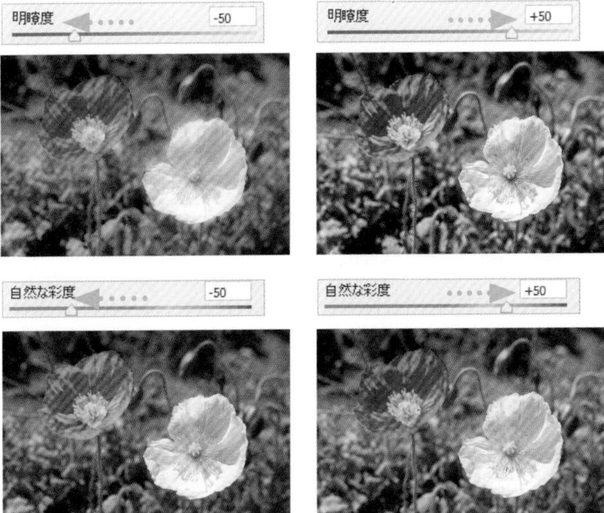

SECTION 1.6

使用頻度

閉じる、すべてを閉じる

開いた画像を閉じよう

Elements Editorで作業の終わった画像ウィンドウは閉じておきましょう。その際にPhotoshop Elementsでの作業を保存するかどうかを聞かれるので、必ず保存して閉じましょう。

開いているファイルを閉じる

1 「閉じる」を選択する

前面に開いているウィンドウを閉じるには、「ファイル」メニューから「閉じる」（Ctrl+W：Macは⌘+W）を選択するか、画像ウィンドウの「閉じる」ボタン☒をクリックします。

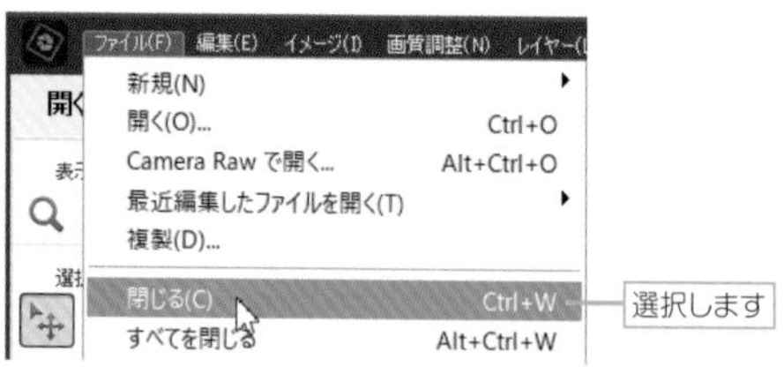

または、フォトエリアのサムネールを右クリックして「閉じる」を選択します。

フォトエリアで閉じる操作

2 保存するかどうかの確認

画像が保存されていない場合、保存するかどうかを確認するダイアログボックスが開き、「はい」ボタンをクリックすると画像は上書き保存されます。

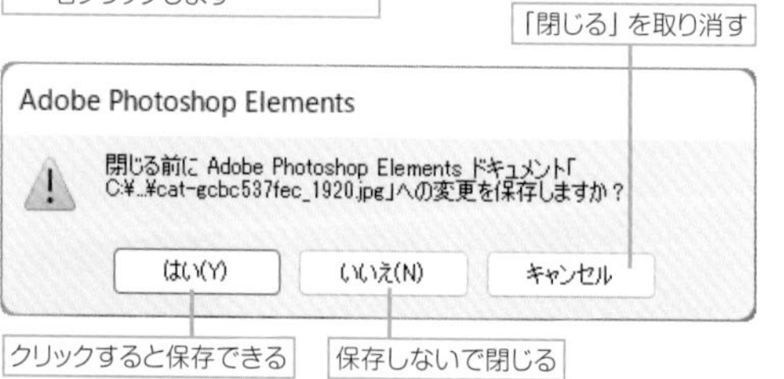

POINT

前回保存した状態の画像を残して、画面に表示されている編集後の画像を別のファイルとして保存したいときは、「別名で保存」コマンドを使います。詳細は26ページを参照してください。

TIPS すべての画像を一度に閉じるには

「ファイル」メニューの「すべてを閉じる」（Ctrl+Alt+W）を選択すると、複数開いているウィンドウを一度に閉じることができます。

SECTION 1.7

保存、別名で保存、バージョンセットに保存

画像を保存してみよう

使用頻度 ●●●

Elements Editorで作成・編集した画像は、ハードディスクやSSDなどの記録媒体に保存しないと、後で開いて再度利用することができません。保存にも、目的に応じたさまざまな形式や方法があります。

開いている画像を保存する

①「保存」を選択する

Elements Editorで作成・編集中の画像をそのまま新規または上書き保存するには、「ファイル」メニューの「保存」（Ctrl+S：Macは⌘+S）を選択します。

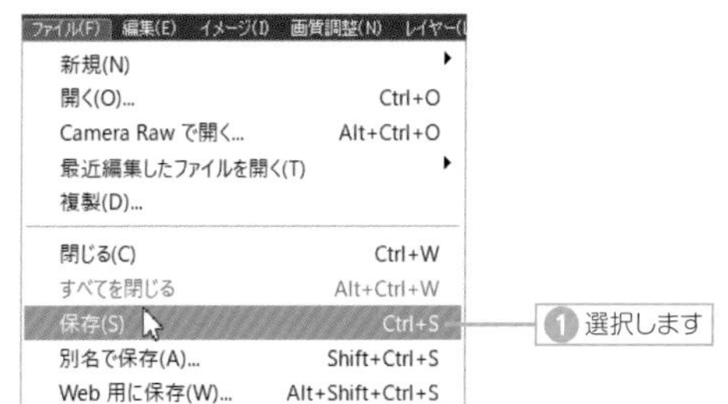

②新規画像の保存先、保存名を指定

新規に作成した画像の保存を行う場合は、「名前を付けて保存」（Macは「別名で保存」）ダイアログボックスが表示されます。
保存先のフォルダを指定します。
「ファイル名」欄にファイル名を入力します（拡張子は入力しなくても自動的に付きます）。
ファイル形式を指定します。

チェックすると、Elements Organizerに自動的に追加されます。

Elements Organizerにオリジナルとともにバージョンセットとして保存されます。

「編集」メニューの「カラー設定」で設定しているプロファイルを埋め込んで保存します。

TIPS 「複製を保存」オプション

「名前を付けて保存」ダイアログボックスの「保存オプション」の「複製を保存」をチェックすると、「……のコピー」というファイル名になり、現在表示している画像をそのままにして、もう1つ同じ状態の画像をファイル形式を指定して保存することができます。

別名で保存する

開いている画像を別の名前や別のフォルダ、別のファイル形式で保存する場合に使用します。特にファイル形式を変更して保存する場合や、名前を変更して保存し、制作の進行状況を残す場合などに便利です。

別名で保存するには、「ファイル」メニューから「**別名で保存**」（Shift＋Ctrl＋S）を選びます。

「別名で保存」を行うとダイアログボックスが表示され、ファイル名のテキストが選択された状態で表示されるので、新しい名前を付けて保存場所を決め、保存します。

「別名で保存」を行うと、ウィンドウには別名で保存した状態の画像とファイル名が表示されます。

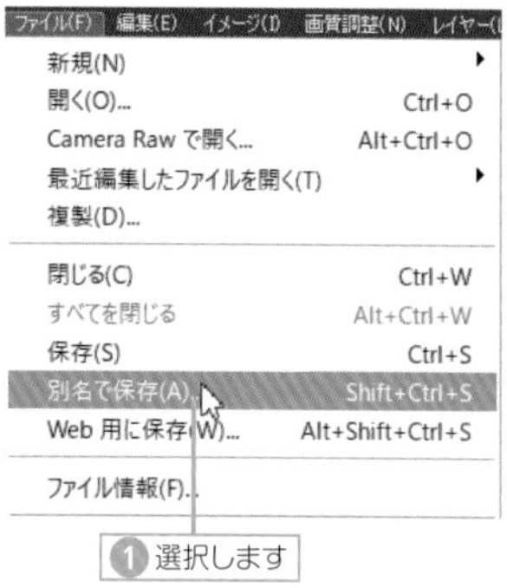

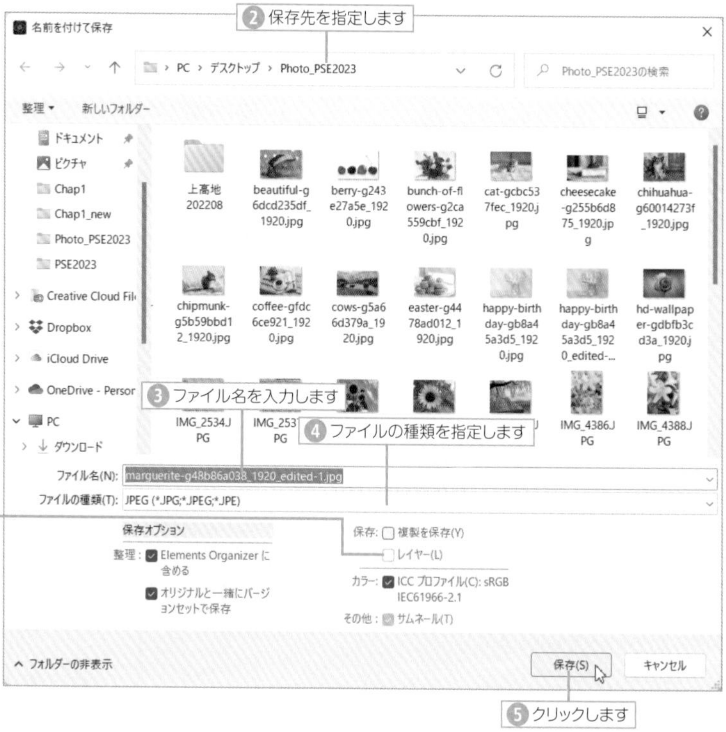

①選択します

②保存先を指定します

③ファイル名を入力します

④ファイルの種類を指定します

⑤クリックします

レイヤーをもつ画像でレイヤーを保存できるファイル形式の場合、レイヤーを保存するかどうかを決めます。

オリジナルと一緒にバージョンセットで保存

「別名で保存」ダイアログボックスの「**オリジナルと一緒にバージョンセットで保存**」をチェックして保存すると、Elements Organizerで異なるバージョンのファイルを１つのサムネールでスタック化して表示します（54ページ参照）。

バージョンを見るためには、Elements Organizerでバージョンセットの右の マークをクリックすると、異なるバージョンの画像が展開表示されます（日付とタグを表示した状態）。

SECTION 1.8

使用頻度

Web用に保存、JPEG形式、PNG形式、GIF形式

Web用の画像を保存しよう

Elements Editorでは、作成した画像をWebページやメールに添付する画像、SNS用の画像などに最適な画像の形式で保存することができます。

Web用に保存する

ホームページ、ブログ、SNSサイトなどで使用する画像を保存する場合には、「Web用に保存」という便利な機能があります。

Webページ上で表示される画像は、ネットワークを介してモニタに表示されるため、より小さなサイズで、かつ、きれいに見える状態で保存するのが原則です。

①「Web用に保存」を選択する

Elements Editorで画像を開き、「ファイル」メニューから「Web用に保存」（Alt+Shift+Ctrl+S）を選択します。

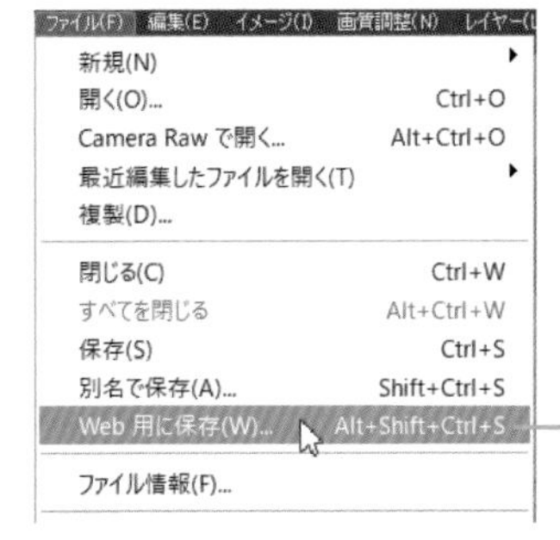

②Web用に保存の設定

「Web用に保存」ダイアログボックスでは、「元画像」と「最適化」後の画像を比較しながら、ファイル形式や圧縮率を設定し、画像をWeb用に最適な保存形式に変換することができます。

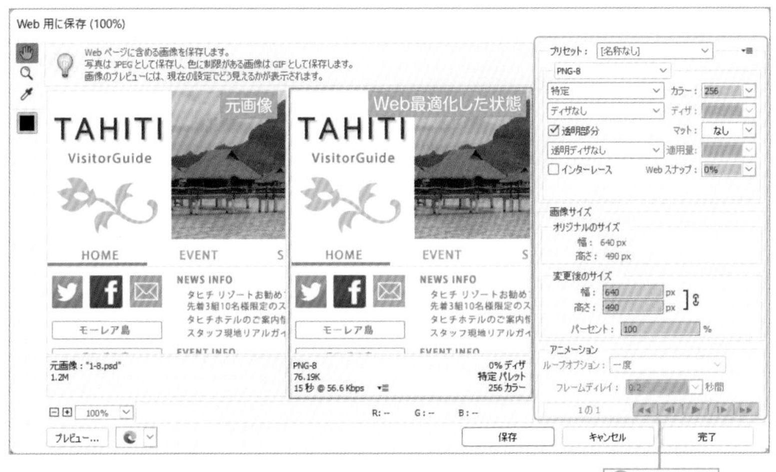

POINT

画像のファイルサイズを小さくするには、同じ画像サイズなら、より圧縮率の高い画像形式を選びます。通常Webで使用されるGIFやJPEG形式の画像は、ファイルサイズを圧縮すればするほど、画像が劣化します。

したがって、Webページ用の画像を作成するには、画像のファイルサイズと画質のバランスに気をつける必要があります。

POINT

「ファイル」メニューの「別名で保存」でもJPEGやPNG形式として保存することができますが、「Web用に保存」を使用したほうが、より軽量で最適な画像として画質を確認しながら保存することができます。

プレビュー画面のサイズ変更

「ズーム」プルダウンメニューから、プレビューのサイズを変更して全体を俯瞰したり、細部を確認することが可能です。

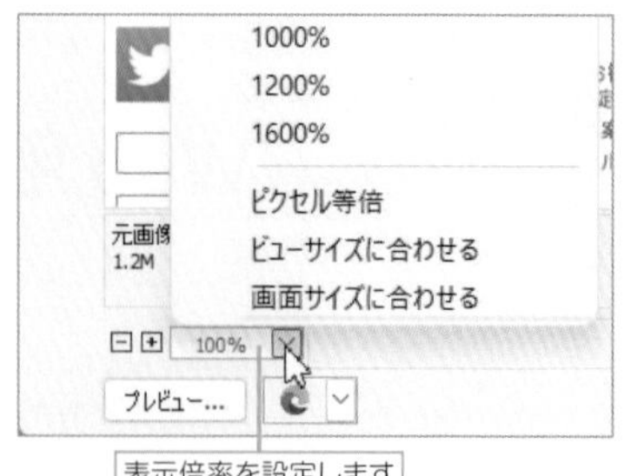

ブラウザーでプレビューする

Edge、Chrome、SafariなどのWebブラウザーでプレビューするには、「プレビュー」ボタンをクリックします。まだブラウザーが登録されていない場合には、プルダウンメニューから「その他」を選択し、ダイアログボックスでブラウザーアプリケーションを選択して追加登録します。

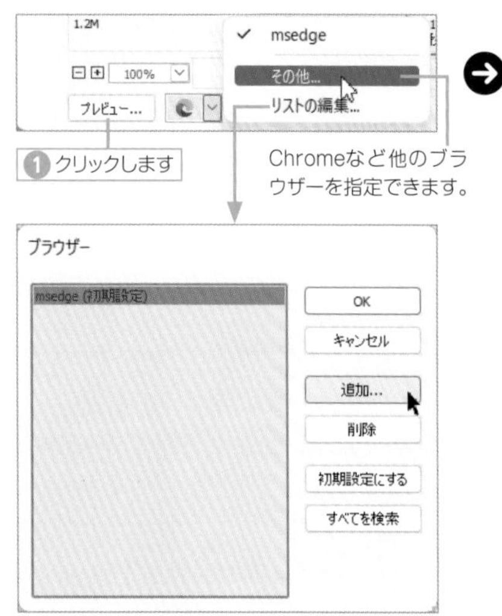

「リストの編集」を選択して表示されるダイアログボックスでは、登録されているブラウザーを追加、削除などの操作を行うことができます。

画像の下には、画像の概要と画像を埋め込むためのHTMLコードが表示されます。

プリセットを選択する

あらかじめ画像形式と設定がセットされた「プリセット」プルダウンメニューから、画像設定のプリセットを選択することができます。

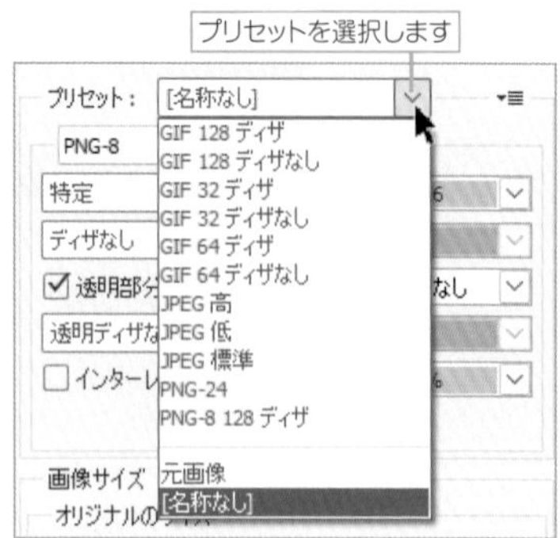

JPEG形式

JPEGは、フルカラー（24bit）表示と高い圧縮率を特徴とするデジタルカメラの標準的な保存形式で、Webページに配置するための標準的な画像形式です。

▶画質の設定

「画質」は「低画質」「中画質」「やや高画質」「高画質」「最高画質」の5つのレベルと数値（0～100）で指定することができ、レベルと数値は連動します。

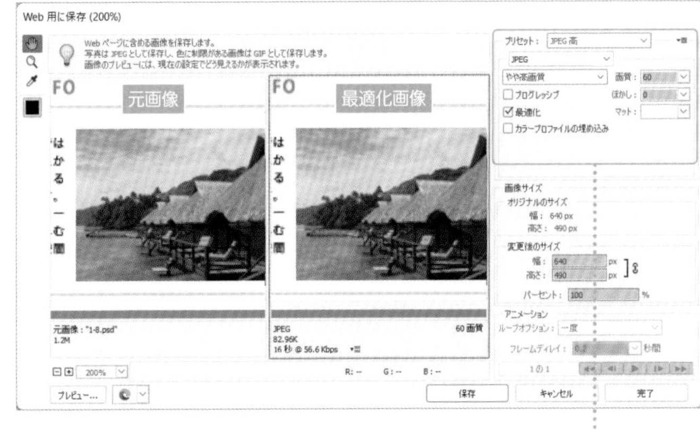

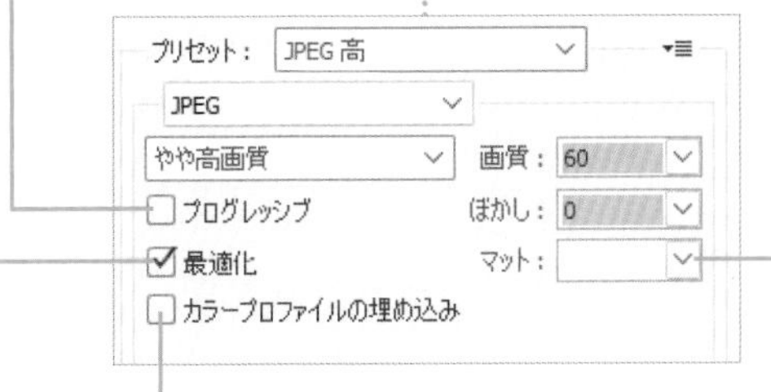

オンにすると、ダウンロードの経過に対応して最初は粗い画像を表示し、次第に鮮明な画像を表示します。これによって、ファイルサイズが多少重くても、見る側のストレスが緩和されます。

チェックすると、ファイルサイズが小さくなる拡張JPEG を作成します。

背景が透明な画像の場合には、マットで指定した色が背景色になります。

チェックすると、Elements Editorの「カラー設定」のプロファイルの設定に基づいて画像にICC（カラー）プロファイル情報を埋め込んで保存します。

TIPS カラー設定について

「編集」メニューから「カラー設定」を選択し、「カラー設定」ダイアログボックスで選択しているカラーマネジメント設定のプロファイルが埋め込まれます。

Web用の画像の場合は、「画面表示用に最適化」が最適です。カラー設定については、284ページを参照してください。

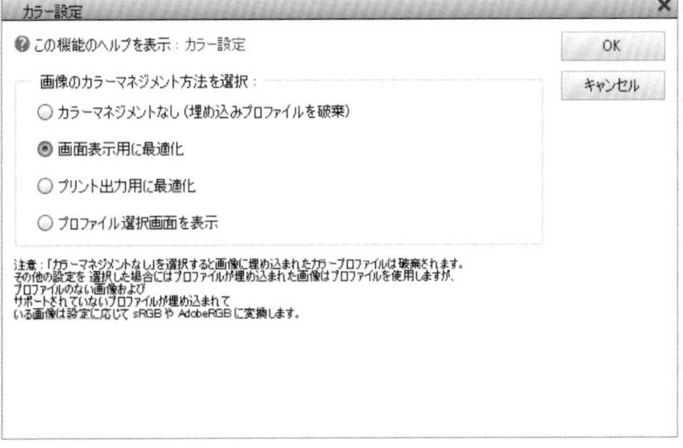

GIF形式とPNG形式

GIF形式とPNG-8形式は高い圧縮率で、256色以下のインデックスカラーが使える画像形式です。ただし、写真などの色数の多い画像の場合にはあまり適していません。

最大256色（8bit）までのカラーパレットとカラー数を設定して、軽いファイルに最適化設定を行います。ディザ、透明化（透過GIF）、インターレースなどのオプションを設定することができます。

なお、PNG形式で「PNG-24」を選ぶと、RGBそれぞれ8ビットのフルカラーを扱うことができます。

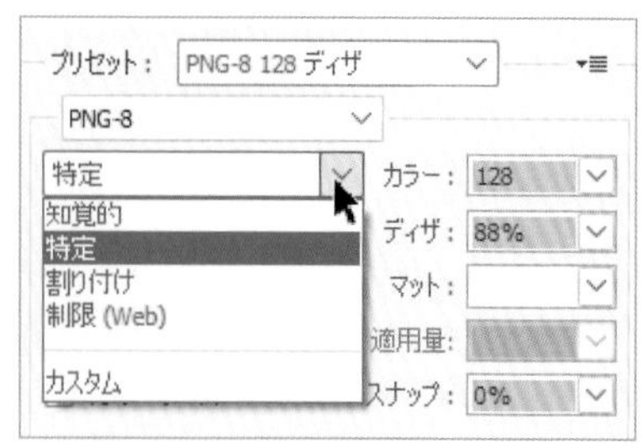

▶減色アルゴリズム

GIF画像（PNG-8も同じ）の減色によるカラーテーブルの作成方式を選択できます。

知覚的	人間の目の感受性を考慮し、見た目が自然になるようカラーパレットを作成します。
特定	「知覚的」と同様にカスタムパレットを作成しますが、Webセーフカラーや広範囲の色を保持することに重点をおきます。
割り付け	画像で最も多く使用されている色をもとに指定された色数のパレットを作成します。
制限（Web）	Webで使用される216色のカラーパレットにより表現します。

▶カラー

使用する色数を設定します。色数が多いほど再現力は高くなりますが、ファイルサイズもそれに応じて大きくなります。

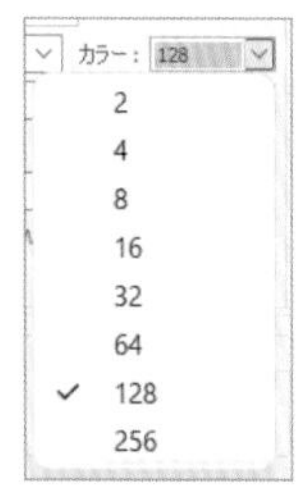

カラー数：4

カラー数：32

カラー数：128

▶ディザ

パレットのカラー数では表示できない色域を、パレットの色を使い近似的な画像処理を行って表示します。

グラデーションやトーンの多い写真画像などは、色数が少ないとうまく表示できませんが、ディザ処理を行うと本来の画像により近いイメージで表示されます。

ディザ処理の強弱は、0〜100%で設定することができます。

ディザ：0%

ディザ：100%

▶透明部分

背景に透明部分をもつ画像は、「透明部分」をチェックし、透過させてブラウザーに表示できます。

「マット」では、画像の輪郭と透明部分が背景にうまくなじむように画像の縁取りを行います。

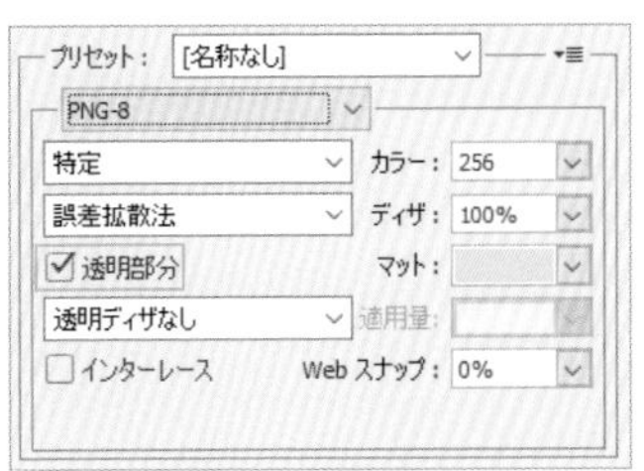

▶インターレース

「インターレース」をチェックしておくと、GIF形式の画像にインターレースが適用されます。「インターレース」とは、ブラウザに画像を表示するときに、粗い画像から徐々に精細な画像へと表示される方法です。これによって、ファイルサイズが多少重くても、見る側のストレスが心理的に緩和されます。

TIPS ムービングフォト、ムービングエレメンツ、ムービングオーバーレイで動画をつくる

「画質調整」メニューの「ムービングフォト」を使うと、開いている静止画像を、ズームイン・アウト、上下左右に反転、回転の動きを伴うGIFアニメーションとして書き出すことができます。

「ムービングエレメント」では、空やオブジェクトなどの指定した選択部分を指定した方向へ動かすことができます。

「ムービングオーバーレイ」では、動くグラフィックやフレームを写真に追加してGIFアニメーション、MP4形式で書き出すことができます。

右側で動作を選択して設定するとプレビューに表示されます。グラフィックは「オーバーレイを調整」でブラシサイズなどを調整できます。

下の▶ボタンをクリックすると、アニメーションをプレビューすることができます。

「書き出し」ボタンをクリックすると、保存ダイアログが表示されるので、ファイル名と保存先を指定し、「ファイルの種類」でGIFかMP4を選択してから保存します。

GIFを選んだ場合は、「GIF保存オプション」ダイアログボックスで画質、色数、マット、ディザなどを設定し「OK」ボタンをクリックすると、書き出しが行われます。

⑤ GIF形式ではダイアログでオプションを設定します

GIF 保存オプション
書き出しオプション
画質： 最大
ファイル (小) ファイル (大)
OK
キャンセル
1024px
〉 詳細設定

SECTION
1.9
使用頻度

画像解像度、再サンプル、画像サイズ、ピクセル数、ドキュメントサイズ

画像サイズと解像度を変更しよう

撮影した写真はカメラで設定した画像サイズと解像度で保存されています。この画像サイズと解像度は、後から自由に変更することができます。画像の解像度とサイズの設定は、きれいにプリントしたり、適切な大きさでモニタ表示するために必要な知識です。

画像のサイズを変更したい

デジタルカメラやカードリーダーなどから取り込んだデジタル形式の画像は、ビットマップという小さな四角いピクセルの集合によって構成されています（10ページ参照）。

ビットマップ画像は、どの画像も幅と高さのピクセル数で大きさ（サイズ）が決まります。

▶ ピクセルサイズを小さくする

たとえば、デジタルカメラの横1920×縦1279ピクセルのサイズで撮影した画像があります。ホームページをつくるときや、画像ファイルを電子メールに添付するときに、このサイズでは大きすぎます。このような場合には、ピクセルサイズを小さくします（これを**リサイズ**といいます）。

① 「画像解像度」を選択する

「イメージ」メニューの「サイズ変更」から「**画像解像度**」（Alt + Ctrl +I）を選択します。

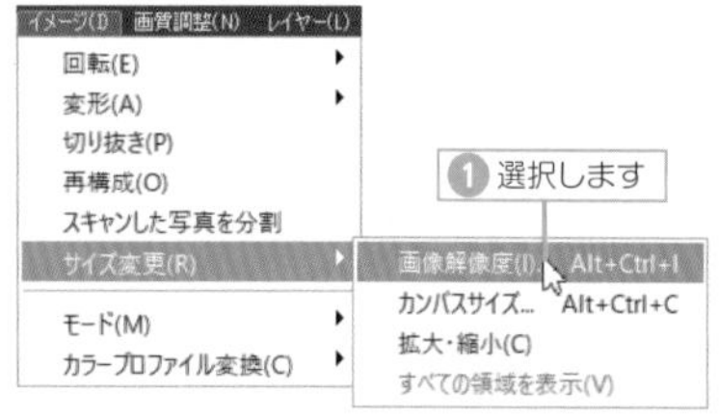

② 幅を入力する

「画像解像度」ダイアログボックスが開いたら、「幅」にピクセル数（400）を入力して「OK」ボタンをクリックします。高さは「**縦横比を固定**」がオンになっていれば連動します。

> **TIPS　デジタルカメラのピクセル数**
>
> デジタルカメラで撮影した画像は、カメラで設定している記録画素数によって画像の大きさが異なります。ホームページなどに使用する場合、適切なカンバスサイズ、解像度に変更してください。

③ 画像が小さくなる

画像のピクセルサイズが小さくなりました。
画像が小さくなったら、JPEGやPSDなど目的のファイル形式で保存します。

④ 幅が400ピクセルの画像にリサイズされます

画像の解像度について

Web画像として使用する画像の解像度の目安は72dpiです。72dpiというのは標準的なコンピュータのモニタのピクセル解像度です。

しかし、商業印刷物としてDTPソフトに取り込んで使用する場合、72dpiでは解像度が足りません。同じ大きさの画像で72dpiと300dpiを比較してみましょう。

300dpi/58×38.6mm
ファイルサイズ1.3MB

72dpi/58×38.6mm
ファイルサイズ36.9K

▶ 画像解像度とは

画像の解像度は、通常**1インチ（あるいはcm）内にどれだけのピクセルがあるか**をppi（pixel/inch）という単位を使って表します。72dpiの画像は、1インチの幅と高さに72個のピクセルがあり、1インチ平方内に縦72×横72で5184個のピクセルがあります。

300dpiの画像は1インチ内にさらに多くのピクセルが集まっていますから、商業印刷にも耐えられる精密な画像表現が可能になります。

一方「ドキュメントのサイズ（幅、高さ）」は、出力における画像の大きさです。プリントアウトやDTPソフトに割り付けた場合の原寸の大きさと考えてください。

同じカンバスサイズの場合、解像度が異なれば、ファイルサイズや出力イメージが変わってきます。

▶画像の解像度を変更する

画像の解像度とサイズを変更するには、「イメージ」メニューの「サイズ変更」から「画像解像度」（Alt+Ctrl+I）を選択します。

TIPS 画像の再サンプル

カンバスサイズが変更される際には、ピクセル数を変更するので、画像の再サンプルが行われます。再サンプルにはバイキュービック法をはじめとする5つの方法があります。通常は「バイキュービック法（滑らかなグラデーションに最適）」でよいでしょう。

TIPS ピクセル数を%に

ピクセル数をプルダウンメニューで%にすると、現在のピクセルが100%で表示され、%で寸法を変更することができます。

ピクセル数を変更する

ピクセル数とは、ブラウザとモニタに100%の原寸で表示される大きさです。解像度やサイズとは関係なく、幅と高さにいくつのピクセルがあるかを示しています。

ピクセル数が多いほど、データ量も多くなるので、画像のファイルサイズは大きくなります。

「画像解像度」ダイアログボックスで幅と高さの値を大きくすると、画像のピクセルを増やそうとして、補間が行われます。

幅と高さを連動させている場合、幅を変更すると、自動的に高さも変更され、縦横の比率は一定を保ちます。ピクセル数を大きくすると、解像度は一定でも、元の画像に補間を行いピクセルを増やすだけなので、画質は多少損なわれます。

一方、ピクセル数を小さくした場合には、画像のサイズとファイルサイズが小さくなります。画像は補間を行ってピクセル数で指定した画像サイズになります。

「ドキュメントのサイズ」の設定

幅と高さと解像度の3つの項目を設定します。「縦横比を固定」がオンの場合、幅と高さが連動します。

▶「画像の再サンプル」が「オフ」の場合

「画像の再サンプル」がオフの場合は、幅と高さと解像度の3つの項目が連動します。つまり、3つが連動するということは、ファイルサイズとピクセル数が一定のまま、画像サイズや解像度を変更するので、１つの項目を変更すると、他の項目はファイルサイズとピクセル数を保つように自動的に変更されます。

ファイルサイズは一定のまま、サイズを大きくするので、解像度は下がります。

カンバスサイズで画像の領域を変更する

「画像解像度」ダイアログボックスで設定された大きさを保ったまま、画像の領域を変更するには、「イメージ」メニューの「サイズ変更」から「**カンバスサイズ**」を選択します。

「カンバスサイズ」ダイアログボックスで幅、高さ、基準位置を変更すると、基準位置の方向から画像の周囲に余白を作ったり、画像を切り抜くことができます。

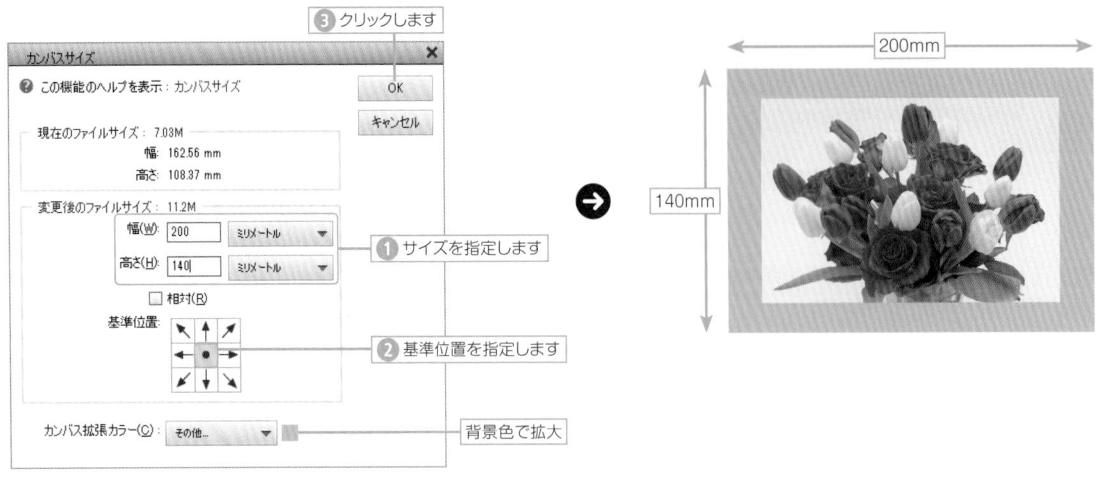

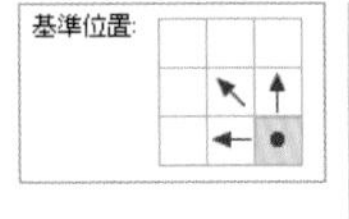

SECTION 1.10

RGBカラー、グレースケール、モノクロ2階調、インデックスカラー

カラーモードを理解しよう

Photoshop Elementsでは新規に作成する画像の目的に合わせて、RGBカラー、モノクロ2階調、グレースケールという3つのカラーモードを使用することができます。

新規作成時に指定できるカラーモード

新規に画像を作成する場合、「新規」ダイアログボックスの「カラーモード」のメニューでは、目的に応じて3つのカラーモードを選びます。作成する画像の目的に合わせ、適切なカラーモードを選択してください。

通常のカラー画像を扱う場合には、「RGBカラー」を選択します。

▶ RGBカラー

光の三原色（赤、緑、青）を元に、加色法によって色を表現するカラーモードです。主にモニタ、ビデオなどで使用されます。

RGBのカラーモードに基づいて、黒を0、白を255とする範囲で色を表現します。Photoshop Elementsでは、R、G、Bの3つのチャンネルによって、最大で1670万色のカラーをモニタ上に表現することができます。

RGBモデル

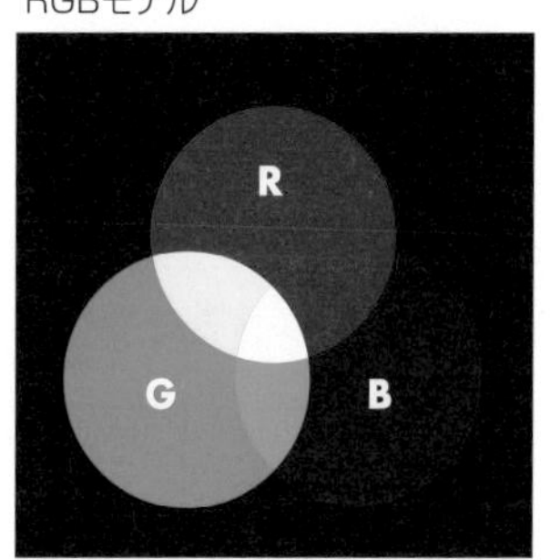

POINT

Photoshop Elementsでは、商業印刷用途のCMYKカラーはサポートしていません。CMYKカラーモードの画像を使用したい場合は、Photoshopを使用してください。

カラーピッカーでRGBカラーを指定することもできます

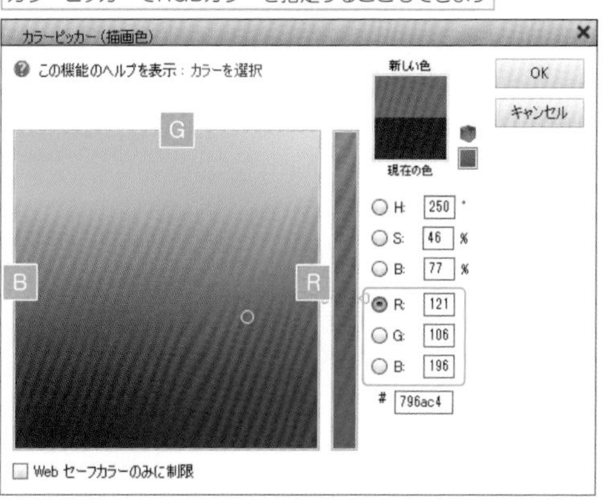

RGBカラー画像

▶グレースケール

グレースケールでは、最大**256階調のグレー**を表現します。グレースケール画像をカスタマイズしながら作成できる「モノクロバリエーション」フィルタの使い方は、237ページを参照してください。

グレースケール画像

▶モノクロ2階調

モノクロ2階調は、グラデーションや中間調の色を表現することができない、**白と黒の2色**で構成されるカラーモードです。モノクロ2階調の画像には、レイヤーを作成することができません。

モノクロ2階調画像

インデックスカラー

インデックスカラーモードは、「イメージ」メニューの「モード」から「インデックスカラー」を選択して変換します。

指定したカラーパレットで最大256色までの色数を使用でき、画質の低下を抑えつつ、ファイルサイズを小さくすることができるので、GIF形式、PNG-8形式など256色以下の色数を使う画像形式で使用します。

インデックスカラーへの変換は、RGBカラーおよびグレースケールの画像から行います。

「インデックスカラー」ダイアログボックスでは、「パレット」プルダウンメニューから使用するパレットを選択し、どの色を表示色に割り当てるかを設定します。

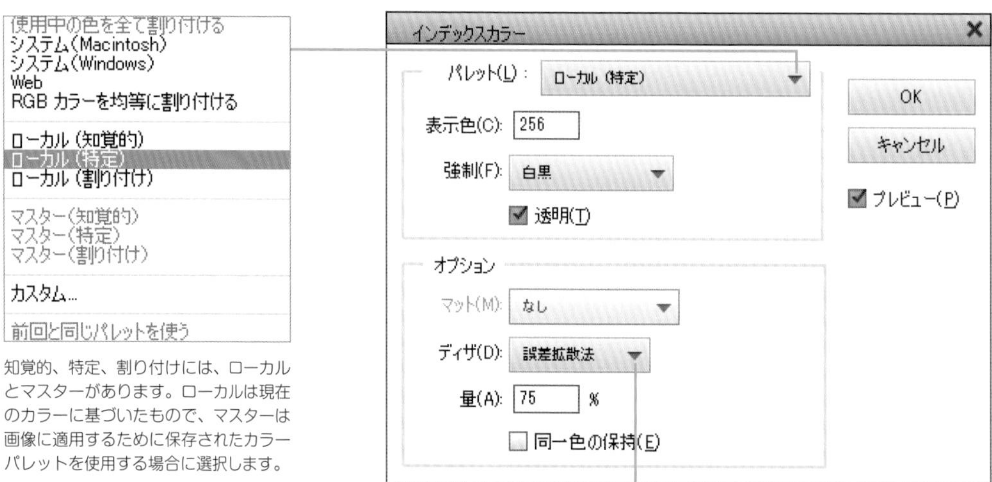

知覚的、特定、割り付けには、ローカルとマスターがあります。ローカルは現在のカラーに基づいたもので、マスターは画像に適用するために保存されたカラーパレットを使用する場合に選択します。

ディザ処理を行ってカラーパレットにない色をシミュレートします。

CHAPTER

2

Elements Organizer を使いこなそう

Elements Organizerでは撮影した写真を取り込んで、サムネールを見ながら整理することができます。キーワード、場所、人物などでタグ付けして整理したり、好みの写真のアルバムを作ったり、絵柄で検索したりすることもできます。

SECTION 2.1

使用頻度

カタログを管理、メディアの読み込み、チェックフォルダー

カタログに写真を取り込もう

Elements Organizer（整理）では、デジタルカメラのカードリーダーやパソコン内の写真や動画を取り込み、一括して表示したり、キーワードタグ、アルバム、人物、場所、イベントなどの機能でさまざまな画像検索を行えます。ここでは、写真や動画を取り込むさまざまな方法について説明します。

新しいカタログをつくる

Elements Organizerを起動すると「マイカタログ」というカタログが初期設定で作成されています。さらに新しいカタログを作成してみます。カタログマネージャーでは**複数のカタログを管理**することができます。

1 「カタログ」を選択する

Elements Organizerのウィンドウで、「ファイル」メニューから「**カタログを管理**」（Ctrl+Shift+C）を選択します。

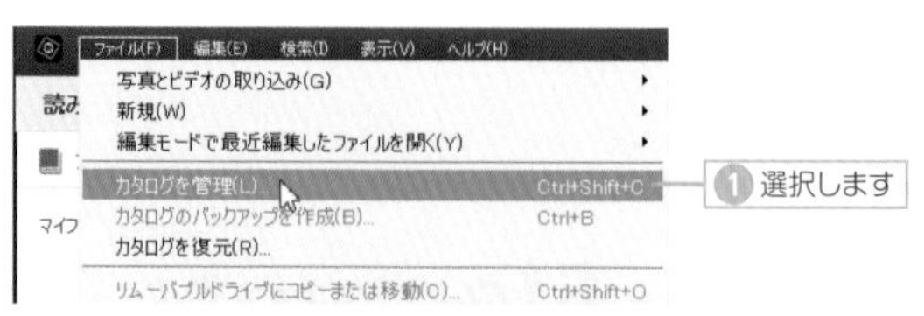

2 「新規」ボタンをクリックする

「カタログマネージャー」ダイアログボックスでカタログにアクセスできるタイプを選択し、「新規」ボタンをクリックします。

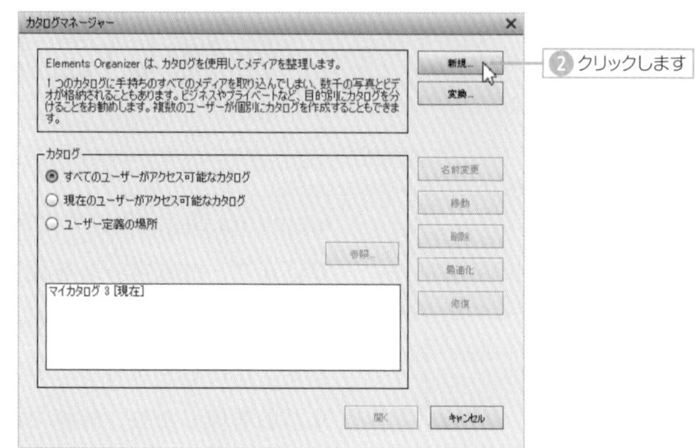

3 カタログを保存する

カタログ名を入力し、「OK」ボタンをクリックし保存します。

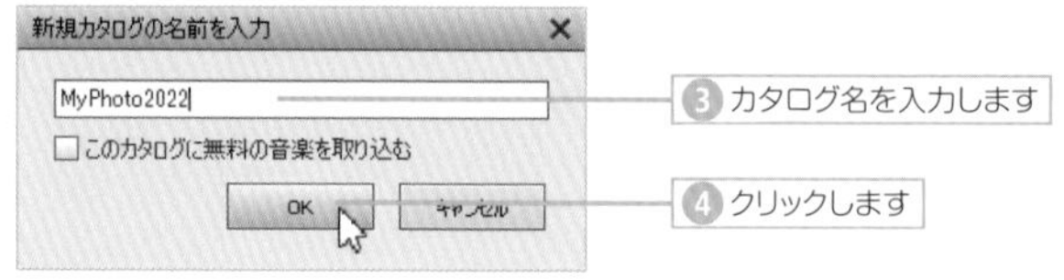

TIPS カタログとは

カタログには、画像ファイル、サウンド、動画、プロジェクト等が表示されますが、カタログ自体に写真や画像などを含んでいるわけではなく、ファイルの保存場所やパス、情報、ヒストリーなどの管理情報（データベース）をもっています。
よって、カタログを作成し、デスクトップのフォルダーで画像を追加・削除すると、カタログの管理情報と整合がとれないので、Elements Organizer側で追加するかどうか、見つからないファイルを検索するメッセージが表示されます。

④「読み込みを開始」をクリック

「Elements Organizerでメディアを整理」の画面が表示されるので、左下の「**読み込みを開始**」ボタンをクリックします。
ここで写真などのメディアを読み込まないで後で読み込む場合には、右下の「無視」をクリックすると現在のカタログのワークスペースが表示されます。

⑤メディアを読み込む

「メディアの読み込み」ダイアログボックスが表示され、左のリストで指定されたフォルダの画像や動画などが表示されます。
初期設定では「Pictures」フォルダが指定されているので、読み込みたいフォルダでない場合は、チェックをはずすか「削除」ボタンをクリックし、「フォルダーを追加」をクリックします。

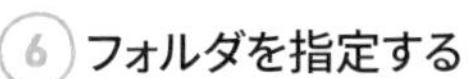

⑥フォルダを指定する

「フォルダーの参照」ダイアログボックスが表示されます。読み込みたい写真等があるフォルダーを選択し「OK」ボタンをクリックします。

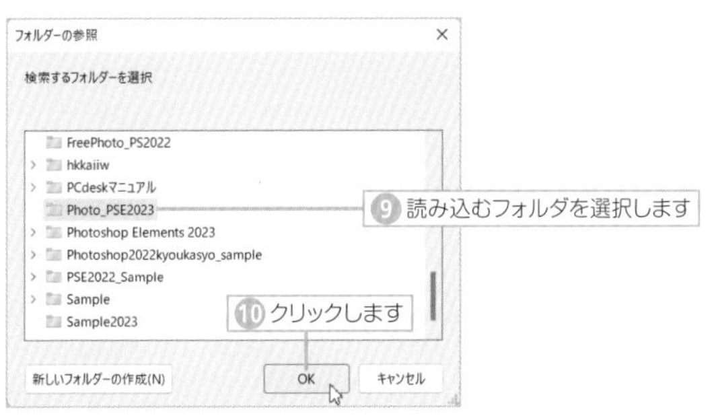

⑦メディアを読み込む

「メディアの読み込み」ダイアログボックスにフォルダーが指定され、右側に読み込む写真が表示されます。
「読み込み」ボタンをクリックします。

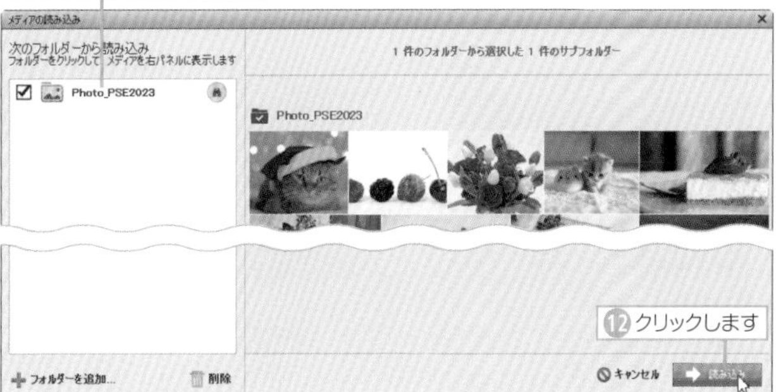

⑧ カタログに読み込まれる

新たに作成したカタログに写真などのメディアが読み込まれます。
ウィンドウの右下にはカタログ名が表示されています。

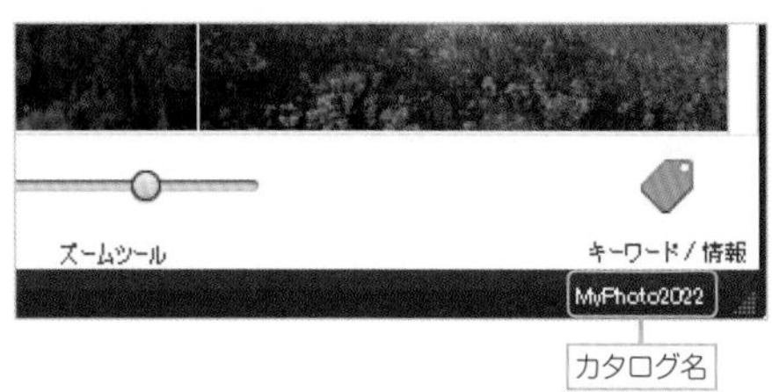

特定のフォルダの画像を取り込むには

Elements Organizerの初期状態では写真が取り込まれていません。ここでは、あらかじめパソコン内にある画像やビデオのフォルダーを指定して取り込みます。

① 「ファイルやフォルダーから」を選択

Elements Organizerで「ファイル」メニューの「写真とビデオの取り込み」から「ファイルやフォルダーから」（Ctrl + Shift +G）を選択します。
または、メニュー下の「読み込み」ボタンのメニューから「ファイルやフォルダーから」を選択します。

② フォルダーを指定する

ダイアログボックスで取り込みたい写真があるフォルダーを選択し「取り込み」ボタンをクリックします。フォルダーを開いて個別に取り込む写真を選択することもできます。

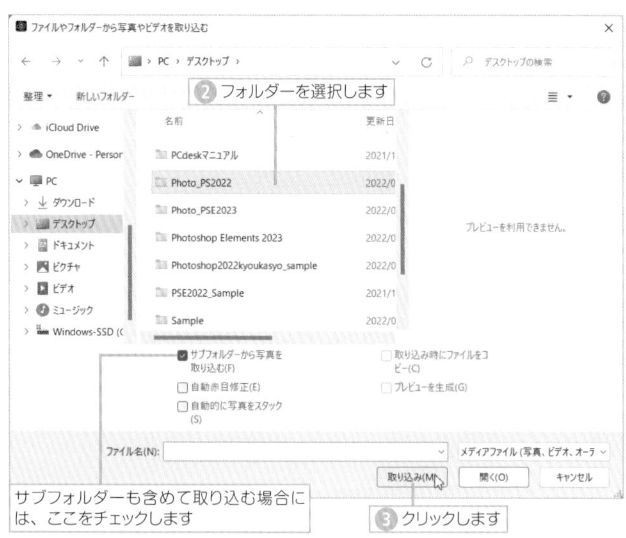

POINT

「自動赤目修正」をチェックしておくと、人物の目の網膜がフラッシュで赤く写る赤目を自動的に感知して修正を行います。ただし、取り込みには若干の時間がかかります。
「自動的に写真をスタック」をチェックすると類似画像をスタック化します。

③ 画像の取り込みが始まる

画像の取り込みが始まります。画像が多い場合は少し時間がかかります。

POINT

写真にキーワードが付いている場合、キーワードを指定するダイアログボックスが表示されます。

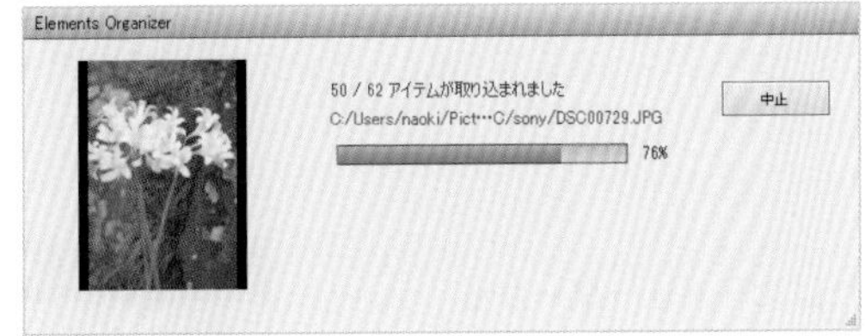

④ 取り込みの完了

取り込みが完了すると、取り込まれた画像だけがサムネールで表示されます。
左にパネルが表示されていない場合には、タスクバーの「パネルを表示」ボタンをクリックすると、左にパネルが表示されます。
「フォルダー」をクリックして「リストとして表示」を選ぶと、「マイフォルダー」に取り込んだフォルダー名が表示されます。

POINT

「マイフォルダー」のフォルダー名を変更したい場合は、フォルダーを右クリックして「フォルダー名の変更」を選択します。テキストが反転選択されるので、新たなフォルダー名を入力します。

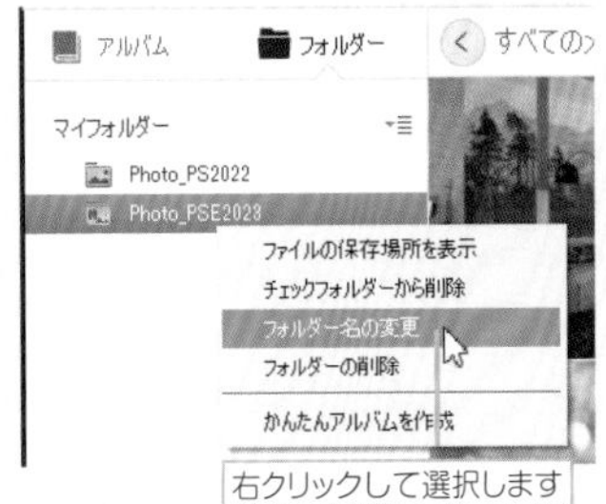

POINT

「戻る」ボタンをクリックすると、カタログ内の取り込んだ写真やビデオ以外のすべての写真サムネールを表示できます。

TIPS 自動的に写真をスタック

写真取り込み時に、自動的にスタック化してタグを付ける機能を利用し、撮影日、イベントごとに写真整理をすることができます。また、類似写真を自動検出してスタック化することも可能です。

TIPS メディアを一括して読み込む

写真やビデオなどのメディアを一括して読み込むには、「読み込み」ボタンの「一括」を選択します。
すると、41ページの手順5のダイアログボックスが表示されます。読み込み方法は41ページと同じ方法で行います。

デジタルカメラやカードリーダーから取り込む

パソコンにメモリカードなどを挿入するか、デジタルカメラやカードリーダーをUSBポートなどで接続し、データを転送できる状態にします。

① カメラまたはカードリーダーから

パソコンのスロットにメモリカードを差し込みます。Elements Organizerで「ファイル」メニューの「写真とビデオの取り込み」から「**カメラまたはカードリーダーから**」を選択します。
または、メニュー下の「読み込み」ボタンのメニューから「カメラまたはカードリーダーから」を選択します。

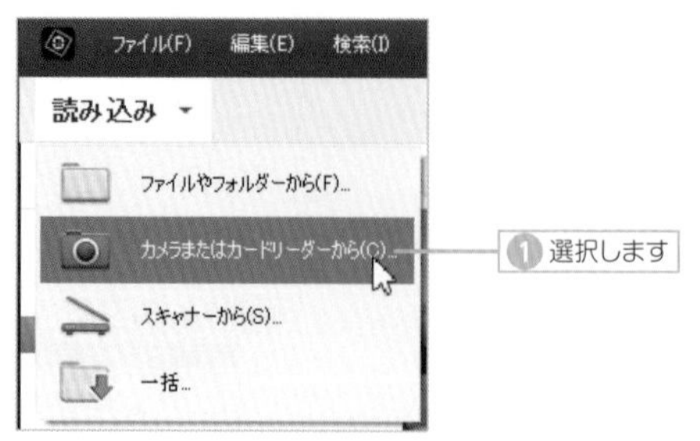

② フォトダウンローダー

「フォトダウンローダー」ダイアログボックスが表示されます。
「写真の取り込み元」プルダウンリストから「カメラまたはカードリーダ」を選択します。

③ 取り込みの設定

「**詳細設定**」ボタンをクリックすると、接続されたデジタルカメラやカードリーダーの写真がダイアログボックス内に表示されます。
次にファイルの保存先とフォルダー名、ファイル名を設定します。
「取り込み」ボタンをクリックすると、デジタルカメラやカードリーダーから取り込みが始まります。

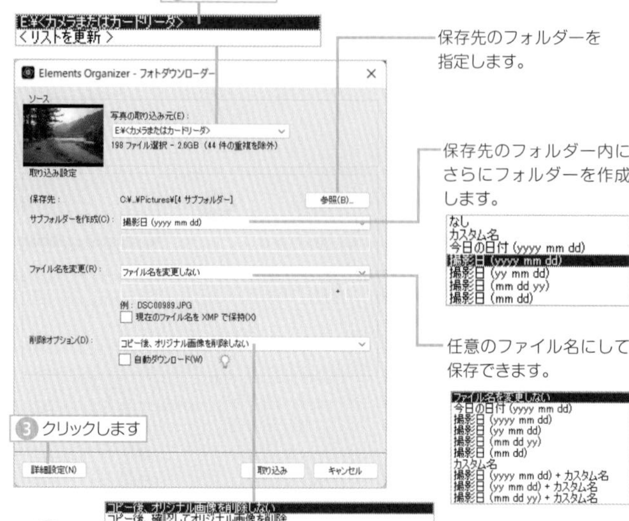

4 取り込みが行なわれる

写真やビデオの取り込みが始まり終了すると取り込まれたサムネールが表示されます。

TIPS 詳細設定の取り込みオプション

「詳細設定」をクリックすると、右側には取り込み時のオプション項目が表示されます。必要に応じて設定してください。
「アルバムに取り込む」をオンにしてアルバムを作成して取り込むこともできます。

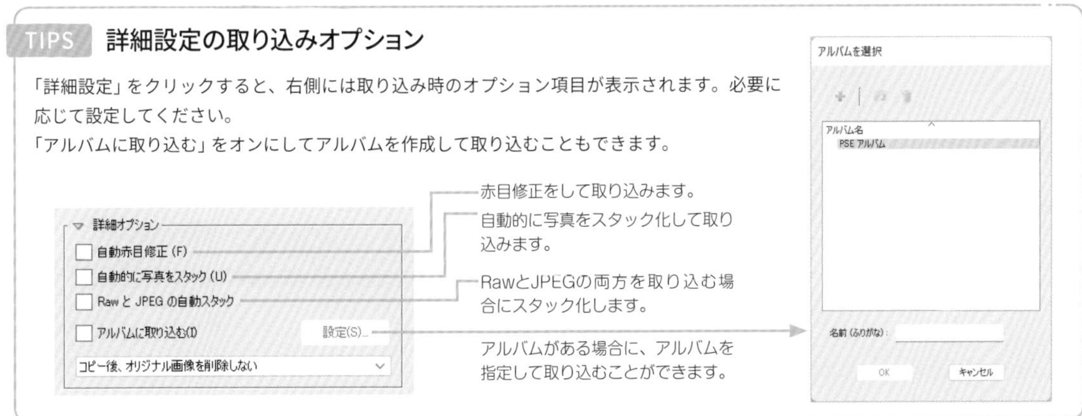

チェックフォルダーで自動的に新しい写真を取り込む

チェックフォルダーを指定しておくと、指定したフォルダーに新しく写真が追加された場合、自動的に写真などのメディアがカタログに取り込まれます。

1 「チェックフォルダー」を選択する

Elements Organizerの「ファイル」メニューから「チェックフォルダー」を選択します。

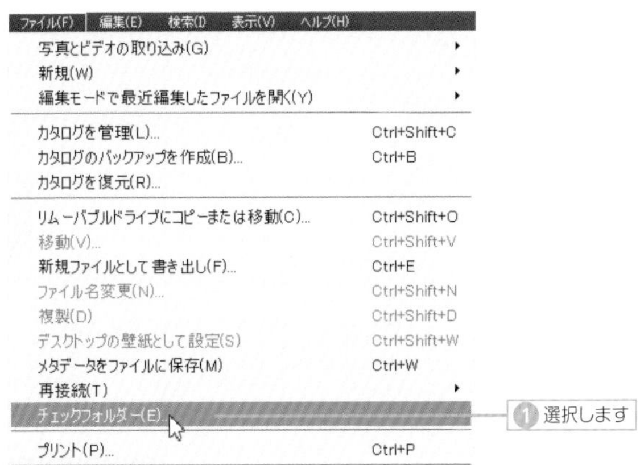

② フォルダーやディスクを指定する

「追加」ボタンをクリックして、カタログに自動的に追加したいフォルダーやディスクボリュームを指定します。

POINT

初期値は、「Pictures」フォルダになっているので、これを削除して新しいフォルダを追加すると良いでしょう。

「通知する」を選択しておくと、チェック対象のフォルダーで新規のファイルが見つかったときに検知したメディアを表示し取り込むダイアログボックスが表示されます。

③ 新規ファイルが見つかった場合

新しい写真等が検知されると、ダイアログボックスが表示されます。

左の欄には登録しているチェックフォルダーが表示され、検知された写真のあるフォルダーにチェックが入っています。

写真はすべて表示されず、最後の数字をクリックするとすべて表示されます。

「読み込み」ボタンをクリックすると、検知された写真等が読み込まれます。

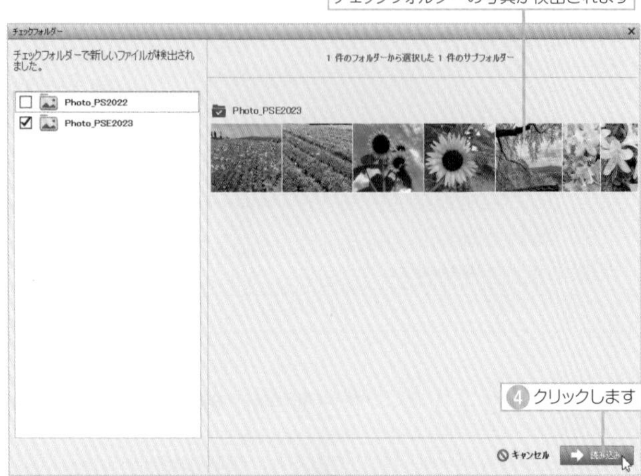

TIPS 開いているファイルを整理

Elements Editorで開いているファイルは、「ファイル」メニューの「開いているファイルを整理」を選択して、Elements Organizerのカタログに登録することができます。

Organizerのインターフェース、サムネールの表示方法、簡単補正、スタック

SECTION 2.2

使用頻度

Elements Organizerの基本操作

ここでは、Elements Organizerのインターフェースの使い方と、サムネールの表示方法やタイムグラフやスライドショーの使い方を覚えましょう。同じような絵柄の写真を1つのサムネールに重ねる「スタック」という機能も便利です。

Elements Organizerのインターフェース

Elements Organizerは、パソコン内に取り込んだ画像ファイルやビデオファイルを閲覧したりキーワードタグを付けるなど、写真やビデオ等のサムネールを管理・検索するためのアプリケーションです。

インターフェースは次のようになっています。

POINT

Elements Organizerの初期状態ではファイル名やアルバム、キーワードタグは表示されておらず、タイル状に写真などが表示されています。
ファイル名やタグ、重要度の★などを表示するには、「表示」メニューの「日時とタグを表示」にチェックしておきます。

写真を並べ替える

並べ替えバーの「**並べ替え」メニュー**から「最も新しい」「最も古い」「ファイル名」「取り込み順」を選択します。古い日時や取り込んだ順に並べ替えることができます。

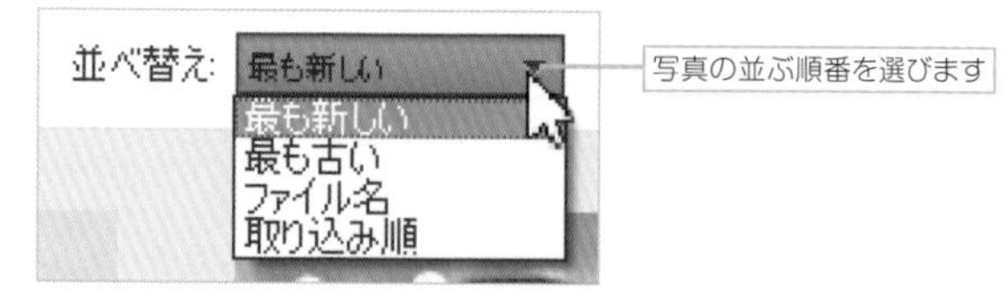

マイフォルダーの表示とフォルダー階層の表示

タスクバーの左端の「**パネルを表示**」ボタンをクリックすると、左にパネルが表示されます。

パネルには「アルバム」タブと「フォルダー」タブがあり、「フォルダー」タブをクリックするとカタログに取り込んだ写真のあるフォルダが表示されます。フォルダをクリックすると、そのフォルダ内の写真だけを表示することができます。

「マイフォルダー」の右にある☰アイコンをクリックしメニューから「**ツリーとして表示**」を選択すると、Windowsエクスプローラーのように現在表示している写真のあるフォルダが階層表示されます。ここでフォルダを選択して写真を表示することができます。

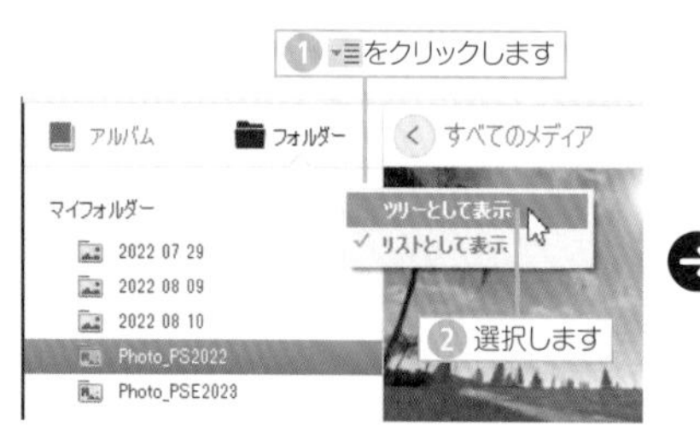

ビューを切り替える

画面上部の「メディア」「人物」「場所」「イベント」をクリックして、それぞれのビューに切り替えることができます。

「メディア」は**カタログ内の表示可能な写真やビデオ**がサムネール表示されます。

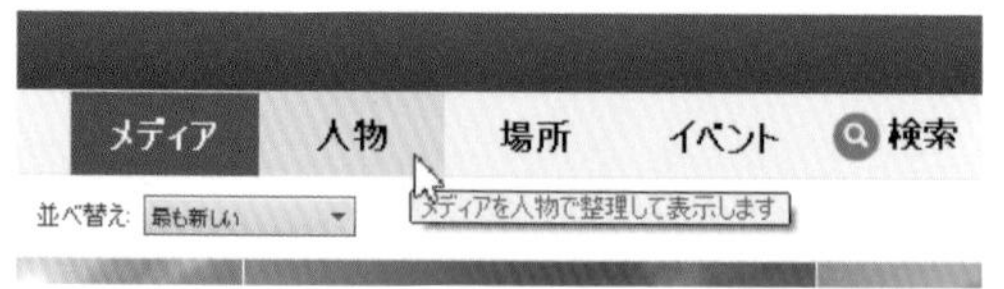

サムネールの大きさを変更する

それぞれのビューでグリッド表示しているサムネールは、ズームツールのスライダで自由に大きさを変更することができます。最大表示した場合、「グリッド」ボタンでグリッド表示に戻ります。また、サムネールのダブルクリックで現在の表示サイズと最大表示を切り替えることができます。

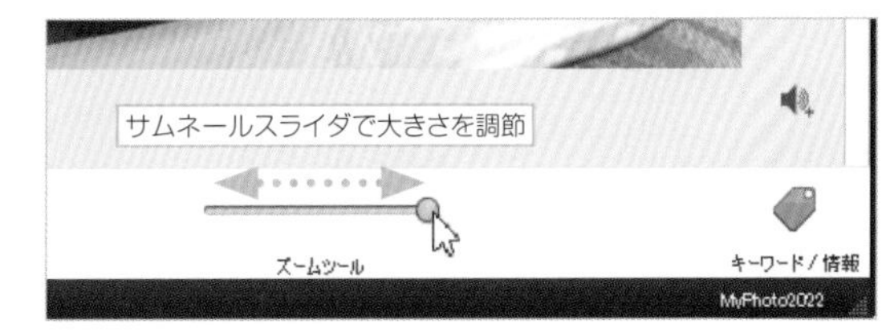

TIPS サムネールを回転させる

横向きの縦位置の写真や、縦位置の横向きの写真の場合には、サムネールを回転して正常な向きで表示することができます。タスクエリアの「回転」ボタンのメニューから選んで、回転させておくといいでしょう。ここで画像を回転させておくと、元データ自体が回転するので注意してください。

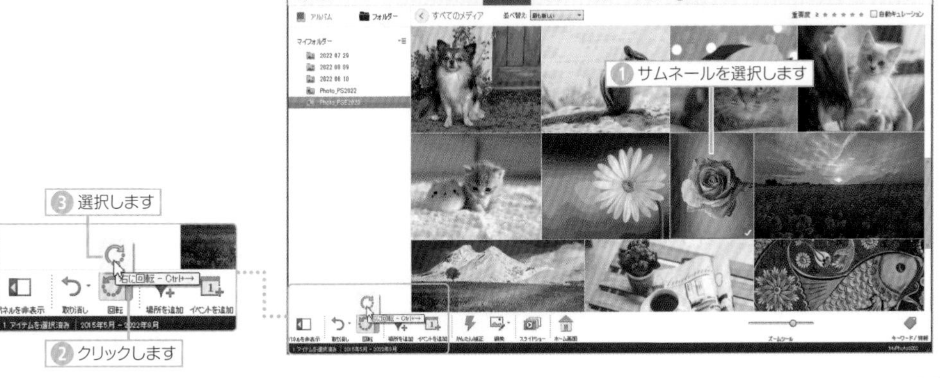

アイテムの選択と削除

写真サムネールなどのアイテムの選択は、次の方法で行います。選択されたアイテムは右下にチェックマーク☑が付きます。

1つのアイテム	クリック
連続したアイテム	Shift＋クリック　またはドラッグ
不連続のアイテム	Ctrl＋クリック
すべてのアイテム	Ctrl＋A
選択解除	Shift＋Ctrl＋A

▶ サムネールを削除する

不要なサムネールを削除する場合は、サムネールを選択してDeleteキーを押します。ダイアログボックスが表示されるので、「OK」ボタンをクリックします。

ハードディスクからデータ自体を削除したい場合には、オプションをチェックします。

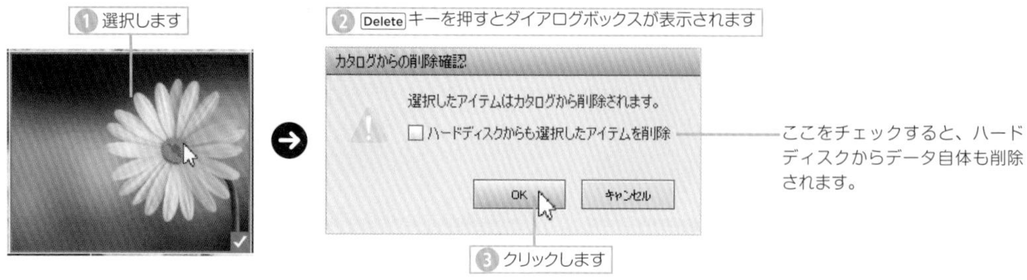

タイムグラフを使う

タイムグラフは「表示」メニューの「**タイムグラフ**」（Ctrl+L）で表示・非表示を切り替えることができます。タイムグラフには、日付順の場合は日付毎に写真の数が棒グラフで表示されます。棒グラフをクリックすると、その棒グラフの写真がサムネールに表示されます。

タイムグラフの左右にある設定点を左右にドラッグして、**表示範囲を指定**できます。何年にもわたってカタログに写真が取り込まれている場合には、設定点で時間やフォルダを絞ることで素早く見たい写真を検索することができます。

フルスクリーン表示とスライドショー

写真をモニタ全体に大きく表示したいときには、フルスクリーンで表示します。タスクバーの「スライドショー」ボタンをクリックすると、表示している画像をスライドショー表示します。

① 「フルスクリーン」を選択

「表示」メニューの「**フルスクリーン**」（F11キー）を選択します。
一定間隔でフルスクリーン表示するスライドショーは、タスクバーの「**スライドショー**」をクリックします。

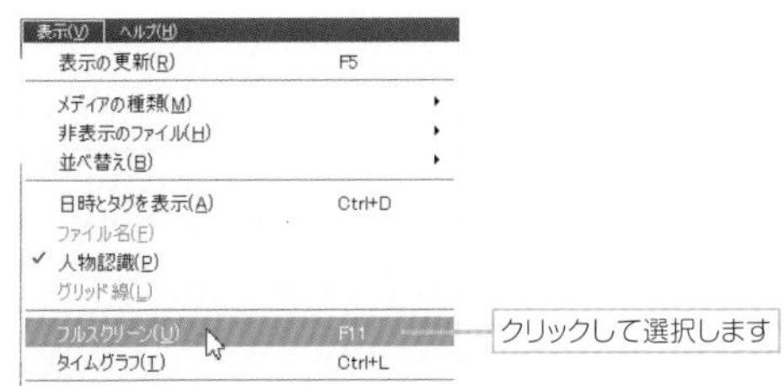

② フルスクリーン表示

写真がフルスクリーンまたはスライドショーで表示されます。
左にカーソルを移動すると「**クイック編集**」パネルと「**クイック整理**」パネルが、下にカーソルを移動するとコントロールが表示されます。

POINT

フルスクリーン表示では、マウスのスクロールやクリック操作で表示サイズを変更することができます。

▶ コントロールの操作

フルスクリーン画面の下には**コントロール**があり、フィルムストリップの切り替えや表示オプションなどのコントロール用のボタンが配置されています。

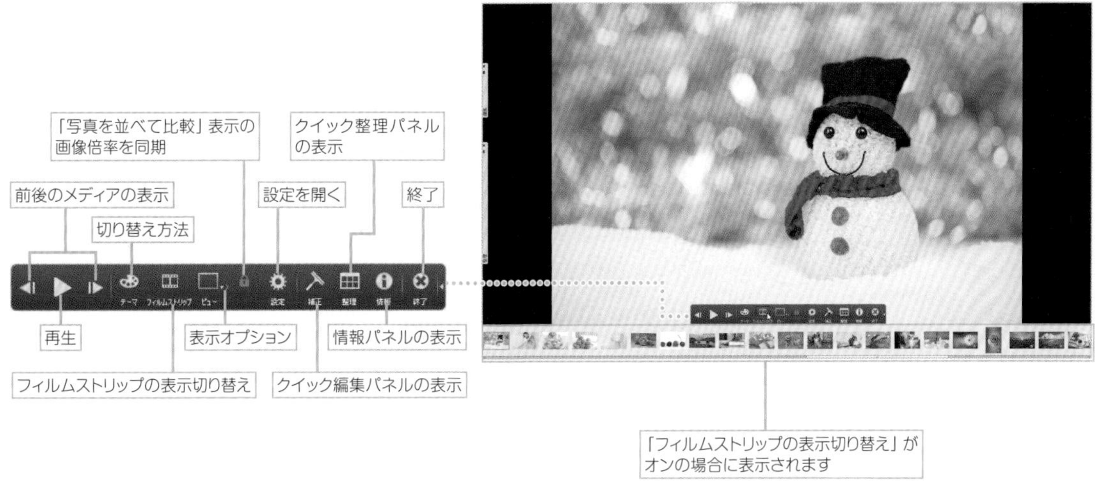

▶ フルスクリーン表示のオプション

コントロールの「**設定を開く」ボタン**⚙をクリックすると、「フルスクリーン表示のオプション」ダイアログボックスが表示され、スライドのBGMやスライド間隔などを設定することができます。

フルスクリーン表示のオプション
スライドショーオプション
BGM(B)： Sunny_Afternoons.mp3 参照...
☑オーディオキャプションを再生(P)
スライド間隔(D)： 4 秒
☑キャプションを含める(C) ☐フィルムストリップを表示(H)
☑写真のサイズ変更を許可(A) ☐スライドショーを繰り返し再生(R)
☐ビデオのサイズ変更を許可(L)
OK キャンセル

▶ クイック編集とクイック整理

フルスクリーンやスライドショー表示のまま、左側にある「**クイック編集**」で色調の補正や画像の回転を、「**クイック整理**」でアルバムやキーワードタグに写真を指定することができます。

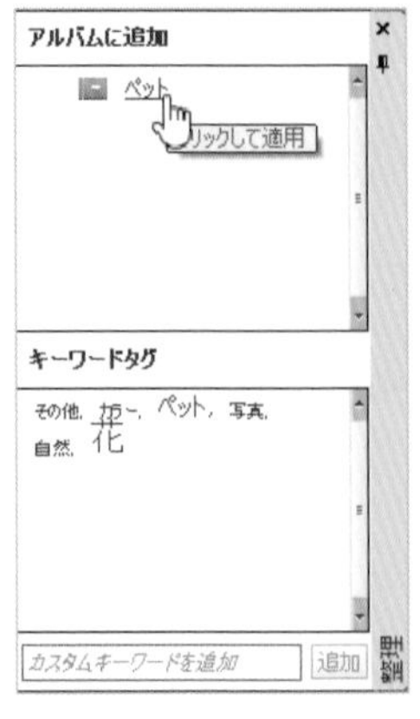

POINT

クイック整理や、Elements Organizerの右下の「かんたん補正」ボタンでは、表示・選択している写真の切り抜き、自動カラー補正、自動レベル補正、自動シャープなどを実行できます。実行後は、自動的に新たなファイルとしてバージョンセットが作成されます。

写真を並べて比較

フローティングツールバーの「**ビュー」ボタン**のメニューから上下と左右のボタン（F12キー）を選択すると、写真を並べて表示することができます。並べた写真はそれぞれ倍率を変更して表示し、見比べることができます。

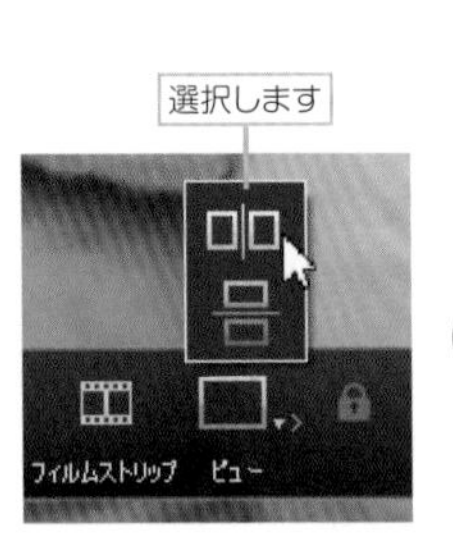

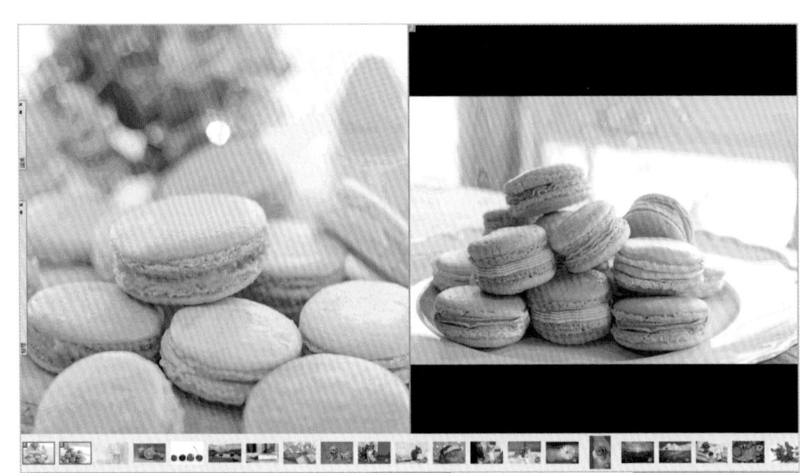

TIPS それぞれの写真を変更するには

並べて表示した写真には、それぞれ［1］と［2］の番号が付いています。左右に並べているときに右［2］の写真を変更したい場合には、右の写真をクリックしてからフィルムストリップのサムネールで写真をクリックして選択します。

かんたん補正

Elements Organizer画面からサムネール写真をワンタッチでお手軽に補正することができます。

補正を行ないたいサムネール写真を選択し（複数も可）、**タスクバーの「かんたん補正」をクリック**します。

「かんたん補正」ダイアログボックスに選択したサムネールが表示されるので、右の「切り抜き」「赤目修正」「効果」「スマート補正」などの編集ボタンをクリックすると補正が行なわれます。元に戻すには「初期化」をクリックします。

自動キュレーション

Elements Organizerの「重要度」の右に「**自動キュレーション**」チェックボックスがあります。ここをオンにすると、表示する写真の数をスライダや数値で指定してPhotoshop Elementsが自動的に写真を絞り込んで表示します。スライダーでは、グリッドに表示されるキュレーションの枚数をコントロールできます。

スタックの活用

複数の写真のサムネールを1つにまとめておく「スタック」という機能があります。同じカテゴリや同じ絵柄の写真は、スタックとして1つのサムネールにまとめておくと管理しやすくなります。

① 選択した写真をスタック

スタックを作成するには、複数のサムネールを選択し、右クリックしてショートカットメニューの「スタック」から「選択した写真をスタック」を選択します。

① 複数のサムネールを選択します
② 右クリックします
③ 選択します

POINT

右クリックメニューの「スタック」から「写真のスタック解除」「スタックの写真を展開」「先頭の写真以外は削除」などの操作が行えます。

② スタックにまとめられる

スタックのアイコンがサムネールに表示されます。

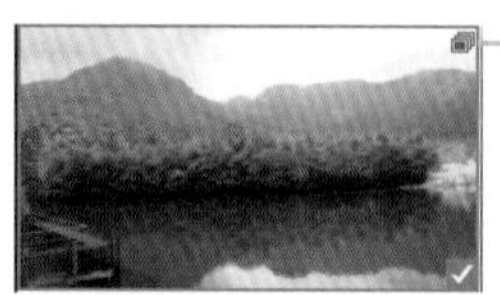
スタックのマーク

TIPS 自動的にスタック

複数のサムネールを選択後、右クリックで「スタック」から「自動的に写真をスタック」を選択すると、サムネール中の類似する写真を自動的にスタック化することが可能です。

▶ スタックを展開する

① 「展開」ボタンをクリック

作成したスタックを展開してすべての写真を表示するには、スタック右の▶ボタンをクリックします。縁なしの割り付けグリッド表示の場合には、▶が表示されないので、「表示」メニューから「日時とタグを表示」を選択しチェックを入れます。

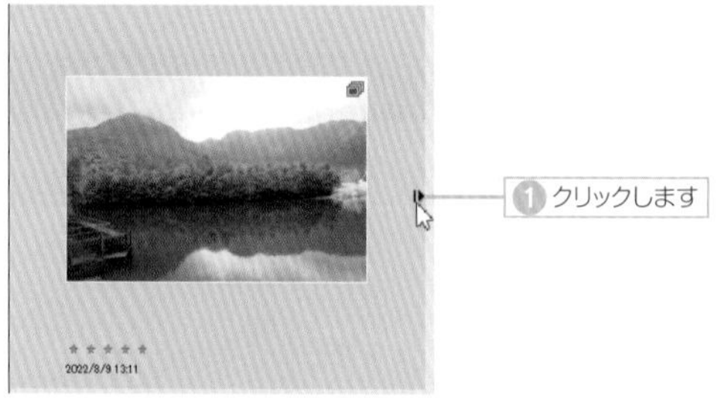
① クリックします
2022/8/9 13:11

② 展開される

スタックが展開されて、まとめた写真サムネールが個別に表示されます。

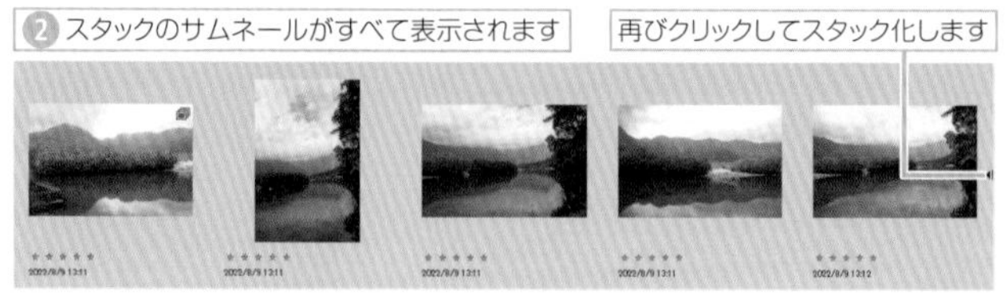
② スタックのサムネールがすべて表示されます
再びクリックしてスタック化します

POINT

「環境設定」の「カメラまたはカードリーダー」で「RawとJPEGの自動スタック」をオンにするとRaw、JPEGファイルがスタック化されて取り込まれます。

情報を表示する

写真のサイズ、撮影日、履歴、Exif情報などを見たい場合には、サムネールを選択し、タスクバー右端の「**キーワード／情報**」ボタンをクリックし、「**情報**」タブをクリックします（Alt＋Enter）。

③情報パネルが表示されます

一般

アンダーラインのある項目をクリックすると、日付を変更したり、ファイルのあるフォルダを開く、オーディオキャプション追加などの操作ができます。

メタデータ

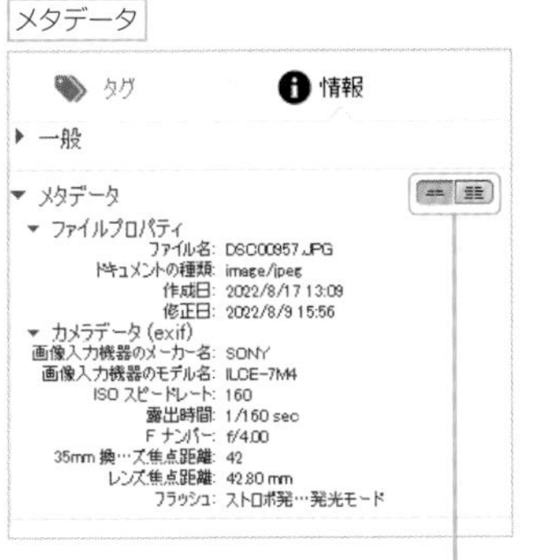

ここをクリックすると、Exifデータのほかに、ファイル情報、IPTCデータ、さらに詳細なExifデータが表示されます。

履歴

TIPS Exifとは

富士フイルムが開発して、JEIDAによって規格化されたデジタルカメラの統一されたフォーマットです。Exchangeable image file formatの略。デジタルカメラの画像の機種、撮影時の露出、シャッタースピードなどの条件情報を埋め込んでいます。ほとんどのデジタルカメラは現在Exif形式で画像を保存するようになっています。

TIPS メタデータを検索する

「検索」メニューから「詳細（メタデータ）」を選択して、さまざまな検索条件（例えばカメラメーカー、撮影日付、キャプション、画像サイズ、ファイルサイズ、画素数など）を組み合わせて写真を探し出すことができます。

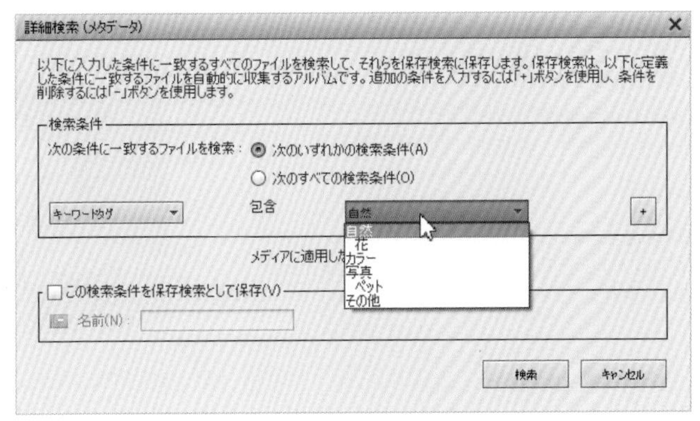

SECTION 2.3

使用頻度

画像の検索、検索条件の変更

画像を検索してピックアップしよう

Elements Organizerでは「検索」ボタンからスマートタグ、人物、場所、日付、フォルダー、キーワード、アルバム等ごとに検索条件を設定して必要な写真だけを表示させることができます。

検索を行なう

1 「検索」をクリックする

「イベント」の右にある「検索」ボタンをクリックします。

2 1つ目の検索条件を設定する

検索画面が表示されます。検索画面では、左にスマートタグ、人物、場所、日付、フォルダー、キーワード、アルバム等の検索条件のカテゴリーのアイコンがあります。
アイコンにカーソルを重ねると、右に画面がポップアップするので、そこから検索したい項目（人、場所、日付など）を選びます。
ここでは、「スマートタグ」の「動物」を選んでみます。

POINT

スマートタグは、Photoshop Elementsが自動的に画像を解析してタグ付けを行なっています。

3 検索された画像が表示される

検索条件に合致した画像が表示され、上の条件入力欄に「動物」のタグが表示されます。

POINT

検索画面からサムネール表示画面に戻るには、左上の「グリッド」をクリックします。サムネール表示画面では、検索したアイテムが表示されています。

④ さらに検索条件を設定する

次にもう1つの検索条件を設定します。
ここでは「重要度」の★5つで検索します。
これで「キーワード」が「動物」および「重要度」が★5つの写真だけが表示されます。

⑤ 条件同士の設定変更

「キーワード」と「重要度」の間には「+および」の記号があります。
ここをクリックしてメニューから「/または」を選びます。

「動物」と「重要度5」の両方の写真が表示されます。

TIPS 検索条件を保存するには

検索を行なったらグリッド表示に戻り、検索した写真を表示した状態で、右上の「オプション」をクリックしてメニューから「保存検索として検索条件を保存」を選び、ダイアログボックスで名前を入力します。

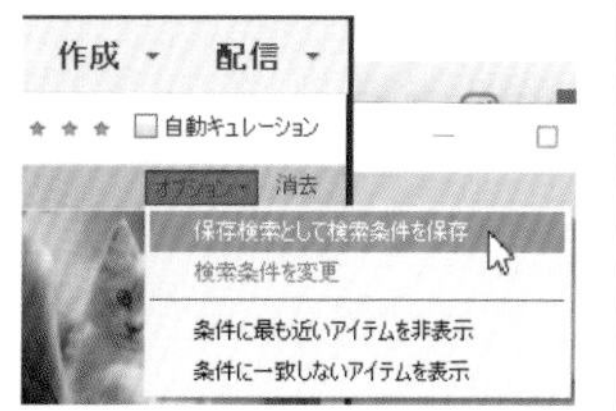

SECTION 2.4

使用頻度 ●●●

キーワードタグの適用、重要度の設定

キーワードタグを使って写真を整理しよう

Elements Organizerでは、「タグ」パネルを利用して写真、ビデオ、サウンドなどにキーワードタグを付けておくと、後からキーワードを検索して簡単にアイテムを見つけ出すことができます。

キーワードタグを適用する

Elements Organizerウィンドウの右には、「タグ」パネルがあります。パネルには「自然」「カラー」「写真」など、あらかじめいくつかのカテゴリが用意されています。新たなカテゴリを作成して写真にキーワードタグを割り当てます。

① サムネールをドラッグする

[+▾]をクリックしてキーワードタグを作成します（61ページ参照）。選択した写真の**サムネールをキーワードタグアイテムまでドラッグ**しタグ付けします。

サムネールには複数のキーワードタグを適用することができます。Shift＋クリックで複数のサムネールを選択できます。

[+▾]をクリックします。カテゴリや名前などを入力し、「OK」ボタンをクリックすると、キーワードタグが作成されます。

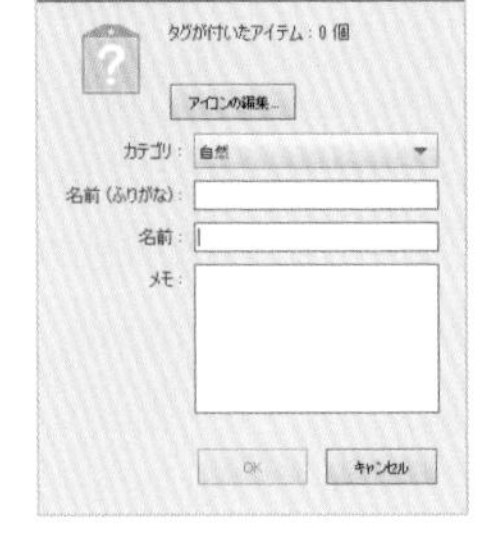

POINT

サムネールの下に日時やタグが表示されていない場合には、「表示」メニューの「日時とタグを表示」にチェックを入れます。

② タグをサムネールにドラッグする方法

あるいは、**キーワードタグアイテムを写真のサムネールにドラッグ**します。

または、キーワードタグのテキストボックスをクリックしてタグリストからキーワードタグを選択して割り当てることができます。

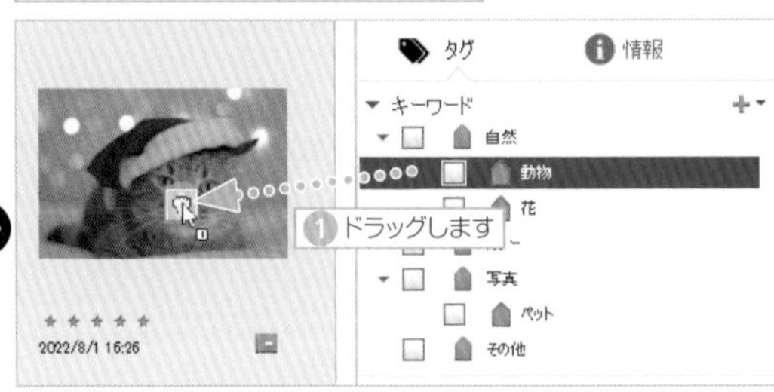

キーワードタグを解除するには

適用したキーワードタグを解除するには、タグを適用したサムネールを選択し、右クリックのショートカットメニューの「**アイテムからキーワードタグを削除**」からタグ名を選択します。

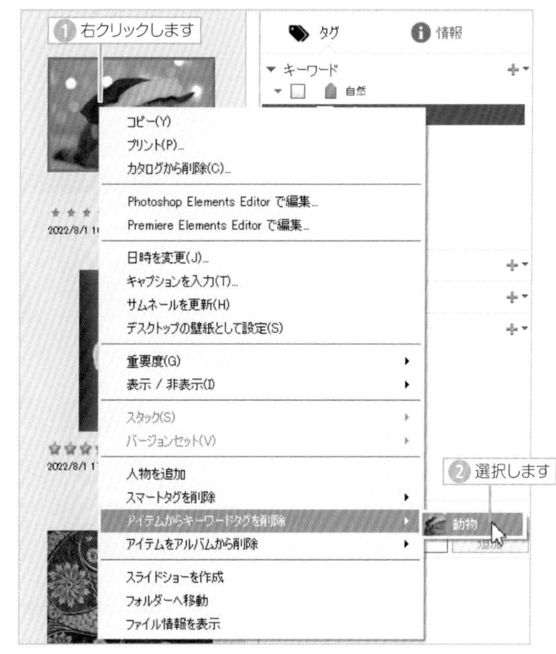

TIPS スマートタグの削除

Elements Organizerでは、読み込んだ写真に自動的に画像を判断して複数のスマートタグが付けられます。
スマートタグが異なる場合には、サムネールを右クリックして「スマートタグを削除」から削除するタグを選びます。

重要度を設定する

キーワードタグと同様に、★印の数でサムネールに重要度を設定することができます。

1 サムネールを選択する

重要度を設定するサムネールを選択します。
サムネールの下の★マークをクリックします。
★の数が多いほど、重要度が高くなります。

POINT

サムネールに★マーク欄がない場合には、「表示」メニューの「日時とタグを表示」にチェックを入れてください。

2 重要度を設定する

重要度が設定されます。
重要度を設定しておくと、**重要度で検索し写真をピックアップ**することができるようになります。

POINT

重要度で検索するときは、並べ替えバーでサムネールを表示したい★の数をクリックします。

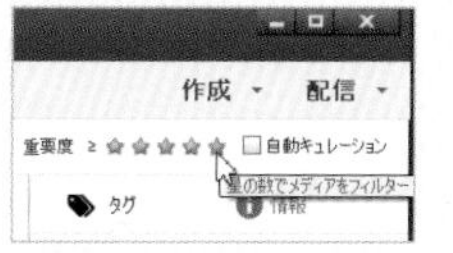

キーワードタグで検索する

特定のアルバムやフォルダー内のキーワードタグを付けた画像サムネールだけを表示するには、「タグ」パネルのキーワード左の□をクリックします。

1 キーワードタグで検索する

特定のアルバムやフォルダーを選択してから、タグパネルの**キーワードの左の□をクリック**します。

2 キーワードタグだけが表示される

チェックしたキーワードタグが付いたサムネールだけが表示されます。

POINT

タグパネルでは、複数のキーワードをクリックして絞り込んだり、「人物タグ」「場所タグ」「イベントタグ」をクリックして絞り込むことができます。

3 検索前に戻る

並べ替えバーの「すべてのメディア」ボタンか検索パネルの右の「消去」ボタンをクリックすると、検索前の状態に戻ります。

TIPS 検索条件を保存する

キーワードタグや重要度でピックアップした条件は、検索パネル右下の「オプション」ボタンのメニューから「保存検索として検索条件を保存」を選択します。
保存した検索条件は「保存検索」ダイアログボックスで使用することができます。

新規キーワードタグを作成する

1 「新規キーワードタグ」を選択する

新しいカテゴリのタグを作成するには、「タグ」パネルの＋▾ボタンの▼をクリックして「新規キーワードタグ」を選択します。

2 名前とカテゴリを設定する

「キーワードタグを作成」ダイアログボックスでカテゴリ、キーワードタグ名を設定し、「OK」ボタンをクリックします。
必要に応じてアイコンの写真も設定します。

3 新しいキーワードタグができる

パネルに新しいキーワードタグが作成されます。

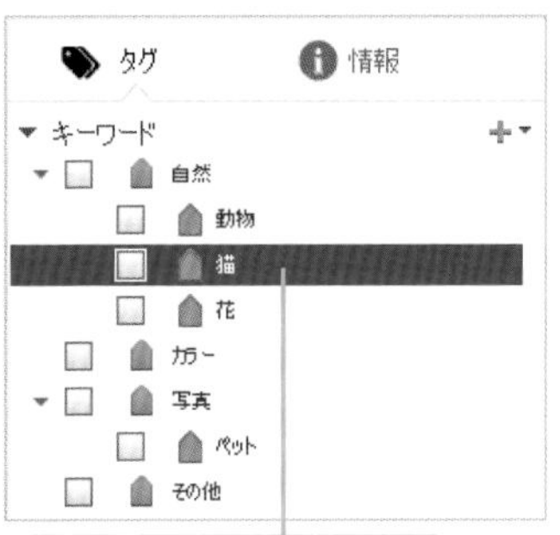

POINT

作成したキーワードは、右クリックのメニューから「削除」を選択して削除することができます。キーワードを削除すると、適用しているサムネールからキーワードタグアイコンが消えて解除されます。

TIPS 画像タグパネルを使う

「タグ」パネルの最下段の「画像タグ」パネルでは、選択したサムネールに任意の名前を入力してキーワードタグを付けたり、新規に作成することができます。ここで作成したキーワードは「その他」カテゴリに分類されます。

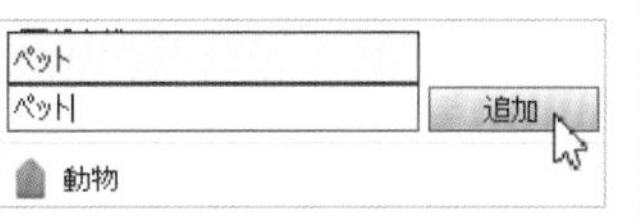

CHAPTER 2 Elements Organizerを使いこなそう

キーワードタグのアイコンを変更する

サブカテゴリを新規に作成したときに設定したアイコンの写真や色を変更することができます。

1 キーワードタグを編集

アイコンの写真を変更したい場合には、写真を設定したカテゴリやキーワードタグを選択し、「タグ」パネルの+▾ボタンをクリックするか**右クリックのメニューから「編集」を選択**します。

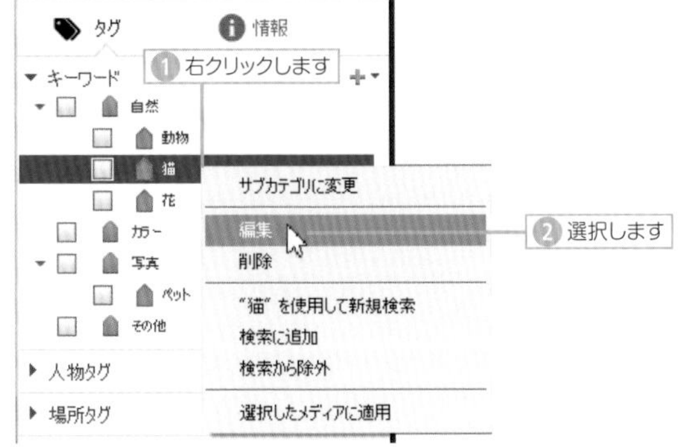

2 「アイコンの編集」をクリック

ダイアログボックスで「**アイコンの編集**」ボタンをクリックします。

3 取り込む写真を選択する

ダイアログボックスで「取り込み」をクリックし、さらに画像を選択するダイアログボックスでサムネールにする写真を選択し「開く」をクリックします。

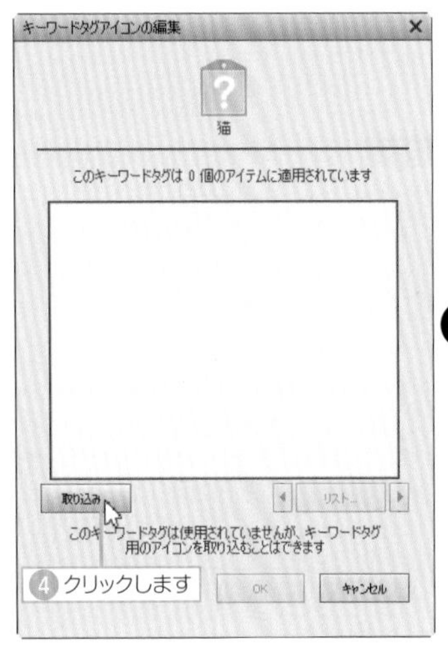

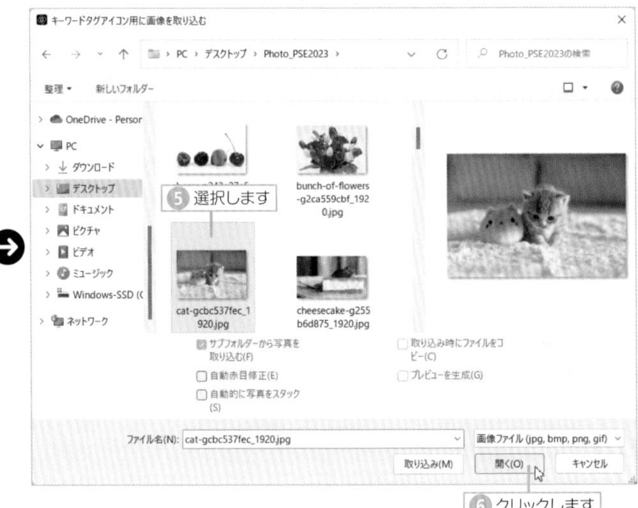

④ 写真とエリアを設定する

アイコンにする写真が表示されます。
写真内の枠の位置や大きさを変更して写真位置を決めます。
「OK」ボタンをクリックし、さらに「キーワードタグアイコンの編集」ダイアログボックスで「OK」ボタンをクリックします。

ここをクリックして写真ファイルを選択し、
サムネールの写真を変更できます

⑤ アイコンが変更される

キーワードタグのアイコンが変更されます。

POINT

キーワードタグに写真が表示されていない場合には、＋▾のメニューから「大きなアイコンを表示」を選択すると写真がアイコンに表示されます。
または、「環境設定」の「キーワードタグとアルバム」で「キーワードタグの表示方法」を大きなアイコンに設定します。

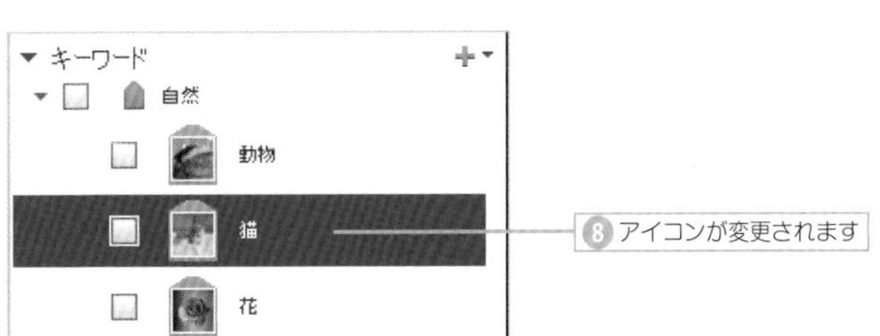

TIPS カテゴリのアイコンを設定する

「自然」「カラー」などカテゴリのアイコンは、右クリックして「編集」を選び、カテゴリアイコンの種類を設定したり、「カラーを選択」ボタンをクリックしてアイコンの色を変更することができます。

SECTION

2.5

使用頻度

新規アルバム、アルバムに追加する、かんたんアルバム作成

アルバムを作成しよう

Elements Organizerには、タグ付けの機能とは別途に、写真をグループ分けするアルバムという機能があります。アルバムでは写真の表示順序を設定できるので、好みのアルバムを作ってどんどん登録してみましょう。

アルバムを作成する

パネルエリアの「アルバム」パネルでアルバムを作成しておくと、分類したアルバムごとに写真やビデオを表示できます。アルバム内のメディアは表示順序を自由に入れ替えることができます。

1 「新規アルバム」を選択する

最初にアルバムに追加したい写真を表示しておきます。

左パネルの「マイアルバム」の右の+▾をクリックし、メニューから**「新規アルバム」を選択**します。

サムネールを選択してから行うと、自動的にアルバムに登録されます。

1 クリックします

2 選択します

2 名前、アイコンを設定する

ダイアログボックスでカテゴリ、名前を設定します。サムネールからアルバムに登録したい画像サムネールを「コンテンツ」にドラッグします。

内容を確認してから「OK」ボタンをクリックします。

POINT

アルバムは、サムネールの順番を好みの位置にしたり、順位で並べたり、タグのように下位のアルバムを作成し、グループ化することができます。

3 アルバムが作成される

「アルバム」パネルに、新しいアルバムが作成されます。

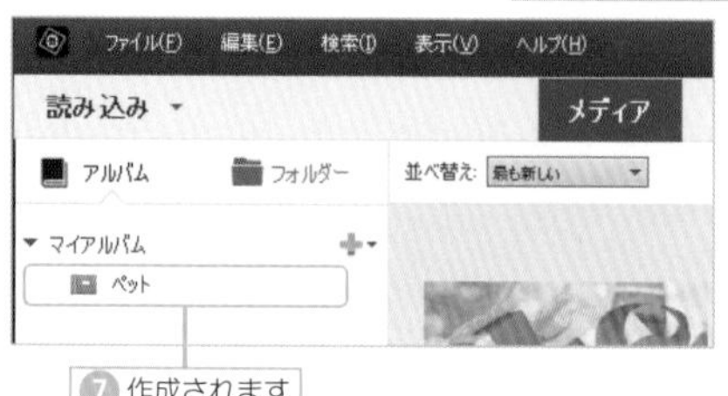

アイテムをアルバムに追加する

作成したアルバムに写真などのアイテムを追加する操作は、タグの場合と同じです。フォルダータブで写真を選択しアルバムにアイテムをドラッグします。

アルバム項目をサムネールにドラッグしても可能です。

かんたんアルバムを作成

マイフォルダーの画像を表示している場合には、「かんたんアルバムを作成」でフォルダー内のメディアをそのままアルバムとして登録することができます。

① かんたんアルバムを作成

左のパネルでマイフォルダーかフォルダー階層を表示して、フォルダーを右クリックしてメニューから「かんたんアルバムを作成」を選択します。

② アルバムが作成される

自動的にフォルダー名のアルバムが作成されます。

CHAPTER 2 Elements Organizerを使いこなそう

アルバムを表示する

アルバムの表示はアルバム名をクリックします。

アルバムはフォルダー表示と同様にズームツールでサムネールサイズを変更したり、「表示」メニューからファイル名やタグを表示することができます。

TIPS アルバムにキーワードタグを適用する

アルバムに登録された写真にもパネルでキーワードタグを適用することができます。

その他の操作

アイテムをアルバムから削除する操作や編集する操作は、アルバム名を右クリックしてショートカットメニューから選択します。「編集」を選ぶと、右に「アルバムを編集」パネルが表示され、アルバム名の変更や削除、公開などの操作を行なえます。

TIPS 写真の並びを変更する

アルバムの「並べ替え」メニューから「アルバム順」を選ぶと、選択した写真等をドラッグして任意の順序に並べ替えることができます。

並べ替え: アルバム順
最も新しい
最も古い
ファイル名
取り込み順
アルバム順

SECTION
2.6

使用頻度

人物タブ、人物スタック、グループを作成

人物ビューを使いこなそう

Elements Organizerには、人物ビューや人物タグで人物のラベル付けをしたグループを管理し、人物を追加することができます。ラベル付けを行なうと検索対象にしたりフォルダーごとに人物ビューで表示が行なえます。

人物ビューでラベルを追加する

Elements Organizerで取り込んだ写真の**人物写真は自動的に認識**され、人物ビューに人物ごとに表示されます。人名のラベルを入力し人物ビューでグループ化を行ない管理することができます。

1 自動認識される人物スタック

Elements Organizerの人物ビューを表示すると、取り込んだ写真の人物を自動的に認識してスタック化します。
左の「アルバム」や「フォルダー」を選択してから、人物ビューを表示すると、そのアルバムやフォルダー内の人物スタックだけが表示されます。
最初は名前を付けていないので、**「名称なし」パネルにスタックが表示**されます。

2 小規模のスタックを表示する

人物のスタックは「小規模のスタックを表示しない」が初期状態ではオンになっているので、写真枚数の少ないスタックは非表示になっています。
これをオフにすると、すべての人物スタックが表示されます。

TIPS メディア解析の環境設定

Elements Organizerの「編集」メニューの「環境設定」を選び、「メディア解析」カテゴリでは、「顔認識を自動実行」をオフにしたり、「顔の分析をリセット」をクリックして既存の人物スタックを削除して初期化することができます。

③ 人物ビューのスタックを開く

人物スタックをクリックすると、下にスタック内のサムネールが表示されます。
サムネール内で違う人物の場合には、⊘をクリックすると人物スタックからはずすことができます。

⑥ クリックします

⑦ スタック内の顔が表示されます

⑧ 違う人物の場合にはクリックしてはずします

⑨ クリックすると閉じます

④ 人物スタックに名前を追加する

人物スタックに名前を追加するには、「**名前を追加**」をクリックして名前を入力し、☑をクリックします。
名前を追加すると**「名称あり」パネルにスタックが移動**します。

⑪ クリックします

⑫ クリックします

⑩ クリックして名前を入力します

⑬ 追加されます

POINT

名前を付けたときに△アイコンがある場合があります。「顔」をクリックして表示したときに、「これは「○○」さんですか？」を表示されるので、顔サムネール上にカーソルをもっていき、☑か⊘マークをクリックしてスタックに入れるか、はずします。
また、タスクバーの「名称変更」で名前の変更、「再表示しない」で非表示にできます。

⑤ スタック内の写真と顔の表示

スタックの下には「メディア」と「顔」のボタンがあります。「メディア」をクリックすると写真全体が表示され、「顔」をクリックすると顔サムネールが表示されます。

写真が表示されます

顔が表示されます

グループの作成とグループに分類する

人物ビューの右パネルでは友達や家族等、グループに分けて管理することができます。

1 グループを追加する

新しいグループをつくります。
右側のグループパネルを表示します。[+▾]をクリックし「グループを追加」を選択します。

2 グループを作成する

「グループを追加」ダイアログボックスでグループ名を入力し、サブグループにする場合はグループを選び「OK」ボタンをクリックします。

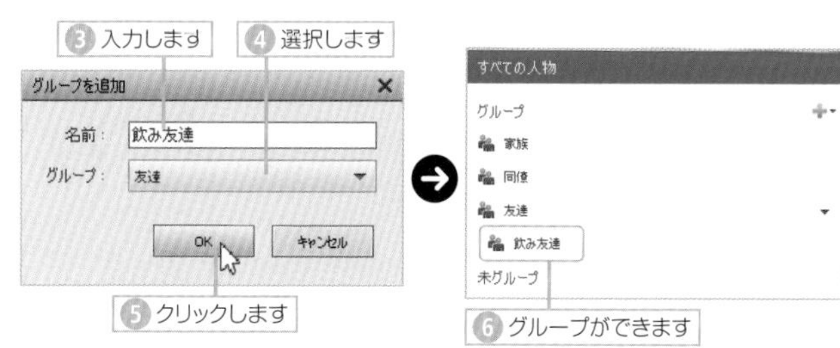

3 スタックをグループにドラッグする

スタックをグループ項目にドラッグするか、グループ項目をアルバムにドラッグします。

4 グループとして表示される

グループパネルでグループ項目をクリックして選ぶと、グループ内の人物アルバムのサムネールが表示されます。

POINT

グループに分類されていない人物スタックは、グループパネルの「すべての人物」か「未グループ」を選択すると表示されます。

SECTION 2.7

使用頻度 ●●○

場所ビュー、GPSタグ、場所を追加する

地図上に写真を表示しよう

Elements Organizerには、画面上部に場所ビューとイベントビューのボタンがあります。場所ビューでは撮影した写真につけられたGPSタグでマップにピンを表示したり、写真に場所のタグを付けることができます。

場所ビューでマップに表示する

場所ビューでは、GPSタグを付ける機能があるデジタルカメラで撮影した写真は、自動的にマップに写真の位置と枚数が表示されます。GPSタグのない写真は手動で場所ビューに登録することができます。

1 GPSタグの写真を表示

画面上の「場所」をクリックすると、「ピン留めあり」パネルにはGPSタグの位置情報から地図に写真の位置と枚数が表示されます。
マップ上のピン上にカーソルを移すと青い枠で大きく表示されます。

POINT

青い枠の「場所名を取得」をクリックすると、自動的に場所名が青い枠の上に表示されます。

1 クリックします
2 クリックします
3 ピン上にカーソルをのせます
4 クリックします

2 マップ位置の写真を表示する

青い枠の数字をクリックすると写真が表示されます。左上の「戻る」をクリックするとマップ表示に戻ります。

POINT

場所名を取得している写真を「メディア」パネルで表示すると、「タグ」パネルの「場所タグ」では場所を追加した場所がリストとして入れ子状に表示され、クリックすると、リストの写真が表示されます。

5 ピンの写真が表示されます

POINT

青い枠の「編集」をクリックすると、そのピンに写真を追加・削除が行えます。

場所を追加する

GPS機能のないカメラで撮影した写真は、場所を追加してマップ上にピンを追加することができます。

① ピン留めなしの写真を表示

「場所」パネルの「**ピン留めなし」をクリック**すると、左側のパネルにピン留めされてない写真が表示されます。
地図上にピン留めしたい写真をクリックして選択し、右の地図で場所を検索して表示し、「○つのメディアをここに配置しますか？」の✔をクリックします。
または写真を右の地図上にドラッグします。

POINT

右のマップでは、メニューから地図の表示方法を「地図」「地図+写真」「明」「暗」から選択できます。
「地形」をオンにすると高低が地図に表示されます。

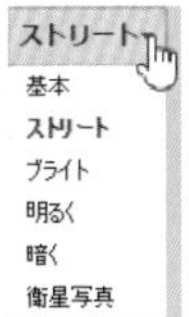

② ピンが配置される

「ピン留めなし」パネルの地図上にピンが配置されます。

POINT

マップに配置する写真は、「時間別にグループ化」をオンにして、「グループ数」スライダでグループをつくり、グループごとにマップのピンを配置することもできます。

▶「場所を追加」ボタンからピン留めする

① 「場所を追加」をクリック

「メディア」ビューでピン留めしたい写真を選択し、タスクバーの「場所を追加」をクリックします。

② 場所を入力して適用する

ダイアログボックスで地名を入力すると候補が表示されるので、クリックして選択します。「適用」ボタンをクリックすると、サムネールに場所がタグ付けされます。

SECTION 2.8

使用頻度

イベントビュー、イベントを追加、カレンダーから絞り込む

カレンダーから写真を表示しよう

Elements Organizerのイベントビューでは、イベントを作成し、カレンダーから写真を探すことができます。また、自動的に日付で写真スタックを作成して、カレンダーから探すことができます。

イベントを作成する

旅行や催し物などイベントを作成すると、カレンダーパネルの年月日でイベントを検索できます。

1 「イベントを追加」をクリック

メディアビューかイベントビューを表示し、タスクバーの「イベントを追加」ボタンをクリックします。

POINT

あらかじめイベントに含めたい写真を選択しておくと、「イベント」ボタンをクリックするだけで左のパネルに写真が登録されます。

2 写真を追加する

右に「新規イベントを追加」パネルが表示されるので、下の欄に写真をドラッグして追加します。さらにイベント名、開始日、終了日を設定します。開始日、終了日はカレンダーポップアップから指定します。メディアビューから選んだ写真は自動的に日付が設定されます。

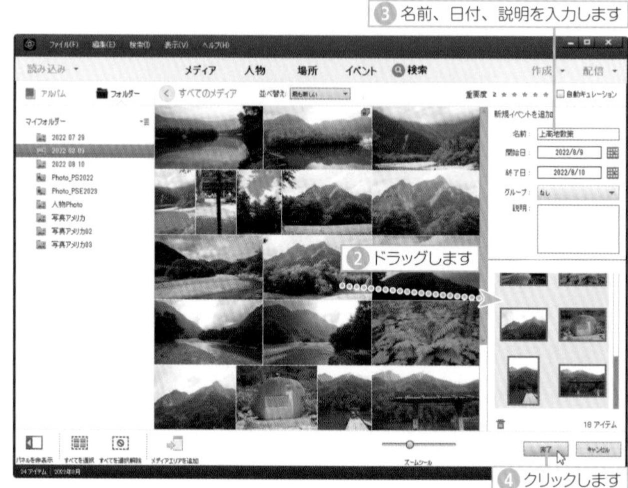

3 スタック化されたイベントが表示

「完了」をクリックし、「イベント」ビューを表示し、「名称あり」パネルを表示すると、スタック化されたイベントが表示されています。イベントをダブルクリックするとイベント内の写真がグリッド表示されアルバムのマークが表示されます。

POINT

「すべてのイベント」ボタンをクリックすると、すでに作成されたイベントもすべて表示されます。

イベント候補から選ぶ

「イベント候補」パネルには日時ごとに写真がグループ分けされています。日時の細かさは「グループ数」スライダで調整できます。日付内の写真末尾の数字をクリックすると、日付のすべての写真が表示されます。

グループの写真を選択し、「イベントを追加」をクリックして、ダイアログボックスでイベント内容、日時を設定し、イベントを追加することができます。

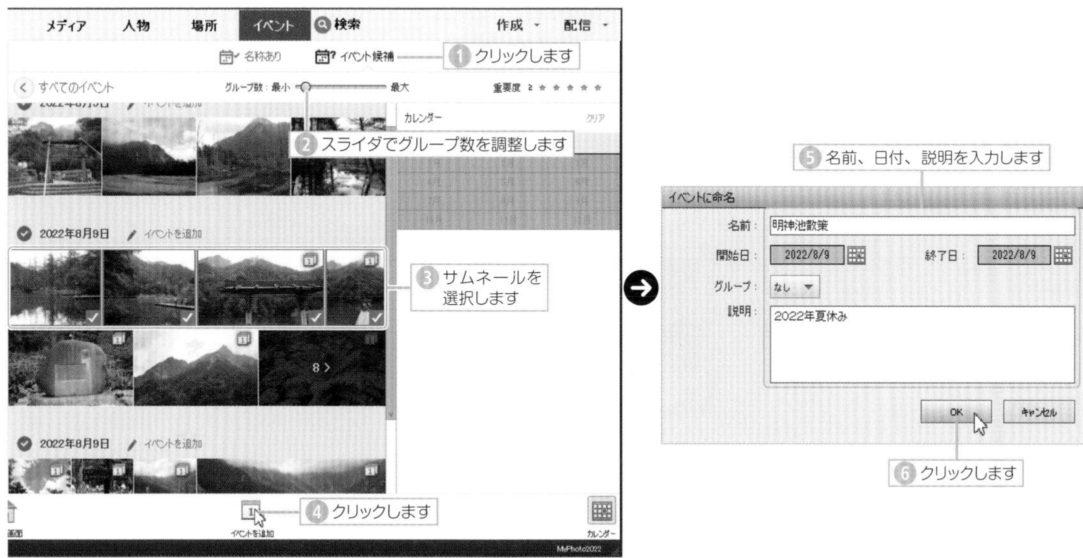

または、グループの日付の右の「イベントを追加」をクリックしてグループをイベントに追加することができます。

イベントを編集する

作成したイベントは「イベント」ビューの「名称あり」パネルに表示されます。ここでは、カバー写真を設定したり、イベントの内容を編集したり削除することができます。

▶カバー写真を変更する

イベントのカバー写真は、カバーにしたいサムネールを表示し右クリックして、「カバーとして設定」を選択します。

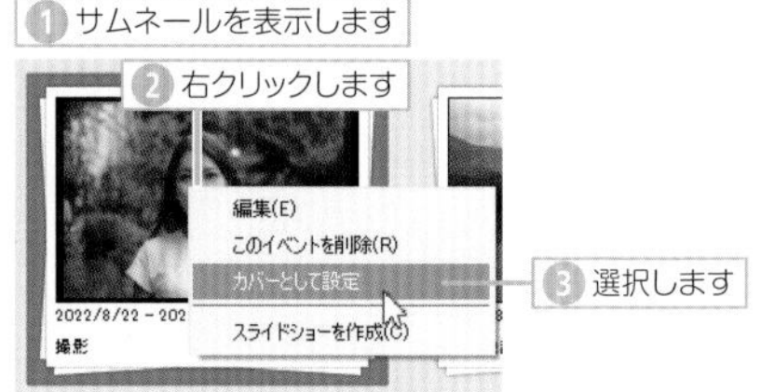

▶イベントを編集する

イベントを右クリックして「編集」を選ぶと、「イベントを編集」ダイアログボックスが表示されるので、名前、日付、説明などを入力します。

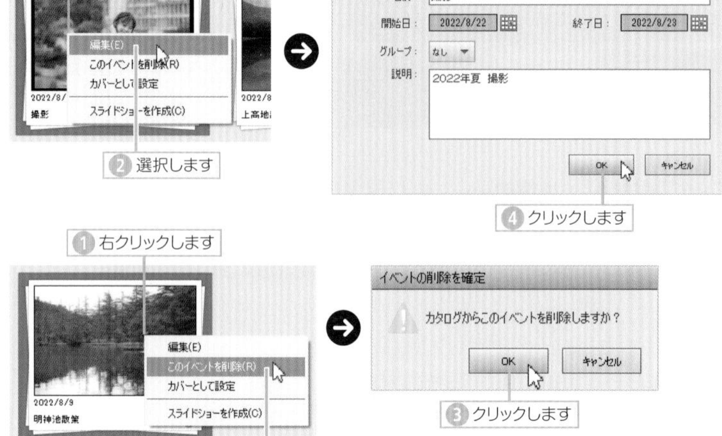

▶イベントを削除する

不要なイベントは、イベントを右クリックして、「このイベントを削除」をクリックします。

ダイアログボックスが表示されるので、「OK」ボタンをクリックします。

カレンダーパネル

右のカレンダーパネルでは、年度を表示すると、その年度の**イベントのある月は青文字で表示**されます。

年度をメニューから選ぶと、その年度だけのイベントが左に表示され、青表示の月をクリックするとその月のイベントだけが左に表示されます。

CHAPTER

3

ウィンドウとパネルの操作を覚えよう

Photoshop Elementsで写真を編集するためのツールやパネルの使い方をここで覚えましょう。また、写真の拡大・縮小表示などズームの操作もここで覚えましょう。

SECTION
3.1
使用頻度

ズームツール、拡大・縮小、ナビゲーターパネル、情報パネル

画像を拡大・縮小して表示しよう

ここからはElements Editorでの操作について覚えましょう。ウィンドウに表示された画像は、拡大して細部を確認してレタッチしたり、印刷されるサイズで表示したりすることができます。

画像を拡大と縮小表示する

開いている画像を拡大するには、**ズームツール**を使う方法と**コマンドを使う方法**があります。

POINT

ズームスライダで左右にドラッグしても画面のズーム倍率を調整できます。

▶ズームツールを使う

ツールボックスのズームツールを選択します（欧文入力モードのZキー）。あるいは、Ctrlを押しながらSpaceキーを押します。

拡大したい範囲をズームツールでドラッグすると、**ドラッグした範囲がウィンドウいっぱいに表示**されます。

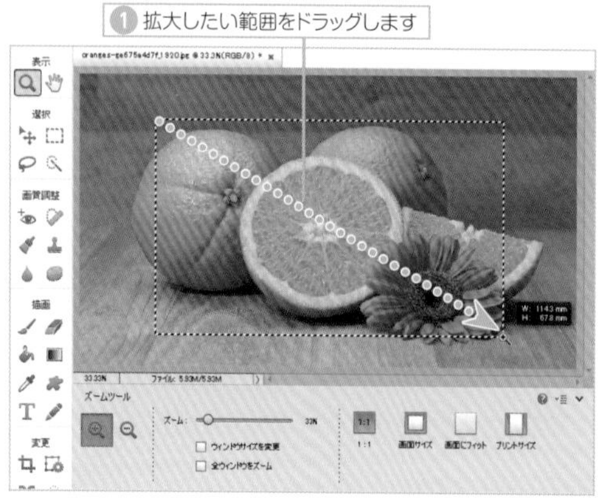

表示メニューとズームツールオプションから拡大・縮小

「表示」メニューとズームツールのツールオプションには、画像を拡大・縮小して表示するコマンドが集められています。

ショートカットを覚えると素早い操作が身に付きます。

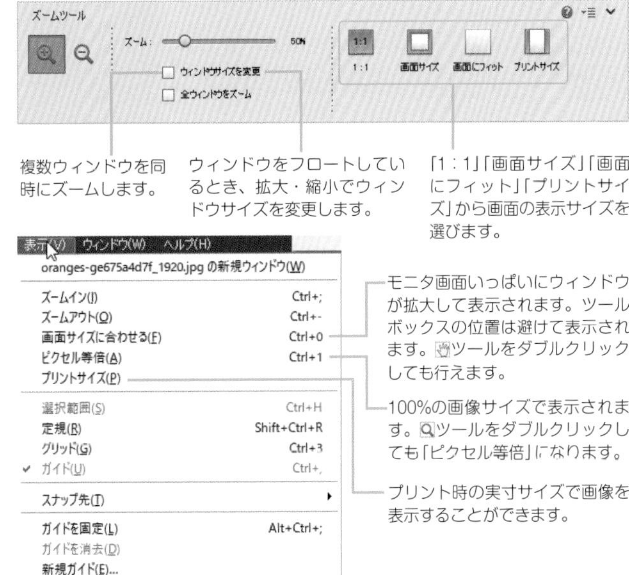

TIPS 素早く拡大・縮小する

連続して Ctrl （Macは ⌘）＋＋や Ctrl ＋−キーを押すと、素早く画像を拡大・縮小することができます。

ナビゲーターパネルで拡大・縮小する

ナビゲーターパネルでは、ズームイン、ズームアウト、画像の表示領域をパネル内で指定することができます。

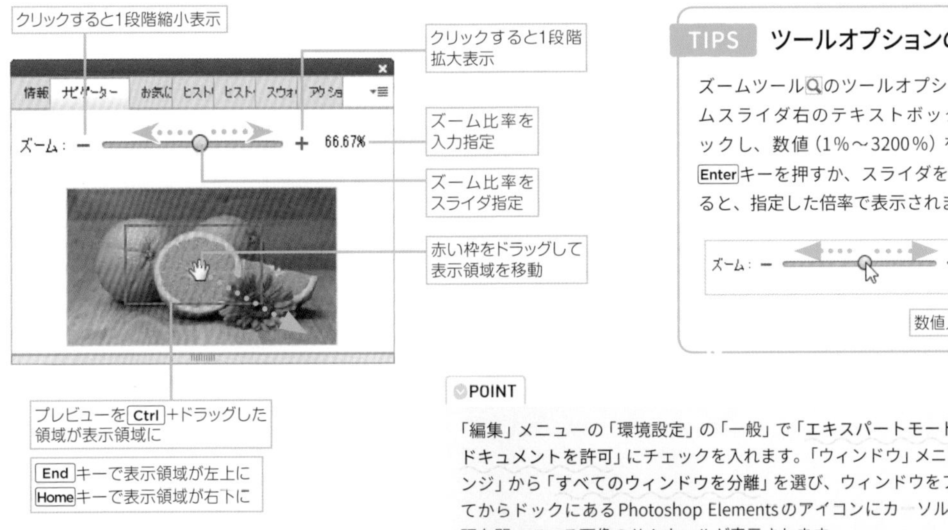

TIPS ツールオプションのズーム

ズームツールのツールオプションでズームスライダ右のテキストボックスをクリックし、数値（1%〜3200%）を入力して Enter キーを押すか、スライダをドラッグすると、指定した倍率で表示されます。

ズーム： − ＋ 66.67%

数値入力します

POINT

「編集」メニューの「環境設定」の「一般」で「エキスパートモードでフロートドキュメントを許可」にチェックを入れます。「ウィンドウ」メニューの「アレンジ」から「すべてのウィンドウを分離」を選び、ウィンドウをフロートさせてからドックにあるPhotoshop Elementsのアイコンにカーソルをのせると、現在開いている画像のサムネールが表示されます。

Adobe Photosh... oranges-ge675a4d7f_1920.j... beautiful-g6dcd235df... hd-wallpaper-gdbfb3... easter-g4478ad012_19...

画像のスクロール

隠れた部分を表示するために画面をスクロールするには、ウィンドウの**スクロールバーをドラッグ**、または**スクロール矢印をクリック**します。

手のひらツール（欧文入力モードのHキー）を選択し、画面上の表示したい方向にドラッグすることもできます。

POINT

ツールオプションの「すべてのウィンドウをスクロール」をチェックすると、複数ウィンドウが同時にスクロールされます。

また、ナビゲーターパネルのビューボックスの赤い四角内をドラッグしてもスクロールを行えます。

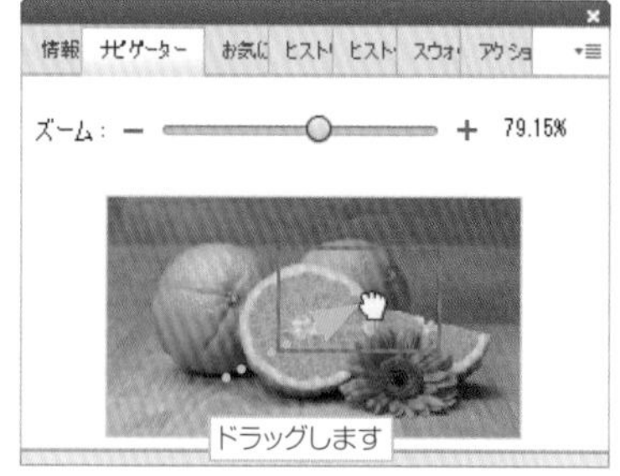

TIPS　スクロールのショートカット

テキスト入力時以外は、どのツールを選択している状態でもSpaceキーを押すと手のひらカーソルが表示され、ドラッグして画像をスクロールできます。
PageUp PageDownキーで1画面分上下にスクロールします。
Ctrl＋PageUp PageDownキーで1画面分左右にスクロールします。

同じ画像のウィンドウを開く

「表示」メニュー「（ドキュメント名）の**新規ウィンドウ**」は、一方のウィンドウで画像の表示サイズを変更して細部を確認できるメリットがあります。ウィンドウをフローティングさせるか、「ウィンドウ」メニューの「アレンジ」から「**並べて表示**」を選び、複数のウィンドウを並べて表示させます。

POINT

タスクバーの「レイアウト」ボタンのメニューからウィンドウの並べ方を変更することができます。

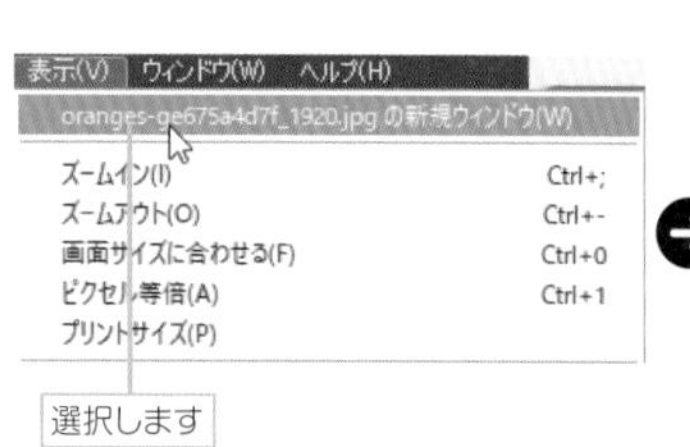

情報パネル

情報パネルには、初期設定値では、カーソル位置の座標のカラー値、選択範囲のサイズ、位置、ドキュメントのファイルサイズが表示されています。

「ファイル」の欄には、/（スラッシュ）の左はレイヤーデータを含まない統合した状態のファイルサイズ、右にはレイヤーを含んだ状態のファイルサイズが表示されます。

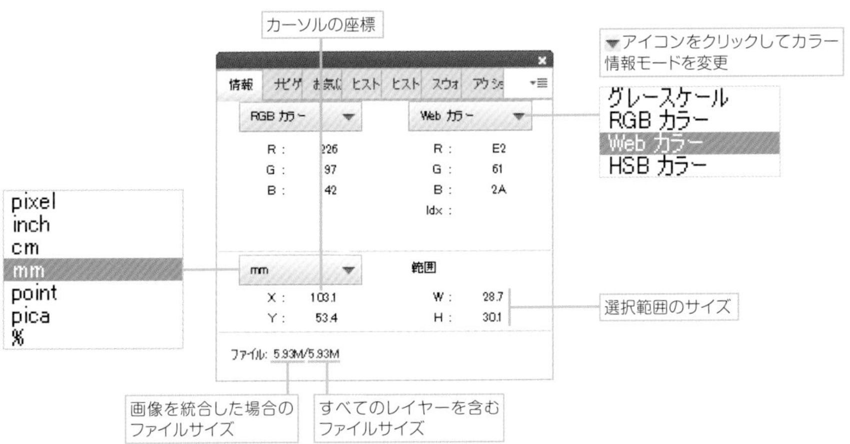

情報パネルのメニューから「パネルオプション」を選択して、ファイルサイズ、ドキュメントのプロファイル、ドキュメントのサイズ、仮想記憶サイズ、効率、時間、現在のツールなど、表示する情報を変更することができます。

TIPS パネルオプション

メニューから「パネルオプション」を選択すると「情報パネルオプション」ダイアログボックスで第1色情報、第2色情報や座標軸の単位、表示する情報を指定できます。

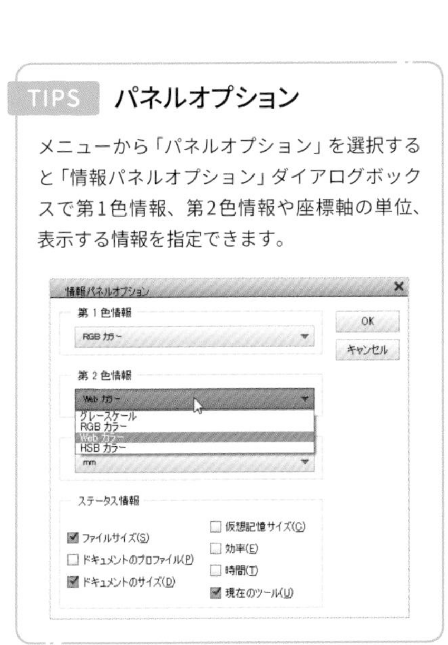

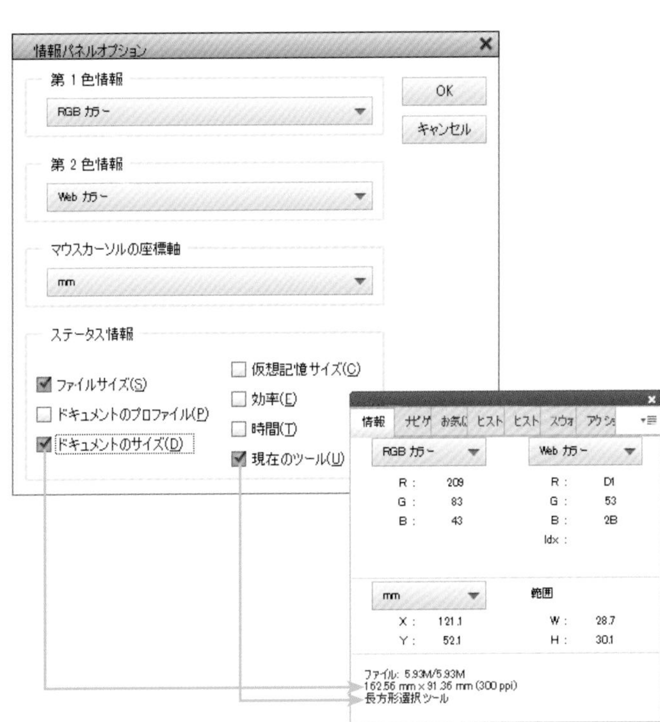

SECTION

3.2

使用頻度

パネルの表示・非表示、ツールオプション、パネルの合体と分離

パネルとツールオプションの操作を覚えよう

Photoshop Elementsを扱ううえで、メニューと並んで重要なインターフェースがパネルです。パネルに用意されたいくつかの便利な機能について見てみましょう。

パネルの表示と消去

Elements Editorのエキスパートモードには、ツールボックスを除いて13種類のパネルがあります。パネルを表示するには、**「ウィンドウ」メニューから表示させたいパネル名を選択**しチェックを入れます。

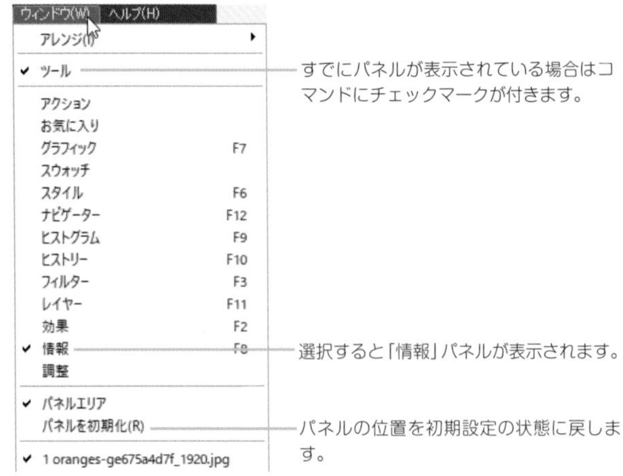

すでにパネルが表示されている場合はコマンドにチェックマークが付きます。

選択すると「情報」パネルが表示されます。

パネルの位置を初期設定の状態に戻します。

TIPS すべてのパネルを非表示に

表示しているすべてのパネルを、Tabキーを押して一気に消すことができます。なお、ウィンドウと合体しているパネルは消えません。

パネルを表示すると「ウィンドウ」メニューのコマンド名にチェックマーク✔が付き、選択するとパネルを画面上から消すことができます。また、パネルの「閉じる」ボタン☒をクリックしても消すことができます。

ツールオプション

Elements Editorのクイックとエキスパートモードでは、ツールオプションがウィンドウの下に表示されます。表示されていない場合は、タスクパネルの「ツールオプション」ボタンをクリックすると表示されます。ツールパネルのツールボタンにはサブツールは表示されず、**サブツールはツールオプションで選択**します。ツールを選択したときにオプションを設定するボタンや、入力ボックスが配置されています。

ツールオプション

サブツールを選択します

▶選択したボタンで変化するツールオプション

ツールオプションは各種ツールを操作する際の設定を行うパネルです。各種ツールを選択すると、ツールオプションでは選択したツールに関するオプション設定が表示されます。サブツールもここで選びます。

長方形選択ツールのツールオプション

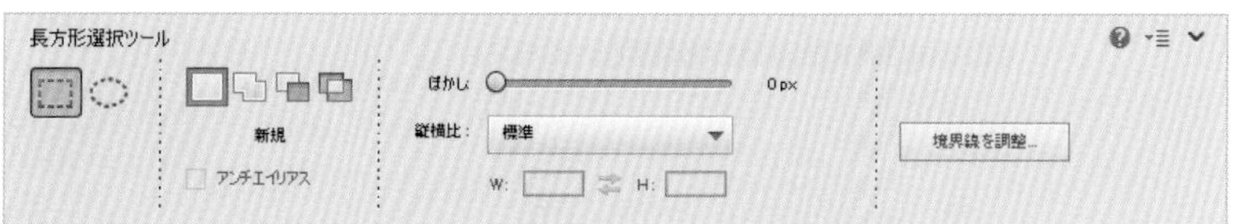

自動選択ツールのツールオプション

横書き文字ツールのツールオプション

パネルエリアを使う

Elements Editorのエキスパートモードの右側にはパネルエリアがあります。パネルの切り替えは、パネル下のボタンで切り替えます。

「その他」ボタンをクリックすると、「情報」パネル、「ヒストリー」パネル、「スウォッチ」パネルなどを表示できます。

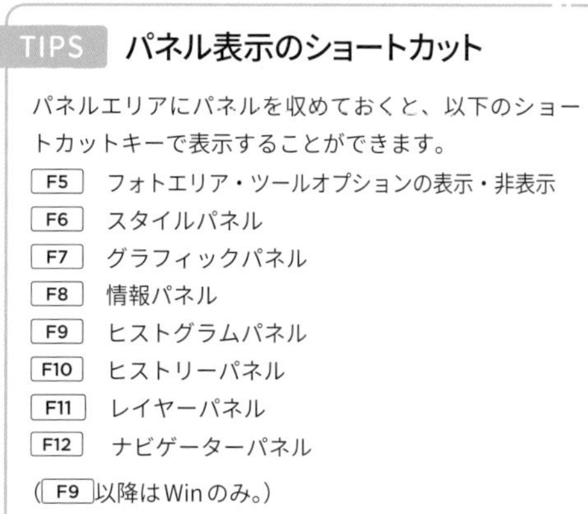

TIPS パネル表示のショートカット

パネルエリアにパネルを収めておくと、以下のショートカットキーで表示することができます。

F5 フォトエリア・ツールオプションの表示・非表示
F6 スタイルパネル
F7 グラフィックパネル
F8 情報パネル
F9 ヒストグラムパネル
F10 ヒストリーパネル
F11 レイヤーパネル
F12 ナビゲーターパネル

（F9 以降はWinのみ。）

クリックしてパネルを切り替えます

「その他」ボタンのメニューからは「情報」パネル、「ヒストリー」パネル、「スウォッチ」パネルなどを表示できます

パネルを切り替えます

▶ パネルを分離するには

パネルは初期設定では固定されフロートしていません。「その他」ボタンのメニューから「**カスタムワークスペース**」を選択すると、下のボタンがパネルタブになり、パネルタブを外にドラッグしてフロートさせることができます。再び他のフロートしたタブにドラッグして重ねるとパネルが合体します。

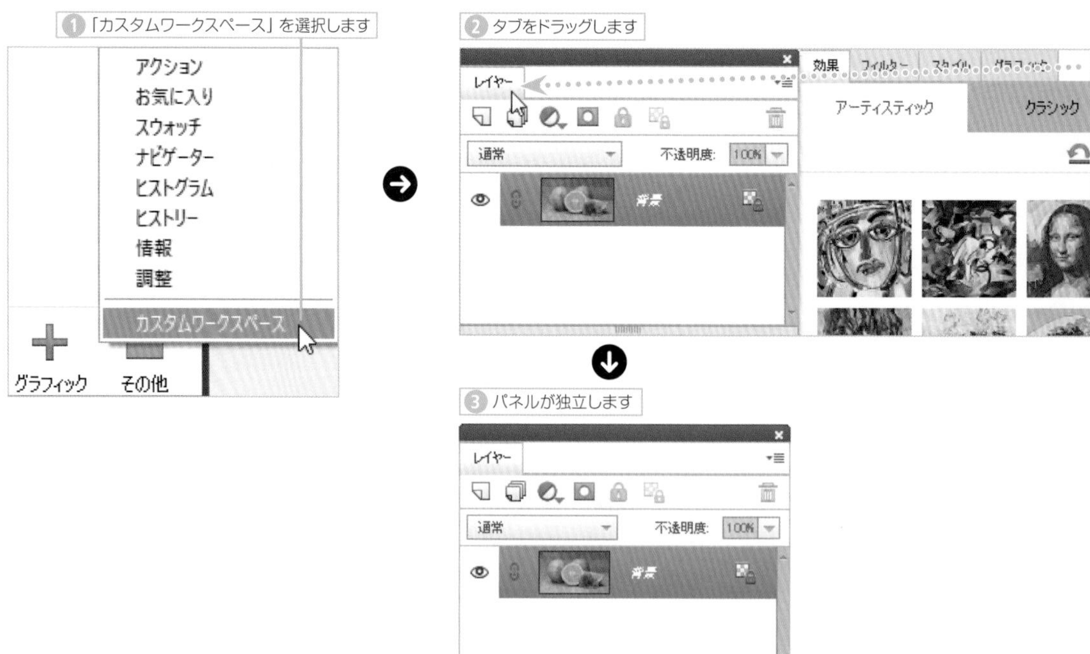

▶ パネルエリアの非表示と幅の調整

「ウィンドウ」メニューの「パネルエリア」のチェックを外すと**パネルエリアが非表示**になります。

また、パネルエリアの右境界線にカーソルを合わせ左右にドラッグすると**パネルエリアの幅を調整**できます。

TIPS パネル位置を初期化

パネルを移動したり、分離・独立したパネルを元に戻すには、「ウィンドウ」メニューの「パネルを初期化」を選択します。

パネルのオプションメニュー

パネルのタブの右横にあるオプションボタン▾≡をクリックすると、選択しているパネルのオプションメニューが表示されます。オプションメニューには、パネル内の操作に関するコマンドが集められています。

TIPS パネルを一時的に隠す

フロートしているパネル名をダブルクリックすると、一時的にパネルを縮小することができます。パネルがウィンドウの邪魔になるときには便利な機能です。
再びタブ名をダブルクリックすると、元の表示に戻ります。

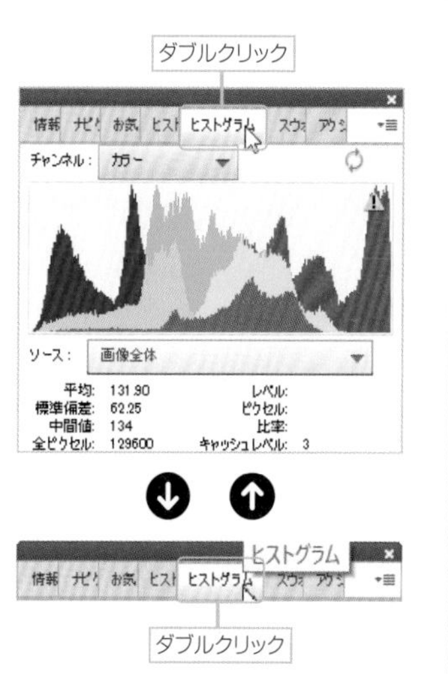

SECTION 3.3

使用頻度

ツールボックス、ツールチップ、サブツール

ツールボックスのツールを覚えよう

ツールボックスは、Elements Editorのエキスパートモードで最も重要で頻繁に使うパネルです。表示、選択、画質調整、描画、変更、カラーに関するツールが集められています。選択したツールと関連するツールはツールオプションで選択します。

ツールボックス

ツールボックスのツールは、クリックすると選択できます。ツールボックスのツール上にカーソルをしばらく置くとツールチップにツール名が表示されます。

各ツールにはショートカットキーが割り当てられているので、欧文入力モードでショートカットキーを押すだけで、そのツールが選択できます。

TIPS サブツールの切り替えショートカット

サブツールのあるツールボタンを Alt (Macは option) +クリックするか、ショートカットキーを押すごとに順に切り替えて表示できます。

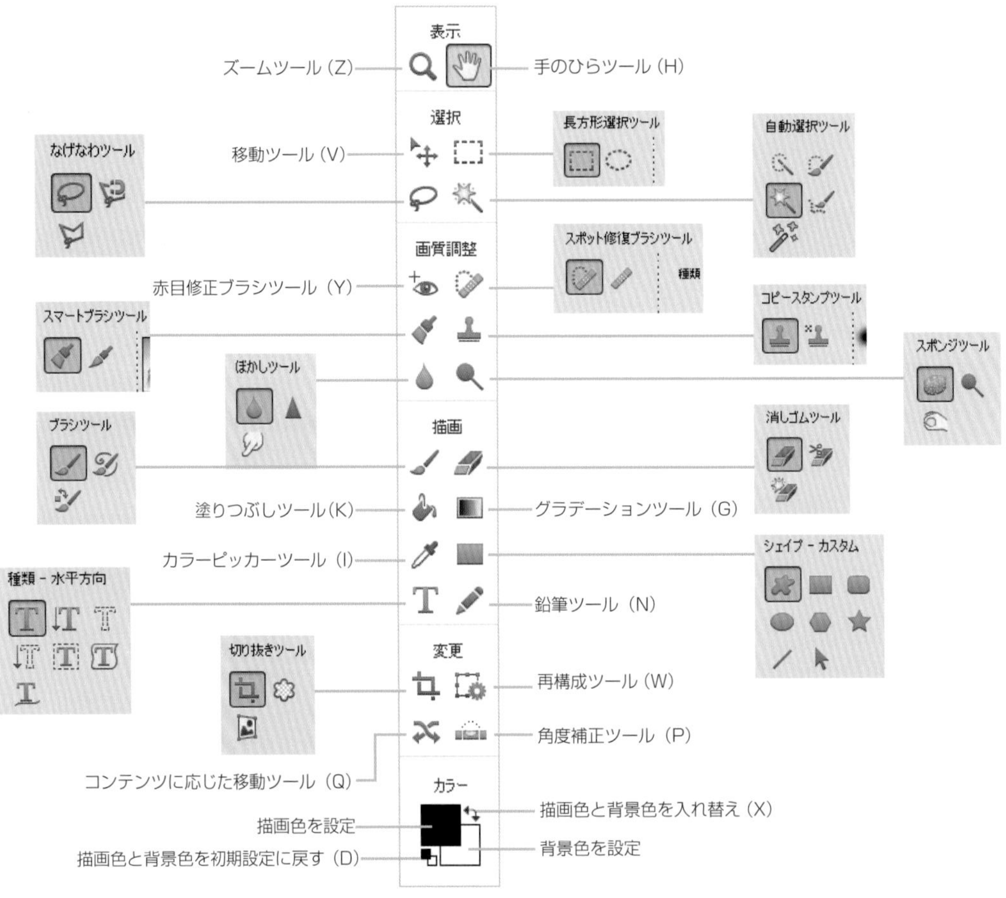

SECTION 3.4

定規、グリッド、定規目盛り、定規の単位

定規、グリッドを使いこなそう

使用頻度 ●●●

正確な選択や配置を行うためには、目盛り表示からガイドを配置するための定規、マス目状のガイドとなるグリッドの機能は欠かせません。クイック、ガイドモードでは定規は表示できません。

定規を表示する

① 定規を表示する

「表示」メニューから「定規」(shift+Ctrl+R) を選択しチェックを付けると、ウィンドウの上端と左端に、定規として使える目盛りが表示されます。

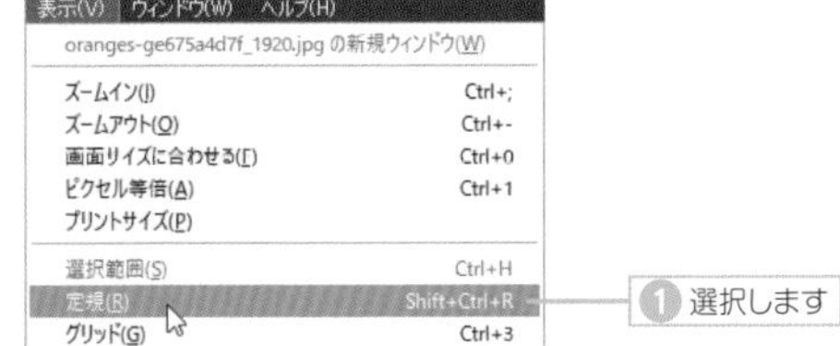

② 定規からガイドを引く

定規目盛りから画面上へドラッグするとガイドを配置することができます。

「表示」メニューの「スナップ先」の「ガイド」がチェックされていると、配置・描画する際にガイドに吸着（スナップ）します。

目盛りの左上の四角部分をマウスでドラッグすると、ゼロ点（原点）の位置を動かせます。

② 定規目盛りが表示されます

③ 定規からドラッグでガイドを配置します

原点からドラッグで定規の原点を変更することができます

▶ 定規の単位を設定するには

定規の単位は、「編集」（Macは「Adobe Photoshop Elements Editor」）メニューの「環境設定」の「単位・定規」、または情報パネルの「パネルオプション」にある「マウスカーソルの座標軸」で変更できます。「pixel」以外の単位は、「画像解像度」ダイアログボックスで指定した解像度に従って表示されます。

情報パネルオプション
第 1 色情報 RGB カラー
第 2 色情報 Web カラー
マウスカーソルの座標軸 mm
pixel
inch
cm
mm
point
pica
%
ドキュメントのプロファイル(P)
ドキュメントのサイズ(D)
現在のツール(U)
OK
キャンセル
定規の単位を選択

グリッドの表示とスナップ

「表示」メニューの「グリッド」（Ctrl+3）をオンにすると、スナップする線が等間隔に並んだグリッドの表示／非表示を切り替えます。

グリッドは印刷や他のファイル形式として保存する場合、画像自体には影響を与えません。

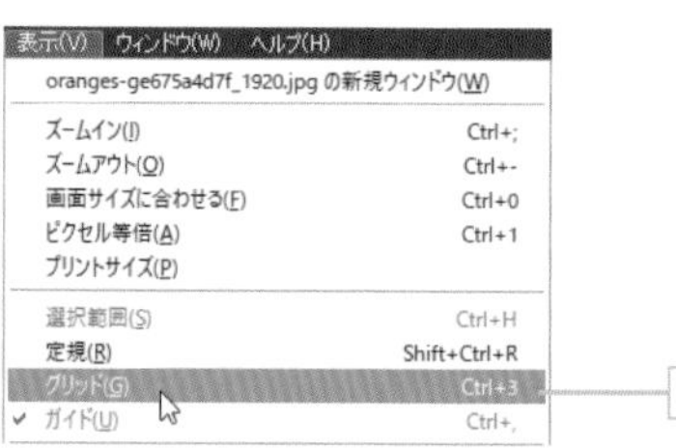

1 選択します

▶グリッドにスナップ

「表示」メニューの「スナップ先」の「グリッド」をオンにすると、ブラシツール等で描写する際の線の動きや、選択範囲の移動などをグリッドに磁石のように引き寄せます。

再びメニューから選択するとスナップを解除できます。

2 グリッドが表示されます

TIPS グリッドの色や間隔の設定

グリッドの色や間隔、線の種類は「編集」メニュー（Macは「Photoshop Elements Editor」メニュー）の「環境設定」で指定します。「環境設定」ダイアログボックスのカラーボックスをクリックするとカラーピッカーが表示され、ここでガイドやグリッドの色を設定します。

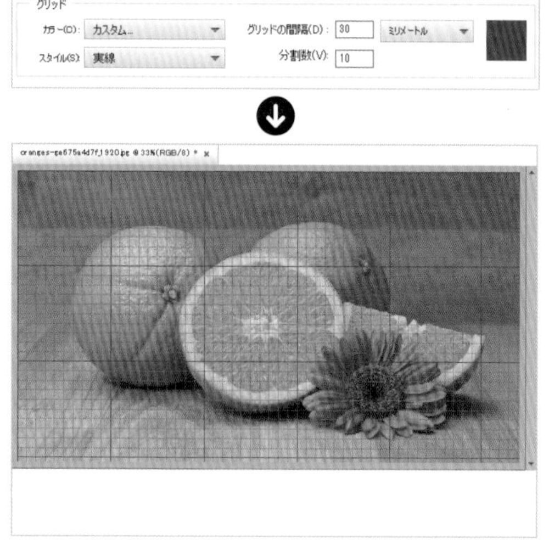

ヒストリーパネル、ヒストリー数の設定、ヒストリーを消去

SECTION 3.5

ヒストリーで過去の操作に戻ろう

使用頻度

ヒストリーとは、画像を開いてから行った操作の履歴を記録する機能です。履歴はヒストリーパネルに表示され、どの作業段階にでもすぐに戻れます。

ヒストリーパネル

Photoshop Elementsで行った１つ１つの操作は、ヒストリーパネル（F10キー）に履歴として残ります。

ヒストリー機能は、メモリの制限はあるものの、かなり前の操作まで戻れることになります。

また、順を追って戻る必要もなく、ヒストリーパネルに表示されたどの段階の作業画面も即座に表示できます。最も古い（最初に行った）操作段階が最上段に表示され、１操作ごとに下へ登録されていきます。

前の作業段階に戻る

ヒストリーパネルの作業段階をクリックするだけで、どの段階にでも戻れます。

各作業段階での画像の状態が簡単に確認できるため、見比べることも簡単です。

前の段階に戻った場合は、それ以降の履歴は薄いグレーで表示されます。再びグレー部分をクリックすると、先の作業に戻れます。

８つの操作を行った状態。ヒストリーパネルに登録されています。

ヒストリーパネルに残る履歴数の設定

ヒストリーパネルに残す履歴の数は、「環境設定」ダイアログボックスの「パフォーマンス」で設定します。2〜1000の範囲で設定可能です。

ただし、この設定はメモリや仮想ディスクの空き容量、扱う画像データの容量などに制限されます。

大きい画像データの履歴をたくさん記録するには、それだけ大きなメモリを必要とします。自分の作業環境に合わせて設定してください。

メモリの空き領域が少なくなった場合、古い履歴から自動的に削除されます。

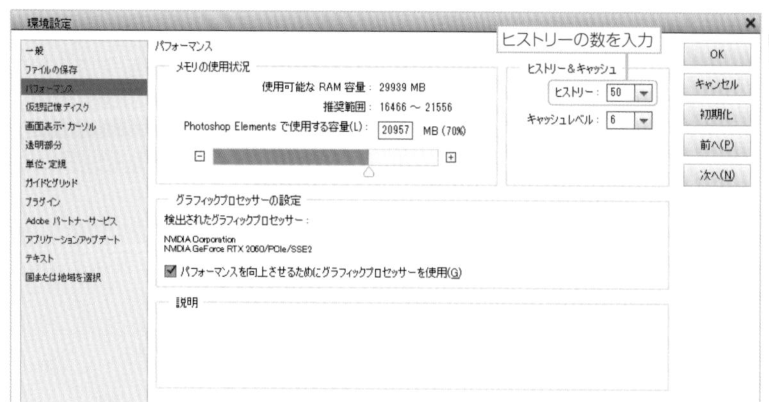

> **TIPS　取り消しコマンドとの関係**
>
> ヒストリー機能は、「編集」メニューの「取り消し」コマンドとは独立した機能です。ヒストリーで前に戻って行った操作を「取り消し」コマンドで取り消すと、ヒストリーも前の状態に戻ります。

ヒストリーは閉じると解除される

非常に便利なヒストリー機能ですが、ヒストリーが記録されているのは、その画像ファイルを開いている間だけです。一度画像ファイルを閉じて再度開いた場合は、前回のヒストリーは残らないので注意してください。

▶ ヒストリーを他の画像にドラッグ＆ドロップ

ヒストリーの特定の段階を他の画像ウィンドウ上にドラッグ＆ドロップすると、ヒストリーの状態の画像で置き換え、解像度や画像モードも変更されます。

ドラッグ先の画像は、1つ前のヒストリーに戻ると元の画像が表示されます。

ヒストリーの削除と消去

ヒストリーパネルで削除する履歴をクリックして選択し、パネルメニューから「削除」を選択して削除することができます。削除した履歴以降の履歴はすべて削除されます。

▶ 消去する

パネルメニューから「ヒストリーを消去」を選択して、最新の履歴を残し古いすべての履歴が削除されます。

▶ メモリの解放を行うには

「編集」メニューの「メモリをクリア」から「ヒストリーを消去」を選択すると、ヒストリーパネルで使用しているメモリを解放します。

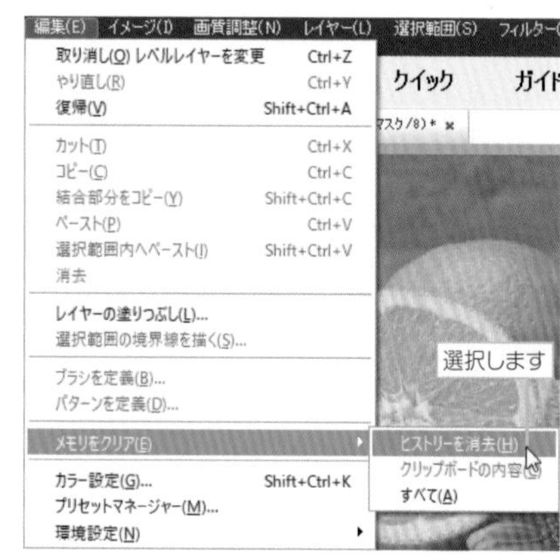

CHAPTER

4

選択範囲の作成とコピペ・切り抜きを覚えよう

画像の特定部分だけを明るくするなど色補正を行なうには、最初に選択範囲を作成します。選択範囲は画像へのマスクとして機能します。選択範囲をコピー・ペースト（コピペ）したり、切り抜く操作も覚えましょう。

SECTION 4.1

選択範囲とは、各種の選択ツール、再選択、選択ツールオプション

選択範囲を作成しよう

使用頻度

Elements Editorで画像内の特定部分を移動したり効果を与えるには、選択範囲をつくる必要があります。画像を選択するには、選択ツール、なげなわツール、自動選択ツールなどを使用します。選択する形や画像の状態によって使い分けることが大切です。

選択範囲とは

選択範囲とは、画像の特定部分を変形したり、色補正や効果を適用するために**編集可能な領域として作成する、画像上のピクセルの一定範囲**です。選択範囲は通常、閉じた点線（マーキー）で囲まれます。

画像のある部分を選択した場合、画像に対する変形、フィルター、色調補正などの処理は、選択範囲内のピクセルに対して行われます。

逆に、選択範囲以外の部分には編集の効果は適用されません。選択範囲がない場合には、対象はレイヤーの画像全体あるいはツールが認識するピクセル範囲になります。

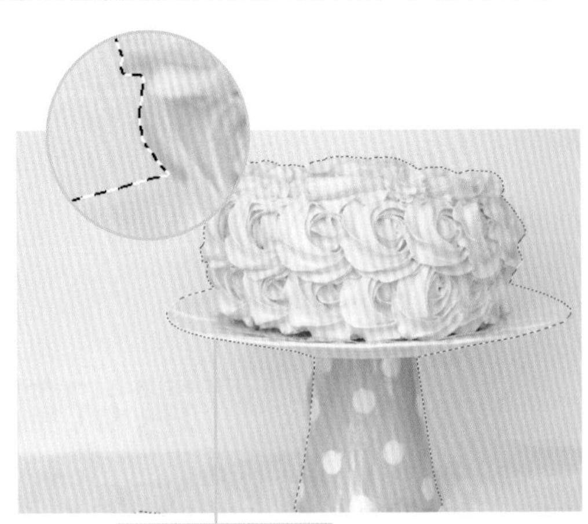

長方形の選択範囲をつくる

長方形選択ツールでは、ドラッグした対角状に長方形の選択範囲を作成します。

ツールオプションの楕円形選択ツールは、円形状の選択範囲を作成します。

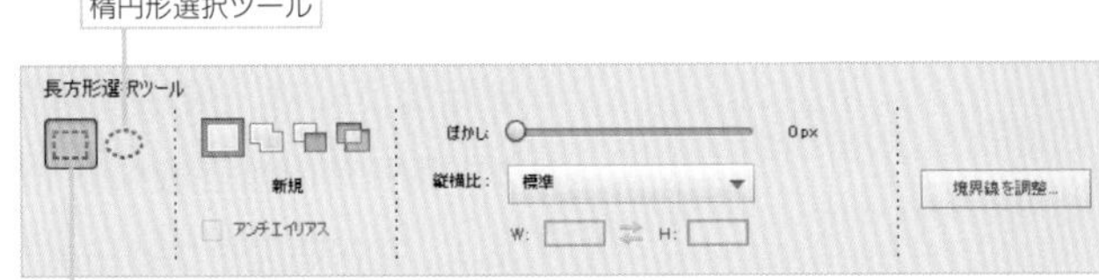

▶ 長方形の選択範囲の作成

ツールボックスで長方形選択ツールを選択してから画像内の選択したい方形の対角部分をドラッグすると、選択範囲が四角い点線で表示されます。この点線は電飾のように動いて見えます。

TIPS 選択ツールのオプション

選択ツールを使用中は、ツールオプションで形状の選択や追加・削除、共通範囲の選択、ぼかし、アンチエイリアス、範囲指定などの操作が可能です（詳細は93ページを参照してください）。

楕円形の選択範囲をつくる

ツールオプションで**楕円形選択ツール**を選択し、ドラッグすると、円形の選択範囲が作成されます。

ドラッグして円の選択範囲を作成

POINT

正方形や正円の選択範囲をつくりたいときにはShiftキーを押しながらドラッグします。

▶円の中心から選択範囲を描く

四角や円を中心から描きたいときには、ドラッグを始めたらすぐにAlt（Macはoption）キーを押すと、中心からの描画になります。

このときShiftキーを押すと、中心から描かれる正円、正四角形の選択範囲になります。

選択範囲の解除と再選択

作成した選択範囲を解除する（選択範囲を消す）には、選択ツールのいずれかを選択した状態で、ウィンドウ上のどこかをクリックするか、「選択範囲」メニューから「**選択を解除**」（Ctrl+D）を選択します。

▶選択範囲の再選択

選択範囲を解除してから別の場所を選択するまでは、「選択範囲」メニューの「**再選択**」（Shift+Ctrl+D）を選択すると、一度解除した選択範囲が再び選択されます。

選択範囲(S) フィルター(T) 表示(V) ウィンドウ(W)
すべてを選択(A) Ctrl+A
選択を解除(D) Ctrl+D
再選択(E) Shift+Ctrl+D
選択範囲を反転(I) Shift+Ctrl+I
すべての 選択します
レイヤーの選択を解除(S)
境界をぼかす(F)... Alt+Ctrl+D
境界線を調整(R)...
被写体(S) Alt+Ctrl+S
選択範囲を変更(M)
選択範囲を拡張(G)
近似色を選択(R)
選択範囲を変形(T)
選択範囲を読み込む(L)...
選択範囲を保存(U)...
選択範囲を削除(D)

TIPS **選択解除のショートカット**

Ctrl+Dキーを押します。
Mac版は⌘+Dキーを押します。

なげなわツールを使った選択

なげなわツールは画像をおおまかに選択したいときに使用します。

1 選択したい範囲をドラッグする

画像の中の不特定の形状を大まかに選択したい場合、なげなわツールで選択したい範囲をドラッグします。

1 選択したい範囲をドラッグします

2 始点と終点を結ぶ

ドラッグの始点でない部分でドラッグをやめた場合、そこから始点へ選択範囲が結ばれます。

2 始点と終点が結ばれます

TIPS なげなわツールで直線の選択範囲

Alt（Macはoption）キーを押しながら結ぶ点をクリックしていくと、クリックしたポイント間が直線で結ばれます。
直線と曲線が混ざっている場合には、曲線の部分はドラッグし、直線部分はAltキーを押しながらクリックして作成します。

コーナーでAlt+クリックし直線で結びます

多角形選択ツールを使った選択

多角形選択ツールは、なげなわツールでAlt（Macはoption）キーを押した場合の選択のように、クリックした箇所を直線で結びます。多角形選択ツールでAltキーを押しながらドラッグすると、なげなわツールと同じ選択を行えます。

TIPS 選択ツールオプション

各選択ツールを選択すると、ツールオプションは選択ツールのオプションになります。

ぼかし

選択境界をぼかします。「選択範囲」メニューの「境界をぼかす」や「境界線を調整」でぼかしを設定するのと同じ効果が得られます。

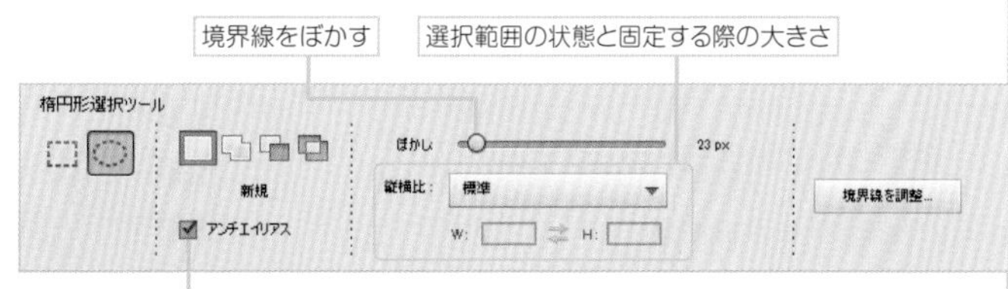

選択境界をなめらかに選択します

アンチエイリアス

曲線、斜線などギザギザの選択境界をなめらかな状態で範囲を作成します。長方形選択ツールでは無効です。

アンチエイリアス・オフ

アンチエイリアス・オン

縦横比

「標準」「縦横比を固定」「固定」から選択できます。

高さ1：幅3の画像範囲をつくりたい場合は「縦横比を固定」、高さ300pixel×幅400pixelの選択範囲をつくりたい場合は「固定」を選び、数値を設定します。

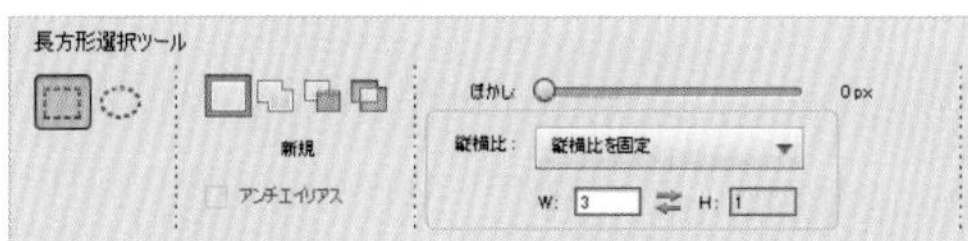

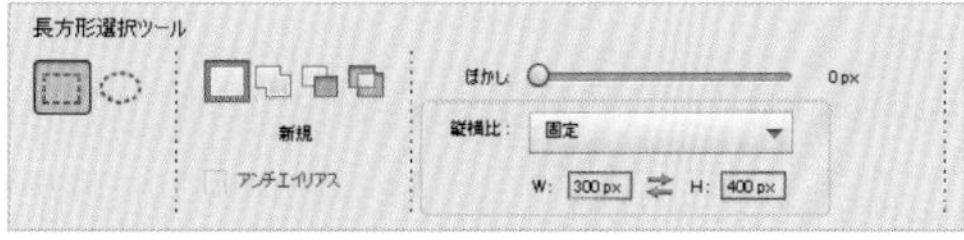

高さ1：幅3の縦横比を固定

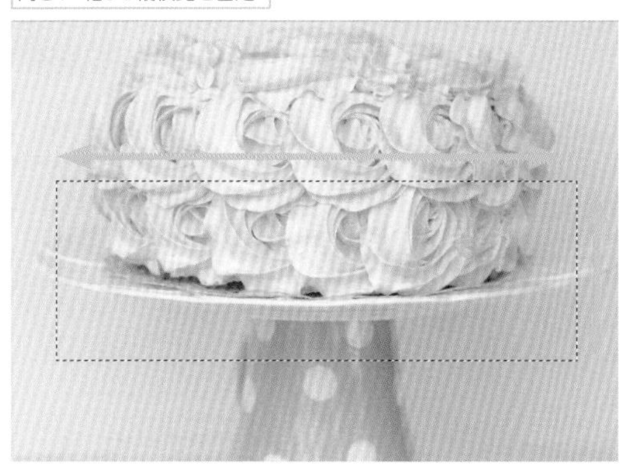

300×400ピクセルで固定

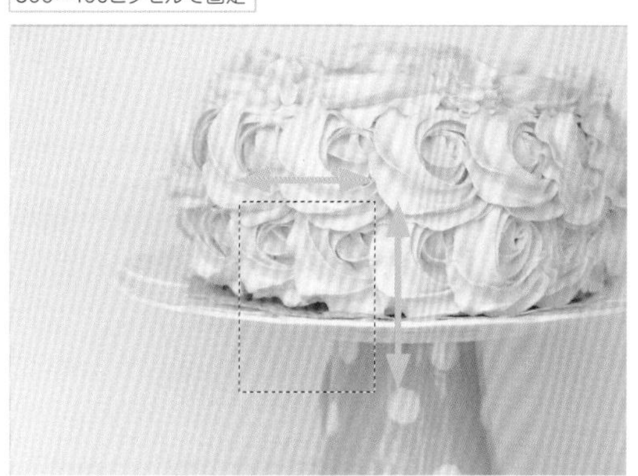

クイック選択ツール

クイック選択ツールを使うと、クリックあるいは**ドラッグした領域のピクセルをもとに選択範囲を作成**することができます。

ツールオプションのボタンをクリックして選択範囲を拡張したり、ボタンをクリックして削除することもできるので、ある程度輪郭や色調、明るさがはっきりした画像は簡単に選択することができます。

1 選択したい範囲をドラッグする

クイック選択ツールを選択します。
ツールオプションでブラシのサイズを設定します。
選択したい領域をドラッグしていくと、**自動的にピクセル境界を認識**して選択範囲が作成されます。

POINT

狭い範囲の選択は小さなブラシを使い、広い範囲の選択は大きなブラシを使うと、うまく選択できます。

2 さらにドラッグする

さらにドラッグしていくと、同系色の部分が選択されていきます。

POINT

選択範囲を縮小したり削除したい場合には、Alt（Macはoption）キーを押しながら削除する部分をドラッグします。

▶ クイック選択ツールオプション

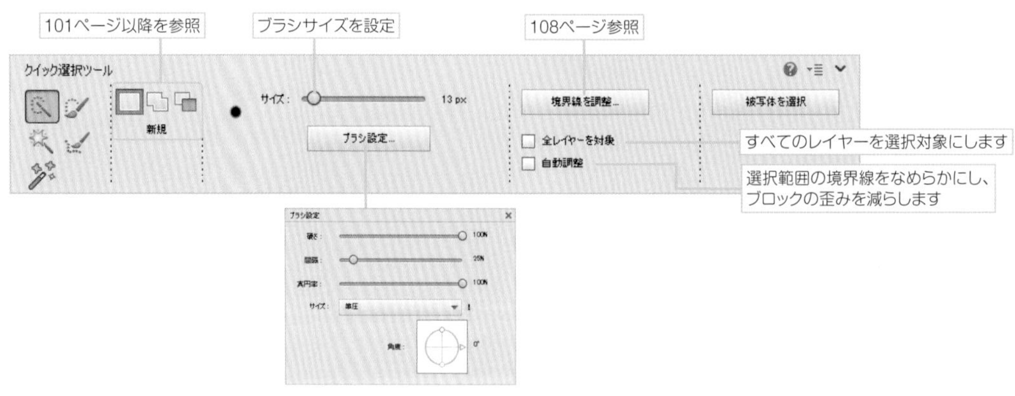

マグネット選択ツール

マグネット選択ツールは、ピクセル境界のコントラストがはっきりした部分を選択範囲としてトレースします。なげなわツールよりも素早く選択したいときに、マグネット選択ツールはとても便利です。

1 境界の始点をクリックする

選択する画像の境界がはっきりした部分で、境界の始点をクリックします。
そのままマウスを押さずにドラッグすると、画像の境界を認識しながら自動的に線で結ばれていきます。

POINT

エッジがはっきりした画像の場合、広めの「幅」と大きな値の「コントラスト」でトレースし、エッジがあいまいな画像の場合、「幅」を狭くして「コントラスト」を小さく設定するとよい結果が得られます。

2 境界が自動的に線で結ばれる

始点でクリックするか、途中でダブルクリックすると選択範囲が始点と結ばれます。
直線で結ぶには、Altキーを押しながらクリックします。

端をドラッグしたので、正確な選択範囲が作成されます

3 さらに始点までドラッグすると、認識された
画像境界が選択範囲になります

TIPS 選択確定のショートカット

終点でダブルクリックする代わりにEnterキーを押しても、始点と結ばれて選択範囲が確定します。

マグネット選択ツールオプション

画像の複雑さによって、ツールオプションの設定値を変更するとうまく選択できます。

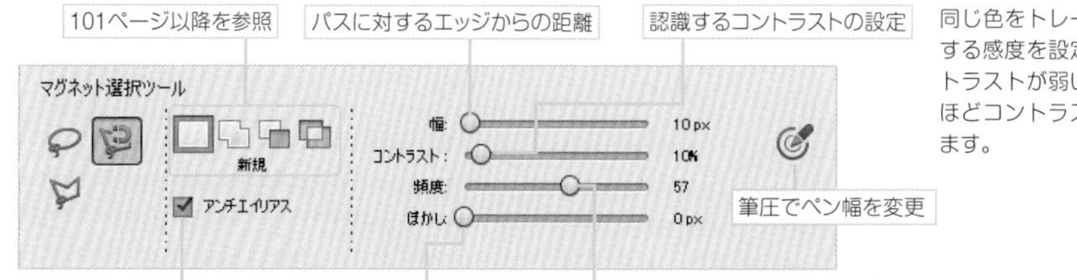

同じ色をトレースするためのコントラストに対する感度を設定します。数値が小さいほどコントラストが弱い部分のエッジを認識し、大きいほどコントラストが強い部分のエッジを認識します。

設定値が小さいほどシードポイントが少なく、大きいほどシードポイントが数多く配置されながらトレースします。0〜100の範囲で入力します。

TIPS で描画中にに切り替え

マグネット選択ツールで描画中になげなわツールに切り替えるには、Altキーを押します。

TIPS ドラッグ中に認識する幅を増減させる

マグネット選択ツールでトレース中に]][キーを押すと、1pixelずつ幅が増減します。

自動選択ツールを使う

自動選択ツールは、**クリックした箇所の色に近い色の範囲を自動的に選択**します。選択基準となる色範囲は、ツールオプションの「許容値」で設定します。

1 選択したい部分をクリックする

選択したい色の箇所をクリックします。
うまく選択されない場合には、ツールオプションの**「許容値」の数値を変更**して、選択サンプリングの幅を調整しつつ選択してみてください。

2 近い色の範囲が自動的に選択される

クリックした箇所の色に近い色の範囲が自動的に選択されます。

▶ 自動選択ツールオプションの設定

ツールオプションでは、選択する許容範囲や対象とするレイヤーなどの設定ができます。

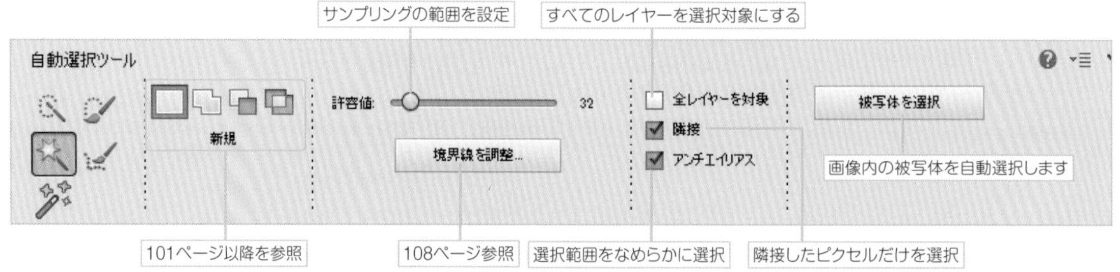

許容値の設定

選択した色にどの程度近いものを選択するかを数値（0～255）で指定します。数値を大きくするほど広い範囲が選択されます。

許容値: 15

許容値が低いと選択範囲も狭い。

許容値: 85

許容値を大きくすると選択範囲も広くなる。

アンチエイリアスの設定

「アンチエイリアス」をチェックすると、選択範囲をより滑らかにします。

☐ 全レイヤーを対象
☑ 隣接
☑ アンチエイリアス

「アンチエイリアス」をオンにすると滑らかに選択される。

隣接

「隣接」をチェックすると、隣接している範囲の画像だけを対象とし、チェックを外した場合は、隣接していない画像範囲も対象とします。つまり、離れた場所の同じ色範囲を選択したい場合にはチェックを外します。

☐ 全レイヤーを対象
☐ 隣接
☑ アンチエイリアス

同系色の非連続の場所も選択される。

TIPS 選択ブラシツール

選択ブラシツールは、ブラシでドラッグしたエリアが選択範囲になります。
一度描いてさらに選択範囲を追加したい場合、Shiftキーを押さなくても、ドラッグするごとに設定したブラシサイズで選択範囲を追加することができます。

オートセレクションツールを使う

オートセレクションツールは、ドラッグした範囲内の画像を解析して**自動的に範囲内の対象物を選択**します。

1 選択したい部分をドラッグする

選択したい写真の部分をオートセレクションツールでおおまかにドラッグします。
その際にツールオプションで**選択範囲の形状**を矩形、楕円、なげなわ、多角形から選択して選択しやすい形状で描きます。

1 選択します
4 ドラッグします
3 選択します
2 選択します

2 対象物が認識されて選択される

ここでは楕円を描いたので、その範囲内の対象物が自動的に選択されます。

5 選択されます

▶ オートセレクションツールオプションの設定

ツールオプションでは、認識させる範囲の形状、境界線を調整オプション、全レイヤーを対象、選択範囲に限定を設定します。

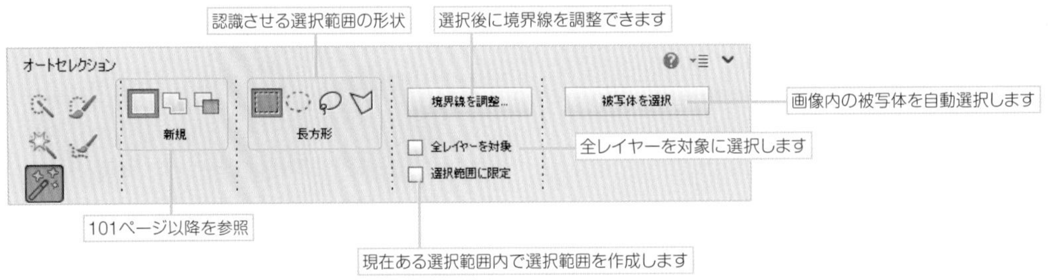

認識させる選択範囲の形状
選択後に境界線を調整できます
オートセレクション
新規
長方形
境界線を調整...
被写体を選択
画像内の被写体を自動選択します
全レイヤーを対象
全レイヤーを対象に選択します
選択範囲に限定
101ページ以降を参照
現在ある選択範囲内で選択範囲を作成します

選択エリア調整ブラシツールを使う

選択エリア調整ブラシツールは、ドラッグした部分の写真の画像境界を自動的に認識しながら選択範囲を追加・削除することができます。ツールカーソルの内側の濃い円がブラシサイズ、外側の薄い円で選択境界を探す領域です。

① 選択したい部分をドラッグする

選択したい写真の部分を選択エリア調整ブラシツールでドラッグします。その際にツールオプションでブラシサイズ、スナップの強さ選択範囲の境界線を設定しておきます。
円形のポインタの十字を選択したい色上にあるようにし、濃いグレーの円に画像境界が入るようにドラッグします。その周辺の薄いグレーの部分を選択境界にかかるようにドラッグします。

② 選択から除外する

選択したい範囲としたが、不要な場合には削除します。Alt キーを押すと、カーソルが+から-になり、ドラッグした部分が選択範囲から除外されます。
他のツールを選択するとマスクが消えて選択範囲が表示されます。

POINT

「押し出し選択」は濃い中心のカーソル部分を選択範囲の内部に置くと、外側の円内の境界が認識され追加されます。
濃い中心のカーソル部分を選択範囲の外部に置くと、外側の円内の境界が認識され削除されます。

▶ 選択エリア調整ブラシツールオプションの設定

ツールオプションでは、ブラシサイズ、スナップの強さ、選択範囲の境界線、マスクの色、不透明度などの設定ができます。

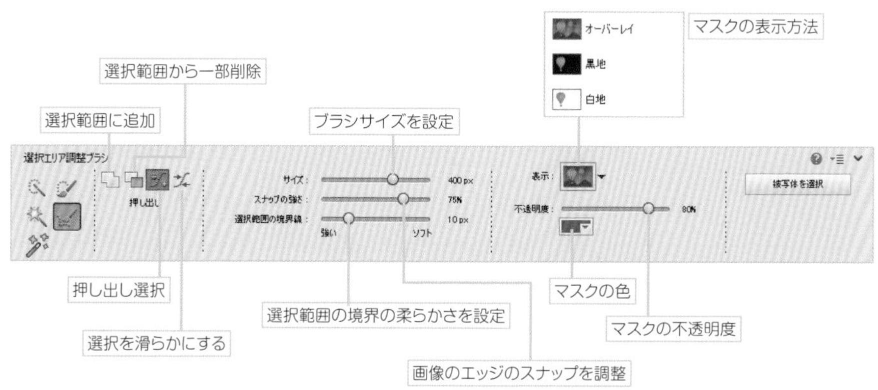

SECTION 4.2

使用頻度

選択範囲の移動、選択範囲の追加・削除、ぼかし、拡張

選択範囲を移動・調整しよう

複雑な画像の範囲をうまく選択するためには、適切な選択ツールで選択範囲を拡張したり、削除しながら行います。Photoshop Elementsにはさまざまな選択範囲の調整方法があります。

選択範囲の移動

作成した選択範囲は移動することが可能です。選択範囲の大きさや形は合っていて位置がずれている場合などは、新たに作り直すのではなく移動させることで対処できます。

1 選択範囲内にカーソルを置く

選択範囲を移動するには、いずれかの選択ツールを選んだ状態で選択範囲内にカーソルを置きます。

① 選択範囲内にカーソルを置きます

2 カーソルをドラッグする

カーソルが にになったらそのままドラッグします。ドラッグ後、すぐにShiftキーを押すと45度単位で移動方向を制限することができます。

② ドラッグして選択範囲を移動します

POINT

選択範囲は他の画像ウィンドウにドラッグして移動することができます。

TIPS 1ピクセルずつ移動する

画像を選択した状態で↓↑←→キーを押すと、1ピクセルずつ画像が矢印の方向へ移動します。 ＋↓↑←→キーで1ピクセルずつ画像を移動、 ＋Alt＋↓↑←→キーで1ピクセルずつ画像をコピーします。

選択範囲内の画像を移動する

① 移動ツールを選択する

選択範囲を作成した後に**移動ツール**を選択し、選択範囲内にカーソルを置きます。
または、移動ツールを選択せずに、Ctrlキー（Macは⌘キー）を押しながらドラッグします。

② 選択範囲内のカーソルをドラッグ

カーソルを目的の位置までドラッグします。
ドラッグの途中でAlt+Ctrlキーを押すと、選択範囲をドラッグ先にコピーすることができます。

POINT

画像が移動して絵が抜けた部分は、背景色で塗りつぶされます。レイヤー画像が下にある場合は、移動させた部分の画像がなくなり、下のレイヤー画像が見えるようになります。

TIPS 移動ツールへの切り替え

どのツールを選択している状態でも、Ctrlキーを押している間はカーソルがになり、移動ツールを使えるようになります（手のひら、シェイプ、角度補正、型抜きツールの場合は除く）。

選択範囲を追加するには

一度作成した**選択範囲をさらに拡張**することができます。

① 選択範囲を作成する

選択範囲を作成します。ここでは円形の選択範囲を作ります。

② 追加する部分を選択する

Shiftキーを押したまま、追加する部分をいずれかの選択ツールで選択します。Shiftキーを押している間はカーソルには+マークが付きます。
または、ツールオプションの「**選択範囲に追加**」ボタンをクリックしてから選択します。

W: 152.8 mm
H: 152.8 mm
② Shift+クリックまたはドラッグで選択します

③ 選択範囲が追加された

選択範囲が追加されました。

③ 選択範囲が追加されます

選択範囲の一部分を解除する

① Altキー＋解除部分をドラッグ

現在の選択範囲に対して、Alt（Macはoption）キーを押したまま、解除する部分をドラッグします。

① Alt+ドラッグします
W: 110.1 mm
H: 266.0 mm

② 選択範囲が解除される

現在の選択範囲からドラッグした部分の範囲が選択解除されます。
Altキーを押している間はカーソル右下に-が表示されます。

POINT

ツールオプションのボタンをクリックしてから選択しても選択範囲を解除できます。

② 選択範囲が解除されます

共通の選択範囲を作成する

現在の選択範囲とこれから作成する選択範囲の共通する部分だけを、選択範囲にすることができます。

1 選択範囲を作成する

いずれかの選択ツールで、選択範囲を作成します。

1 選択範囲を作成します

2 「現在の選択範囲との共通範囲」を選択

ツールオプションの「現在の選択範囲との共通範囲」ボタンをクリックして、いずれかの選択ツールで選択します。

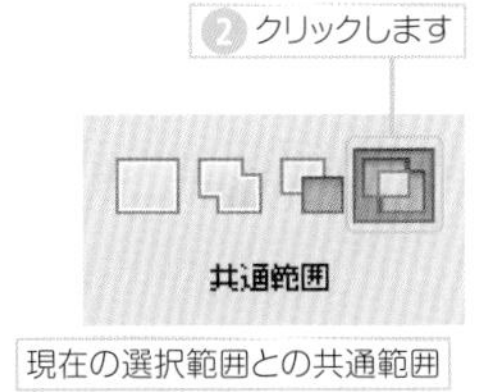
2 クリックします
共通範囲
現在の選択範囲との共通範囲

W: 190.1 mm
H: 169.3 mm
3 ドラッグします

3 共通範囲が選択範囲になる

2つの選択範囲の共通する部分が選択範囲になります。

4 2つの選択範囲の共通範囲が選択範囲になります

選択範囲の反転

① 選択範囲を作成する

いずれかの選択ツールで選択範囲を作成します。ここでは、画像の雪だるまを選択しています。

② 「選択範囲を反転」を選ぶ

選択範囲が表示された状態で「選択範囲」メニューの「選択範囲を反転」(Shift+Ctrl+I) を選びます。

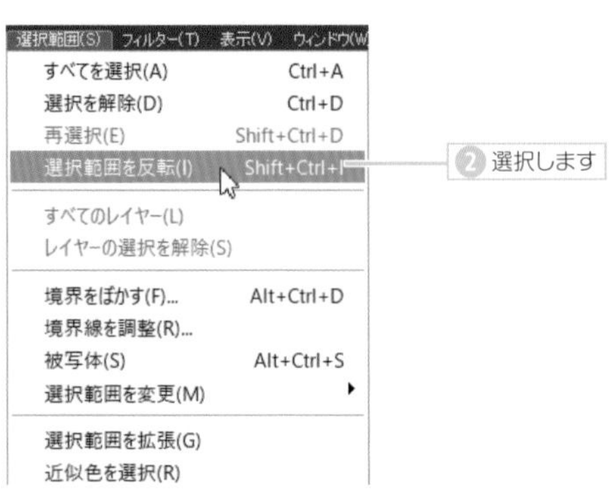

③ 選択範囲が反転された

選択範囲とそれ以外の部分が反転し、いままで選択されていた部分が選択範囲外に、選択範囲外だった背景が選択範囲になります。

TIPS 解除しながら中心から選択範囲をつくる

選択範囲の一部解除はAlt (Macはoption) キーを押しながら行いますが、楕円形や長方形などで中心から選択範囲をつくるのもAltキーを使うので、両者が同じキー操作になってしまいます。
解除のためのAlt+ドラッグを始めたら、すぐに一度Altキーを離して再びAltキーを押すと、解除しながら中心から選択範囲を描けます。

選択範囲の境界をぼかす

Photoshop Elementsでは、選択範囲を選択境界の内と外が0%と100%にきっちりと隔てるだけでなく、選択の度合いを変更できます。

ツールオプションの「**ぼかし**」、「選択範囲」メニューの「**境界をぼかす**」を使って行います。

ぼかしの度合い弱

ぼかしの度合い強

選択範囲の境界をぼかし、新規ウィンドウにペーストする

選択範囲をぼかすと、選択されている境界はぼかしの効果により、指定したピクセルの範囲で境界がぼけます。その効果を確認するために選択した画像を新規ウィンドウにペーストしてみましょう。

1 ぼかしの半径を指定する

選択ツールオプションの「ぼかし」を「45px」に指定して選択範囲を作成します。選択境界がぼけるので、コーナーが丸くなります。

ぼかしを指定

1 ぼかしの選択範囲を作成します

2 選択範囲をコピー＆ペーストする

選択範囲をコピーします。
新規ドキュメントウィンドウを作成し、ペーストすると、境界のぼけた画像がペーストされます。

2 選択範囲をコピーして新規画面にペーストすると、ぼかしの状態を確認できます

選択範囲の変更

作成した選択範囲は、「選択範囲」メニューの「選択範囲を変更」のサブメニューから「境界線」「滑らかに」「拡張」「縮小」を選択して、形状を変更することができます。

▶境界線

「境界線」を選択すると、選択範囲を指定した幅の境界線にすることができます。

1 選択範囲を作成する

いずれかの選択ツールで、選択範囲を作成します。

2 「境界線」を選択する

「選択範囲」メニューの「選択範囲を変更」のサブメニューから「境界線」を選択します。

3 境界線の幅を指定する

境界線の幅の数値を指定します。

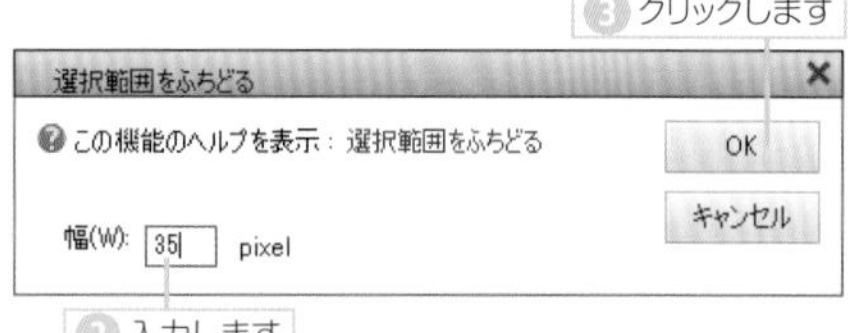

4 選択範囲が境界線に

選択範囲が指定したピクセル幅（20ピクセル）の境界線になります。境界線をコピーして画面にペーストします。

▶滑らかに

「選択範囲」メニューの「選択範囲を変更」のサブメニューから「滑らかに」を選択すると、選択境界の形状をダイアログボックスで指定したピクセルで滑らかにします。

③指定した半径サイズで滑らかになります

▶拡張と縮小

「選択範囲」メニューの「選択範囲を変更」のサブメニューから「拡張」「縮小」を選択すると、選択範囲をダイアログボックスで指定したピクセル分、大きくまたは小さくすることができます。

❷クリックします
選択範囲を拡張
この機能のヘルプを表示：選択範囲を拡張
OK
キャンセル
拡張量(E): 35 pixel
❶入力します

❸選択範囲が拡張されました

選択範囲の拡張

① 自動選択ツールで色を選択する

自動選択ツールで空の部分をクリックします。

❶自動選択ツールでクリックして選択します

② 「選択範囲を拡張」を選択する

「選択範囲」メニューから「選択範囲を拡張」を選択します。

③ 選択範囲に追加された

現在の選択範囲に近い色の部分を自動的に選択し、現在の選択範囲に追加することができます。

❷選択範囲が拡張されます

TIPS 拡張する色の範囲

拡張する色の範囲は、自動選択ツールオプションの「許容値」の設定に依存しているので、現在の選択範囲と同じ色だけを追加したい場合は数値を小さく、同系色を広い範囲で追加したい場合は数値を大きく設定します。

境界線を調整

「選択範囲」メニューの「境界線を調整」は、ダイアログボックスの設定項目の調整によって現在の選択範囲を滑らかにしたり、ぼかしたり、拡張・縮小することができます。

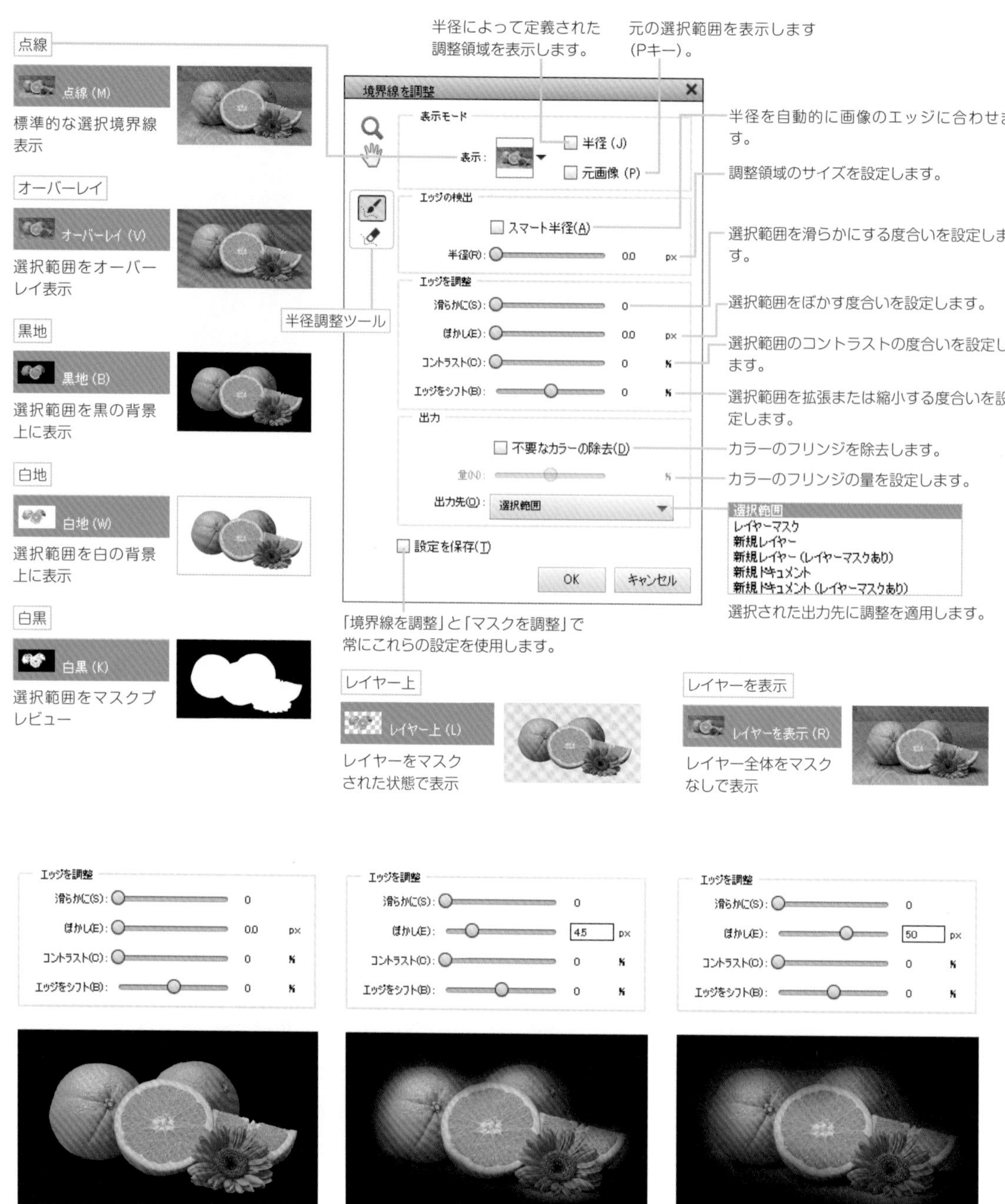

近似色を選択

「選択範囲」メニューの「近似色を選択」は「選択範囲を拡張」と同じような効果を得られます。「選択範囲を拡張」では隣り合った部分の近似色を選択するのに対し、「近似色を選択」では**離れた部分の近似色までを選択**することができます。

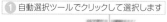

1 自動選択ツールで色を選択する

自動選択ツール で背景の空の一部分をクリックします。

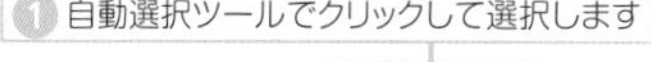

2 「近似色を選択」を選択する

「選択範囲」メニューから「近似色を選択」を選択します。

選択範囲(S)　フィルター(T)　表示(V)　ウィンドウ(W)

すべてを選択(A)	Ctrl+A
選択を解除(D)	Ctrl+D
再選択(E)	Shift+Ctrl+D
選択範囲を反転(I)	Shift+Ctrl+I
すべてのレイヤー(L)	
レイヤーの選択を解除(S)	
境界をぼかす(F)...	Alt+Ctrl+D
境界線を調整(R)...	
被写体(S)	Alt+Ctrl+S
選択範囲を変更(M)	▸
選択範囲を拡張(G)	
近似色を選択(R)	
選択範囲を変形(T)	
選択範囲を読み込む(L)...	
選択範囲を保存(U)...	

2 選択します

3 選択範囲に近似色が追加される

現在の選択範囲から離れた部分の近似色までを選択することができます。

3 離れた部分の近似色も選択されます

TIPS　選択される色の範囲

設定は「選択範囲を拡張」同様に、自動選択ツールオプションの「許容値」の設定に依存します。現在の選択範囲内の色に近い色だけを追加したい場合は「許容値」の数値を小さく、同系色を広い範囲で追加したい場合は数値を大きく設定します。

被写体を自動で選択する

Photoshop Elementsでは、写真内のメインとなる人物、動物、植物、建物等をワンクリックで自動選択する機能が搭載されています。

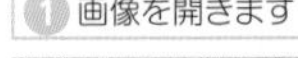

1 人物の写真を開く

人物の写真を開きます。

2 「被写体」を選択する

「選択範囲」メニューから「被写体」を選択します。または、クイック選択、選択ブラシ、自動選択ツール、選択エリア調整ブラシ、オートセレクションのツールオプションで「被写体を選択」をクリックします。

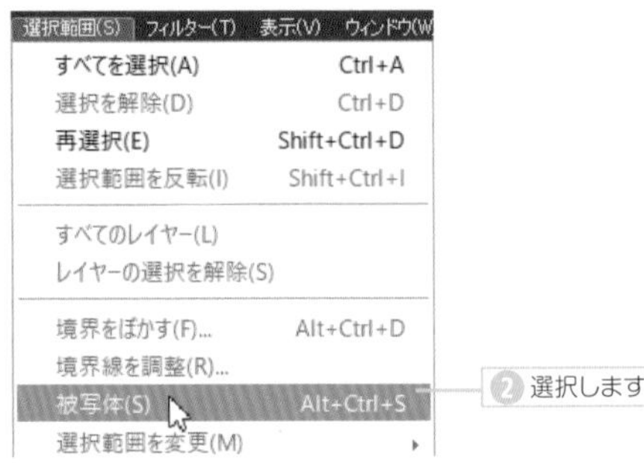

クイック選択、選択ブラシ、自動選択ツール、選択エリア調整ブラシ、オートセレクションのツールを選択しているとき

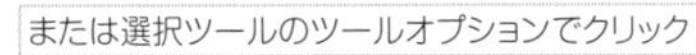

3 メインの被写体が選択される

Photoshop Elementsがメインの被写体を認識して自動で選択範囲を作成します。

3 被写体が自動的に選択されます

SECTION 4.3

カット、コピー、ペースト、選択範囲内へペースト

選択範囲を他の画像に貼り付けてみよう

使用頻度

作成した選択範囲内の画像は、カット、コピー&ペースト、トリミング、他のウィンドウやレイヤーへの移動、形状の変更ができます。

選択範囲のカットとコピー、ペースト

作成した選択範囲の画像は、**カット**や**コピー**をしてから、他のレイヤー・ウィンドウ・アプリケーションへ、ビットマップデータとして**ペースト(貼り付ける)する**ことができます。

▶選択範囲のカット

1 選択範囲をカットする

画像上に選択範囲を作成し、「ファイル」メニューから「カット」(Ctrl+X)を選択します。

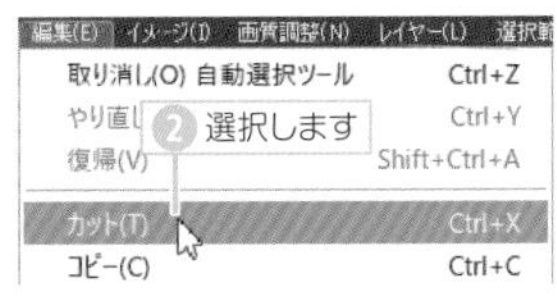

2 選択します

2 背景色や下のレイヤーが表示される

カットされた部分は、背景レイヤーの場合はツールボックスの背景色が、下にレイヤーがある場合は、レイヤーの絵柄が表示されます。

「背景」レイヤーを「レイヤー0」にした場合

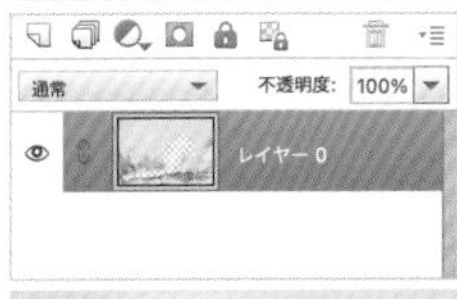

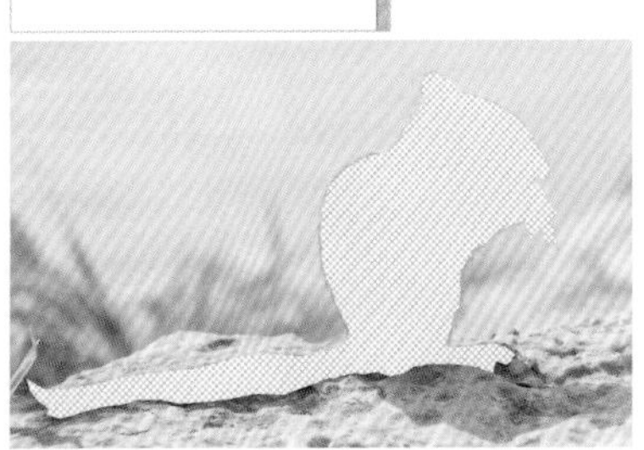

1 選択範囲を作成します

POINT

「カット」の代わりにDeleteキーでも削除できます。画像はクリップボードへは移動しません。

3 カットすると選択範囲が削除されます

「背景」レイヤーで背景色が黒の場合

下にレイヤーがある場合

▶ クリップボード

カットやコピーを行うと**選択範囲の画像は一時的にクリップボードに保管**され、Elements Editorの他の画像ウィンドウや、Photoshop Elements以外のアプリケーションに貼り込むことができます。

次に何らかのカットやコピーを行うまでクリップボードのデータに変化はありません。よって、繰り返し同じデータをペーストすることができます。

選択範囲のコピー＆ペースト

1 選択範囲をコピーする

選択範囲を作成し、「編集」メニューの「**コピー**」（Ctrl+C）を選択して、元画像をそのままにします。

2 他の画像へペーストする

他の画像ウィンドウを開き「編集」メニューから「ペースト」（Ctrl+V）を選択すると、コピーしたクリップボード内の画像が**新たなレイヤーとしてペースト**されます。

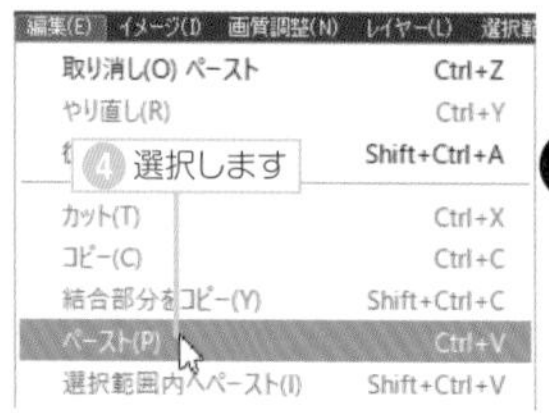

3 レイヤーの画像は自由に移動できる

新たなレイヤー内の画像は、**移動カーソル**で**自由にウィンドウ内を移動**することができます。

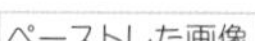

ペーストされた画像はレイヤーなので、背景の画像とは独立して移動したり、不透明度や描画モードを設定することができます。

> **TIPS 移動ツールのショートカット**
>
> どのツールを選択していても、Ctrlキーを押すと移動カーソルになり、画像を移動することができます（手のひら、シェイプ、角度補正、型抜きツールの場合は除く）。

選択範囲内へ画像をペーストする

コピーした画像を特定の範囲内だけにペーストしたい場合があります。このような場合は「ペースト」コマンドは使わずに、「編集」メニューの「選択範囲内へペースト」（Shift+Ctrl+V）を使用します。

① 選択範囲をコピーする

ペーストする画像を開き、全体を選択します。「編集」メニューの「コピー」（Ctrl+C）を選択して、元画像をそのままにしてクリップボードへ移動します。

② 他の画像の選択範囲内へペースト

貼り付ける先の画像を開き、背景部分を選択します。「編集」メニューから「選択範囲内へペースト」（Shift+Ctrl+V）を選択すると、コピーした画像が新たなレイヤーとして選択範囲の中にペーストされます。

③ 選択範囲内に貼り付けられる

選択範囲内だけに画像が貼り込まれます。選択範囲内で画像をドラッグして適切な位置に移動できます。

選択範囲（背景）にコピーした画像がペーストされます。

TIPS ガイドモードの「背景を置き換え」

ガイドモードの「特殊編集」の「背景を置き換え」では、ガイドに沿って背景を選択し、指定した画像を背景にすることが簡単にできます。

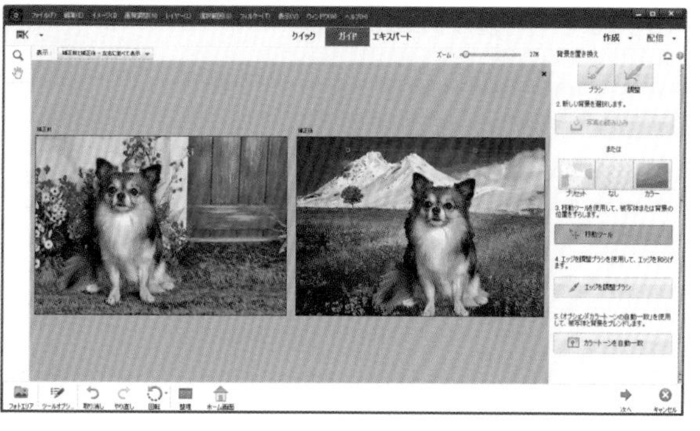

SECTION 4.4

使用頻度 ●●●

切り抜き、トリミング

画像を切り抜いてみよう

長方形選択ツール⬚で選択した範囲をトリミングして、ウィンドウ内の最大画像範囲にすることができます。切り抜きを行った画像は、画像サイズが小さくなります。また、ツールボックスの切り抜きツール⌗を使ってもトリミングが行えます。

選択範囲で切り抜く

① 選択範囲を作成する

長方形選択ツール⬚で、選択範囲を作成します。

①切り抜く範囲を選択します

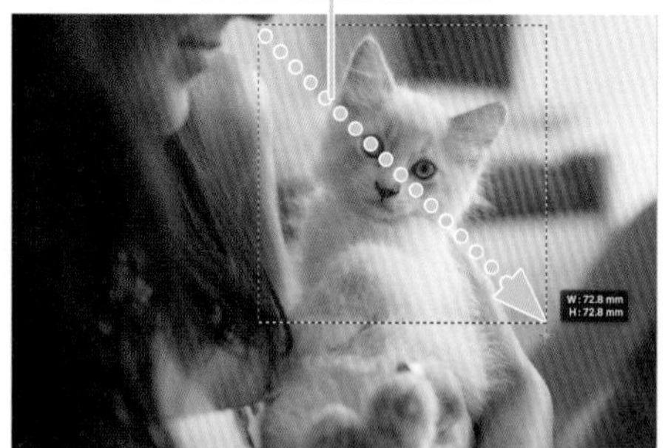

② 「切り抜き」を選択する

「イメージ」メニューから「**切り抜き**」を選択します。画像がトリミングされ選択範囲だけが画像範囲になります。

②選択します

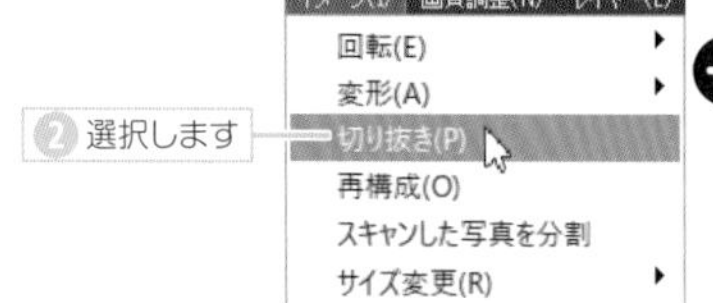

③切り抜かれます

切り抜きツールを使う

① 切り抜きツールでドラッグする

切り抜きツール⌗を選択すると、グリッドと境界線が表示され、切り抜かれる部分が半透明で表示されます。

②グリッドが表示されます

①切り抜きツールを選択します

2 トリミング境界を調整する

ハンドルをドラッグして境界線を調整します。
ツールオプションには切り抜き候補が表示されるので、候補をクリックして指定することもできます。

③ハンドルをドラッグして調整します

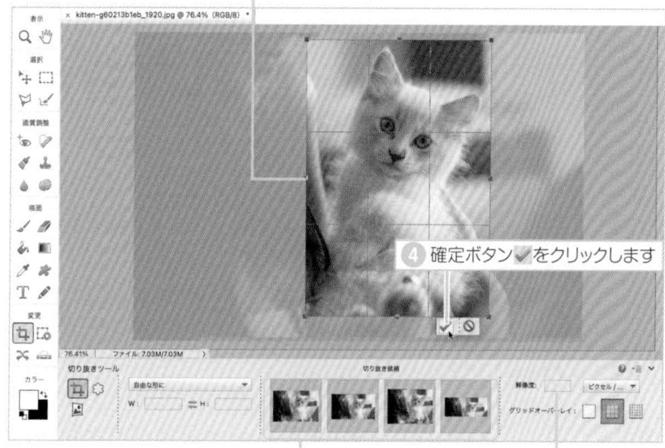

切り抜きエリアの候補から選ぶこともできます

切り抜きの解像度を設定します

POINT

ツールオプションのメニューからサイズや切り抜き候補を選択することができます。

自由な形に
写真の縦横比を使用
16:9 (406 × 228 mm)
2L 版 (178 × 127 mm)
A3 (420 × 297 mm)
A4 (297 × 210 mm)
DSC (119 × 89 mm)
DSC ワイド (169 × 127 mm)
L 版 (127 × 89 mm)
四切 (305 × 254 mm)
四切ワイド (365 × 254 mm)
六切 (254 × 203 mm)
六切ワイド (305 × 203 mm)

3 トリミングを確定する

形が決まったら、確定ボタン✓をクリックして、トリミングします。
確定の仕方は他にも、境界内をダブルクリックするかEnterキーを押すと、画像がトリミングされます。

⑤画像が切り抜かれます

TIPS 型抜きツール

Photoshop Elementsには、ドラッグしたエリアをシェイプで型抜くことができる型抜きツールがあります。型抜きツールは、切り抜きツールのサブツールです。
ツールオプションでは、型抜きの形状やサイズ、ぼかしなどを設定することができます。

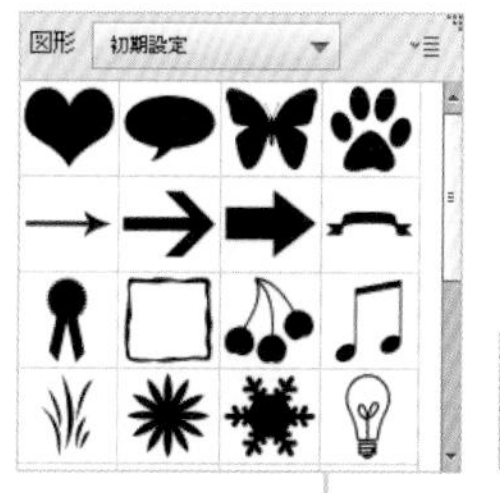

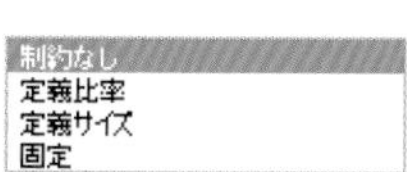

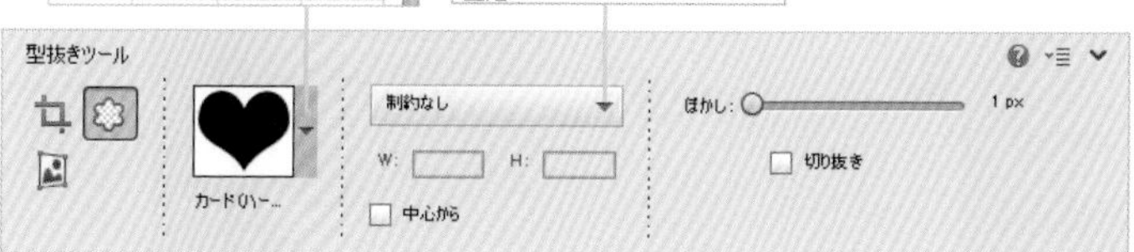

CHAPTER 4 選択範囲の作成とコピペ・切り抜きを覚えよう

SECTION 4.5

使用頻度

マジック消しゴムツール、背景消しゴムツール

画像を削除して背景を透明にしよう

消しゴムツールのサブツールとして、背景を透明にするためのマジック消しゴムツールと背景消しゴムツールがあります。これらを使うと、不要な部分を透明にして下のレイヤーを表示したり、必要な部分だけを残してイメージを切り抜くことができます。

マジック消しゴムツール

マジック消しゴムツールを使用すると、ツールオプションで設定した許容値と不透明度で画像を消去します。クリックした位置の許容値の範囲を削除します。

1 マジック消しゴムツールを選択する

消しゴムツールのツールオプションで**マジック消しゴムツール**を選択します。
ツールオプションで**許容値**と**不透明度**等を設定します。

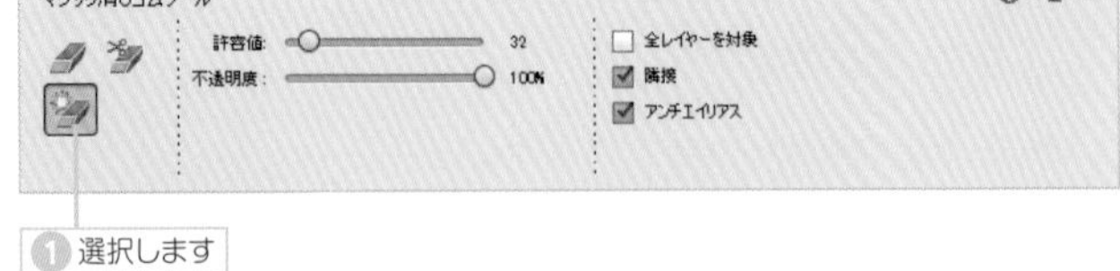

2 消したい箇所をクリックする

画像上の消したい箇所をマジック消しゴムツールでクリックします。
自動選択ツールのようにShiftキーを押さなくても、設定値を変更しながらクリックしていくだけで画像を消去することができます。

3 許容値の画像範囲が消える

ツールオプションで設定した領域の画像を消去して画像を透明になります。下にレイヤーがある場合には、下のレイヤー画像が表示されます。

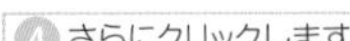

▶ マジック消しゴムツールのオプション

マジック消しゴムツールを選択すると、ツールオプションにはオプション項目が表示されます。

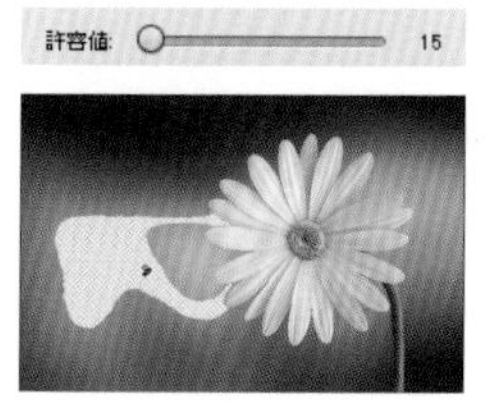

オン

オフ

許容値　消去するピクセルの範囲を0～255の範囲で設定します。数値を大きくするほど消去されるピクセルの範囲が広くなります。

隣接　オンにすると、隣接している範囲の画像だけを消去対象とし、オフの場合は、隣接していない画像範囲も消去対象とします。つまり、離れた場所の同じ色範囲を消去したい場合にはオフにしておきます。

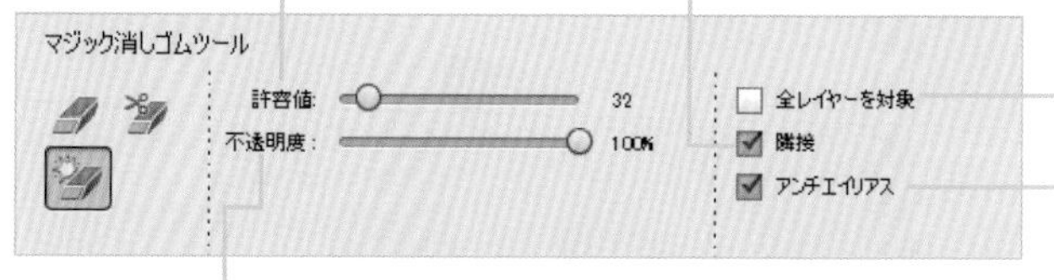

オンにすると、選択レイヤーだけでなく、すべてのレイヤーを消去対象にします。

消去する境界をアンチエイリアス処理して滑らかにします。

不透明度　消去する透明度を設定します。1～100の範囲で設定し、100で100%透明に消去します。

背景消しゴムツール

背景消しゴムツールは、設定したブラシサイズでドラッグした部分のカラーを認識しながら消去します。

マジック消しゴムツールは、クリックした箇所のピクセルを基準にピクセルの削除を行うのに対し、こちらのほうが少し複雑な切り抜きや背景の透明化を行うことができます。従来の消しゴムツールでは、ツールのブラシの大きさの範囲がすべて背景色で塗りつぶされましたが、背景消しゴムツールでは、ツールの**ブラシの大きさの中心点で拾った色を認識し、ブラシの範囲内で対象となる色だけを削除**するように作用します。

▶ 隣接していない範囲の選択

ツールオプションの「隣接」をオフにすると、隣接してないピクセル範囲も背景消しゴムの対象となります。

「隣接」をオンにすると、隣接した連続するピクセル範囲だけが対象となります。

「隣接」オン

認識するピクセル範囲が連続している範囲だけを対象にします。

「隣接」オフ

認識するピクセル範囲が連続していなくても、ブラシの軌跡内の色はすべて透明化します。

TIPS 「コンテンツに応じた移動」ツール

「コンテンツに応じた移動」ツールで選択した選択範囲をドラッグして移動すると、移動元が背景になじむように消え、移動先の背景になじむように画像を移動することができます。
なお、「コンテンツに応じた移動」ツールで移動する画像の背景は、なるべく均一な背景の画像が最も効果的に移動することができます。
ツールパネルで「コンテンツに応じた移動」ツールを選択し、移動したい画像の周りをおおまかに選択します。

変更
1 選択します

2 画像をおおまかに選択します

画像を移動したい位置へドラッグします。元の画像位置は、背景の画像となじみ、移動した画像も移動位置の背景となじみます。

移動元が背景となじみます
3 ドラッグして移動します

ツールオプションで「拡張」を選択してからドラッグして移動すると、元の位置に画像は残り、ドラッグ先に画像がコピーされます。

「拡張」を選択すると元画像が残りコピーできます

ツールオプション

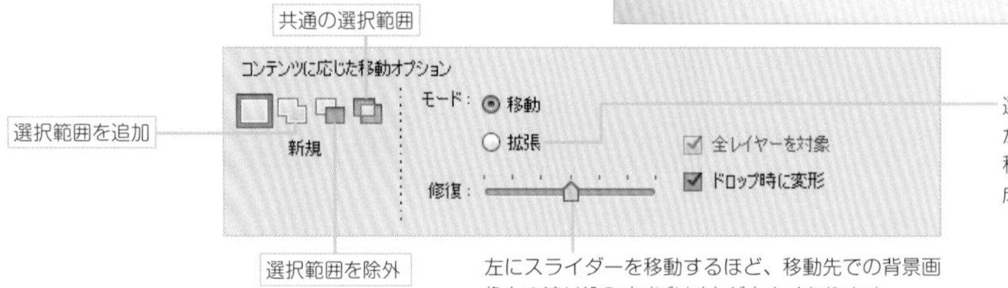
共通の選択範囲
コンテンツに応じた移動オプション
選択範囲を追加
新規
モード： 移動
拡張
全レイヤーを対象
ドロップ時に変形
修復：
選択すると異動元がそのまま残り、移動先に複製を作成します。
選択範囲を除外
左にスライダーを移動するほど、移動先での背景画像との溶け込み方（ぼけ方）が大きくなります。

CHAPTER

5

レイヤーを使って画像を合成しよう

Photoshop Elementsで画像の色調補正、画像加工、画像の合成などの操作にレイヤーを使うと再編集がしやすく、効率アップします。

レイヤーパネルの基本操作からさまざまなレイヤー効果を学びましょう。

SECTION
5.1
使用頻度

レイヤー、表示・非表示、不透明度、ペースト

画像を貼り付けてレイヤーをつくってみよう

Elements Editor上で画像のコピー、ペーストを行うと、新しいレイヤーが作られます。画像合成の作業を通して、レイヤーをどのように操作するのかを覚えましょう。

画像をペーストしてレイヤーを作成する

画像の合成とは、同一ファイル内のレイヤーとレイヤー同士で合成を行います。

合成の元となるコピー元の画像と、コピー先となる画像を用意して、**コピー＆ペースト**を行うと、ペーストした画像がレイヤーになります。

① 選択範囲を作成する

コピー元の画像で選択範囲を作成します。ここでは人物の輪郭に沿って選択範囲を作成します。

② コピーする

選択範囲を作成したら、「編集」メニューから**「コピー」**（Ctrl+C）を選択し、コピーします。

③ ペーストする

コピー先の画像を前面にしてから、「編集」メニューから**「ペースト」**（Ctrl+V）を選択し、コピーした画像をペーストします。

④ レイヤーが作成される

コピーした画像が新しいレイヤーに貼り付けられます。レイヤーパネルを見ると、選択していたレイヤーの上に「レイヤー1」という名前のレイヤーが作られていることがわかります。

レイヤーの表示／非表示を切り替える

レイヤーは、自由に表示したり、非表示にすることができます。

レイヤーパネルの左にある目のアイコンをクリックしにすると、そのレイヤーの画像は非表示になり、下にあるレイヤーだけが表示されます。

TIPS デザイン・イメージの確認に便利

Webデザインなどでタイトル画像や色のパターンを変更したい場合には、同じロゴや背景色のレイヤーを複製してその色や形を変更した後、見たいレイヤーを表示し、保留したいレイヤーを非表示にしてデザインを試すというレイヤーの活用がよく行われています。

実際に画像やオブジェクトの色を変更するよりも、レイヤーを複製していくつかのパターンをつくり、表示/非表示しながら試すという便利な使い方があります。

POINT

レイヤーパネルをフロートさせるには、右下の「その他」ボタンのメニューから「カスタムワークスペース」を選択し、レイヤーパネルのタブをウィンドウ内にドラッグします。

レイヤーの不透明度を設定する

レイヤーパネルの右上にある不透明度の設定で画像を透過させて、下のレイヤーが上の画像の下に透けて見えるようにできます。

「不透明度」の数値が0%では完全に透明になり画像が消え、100%だと不透明な状態で完全に画像が再現され、下の画像は見えません。

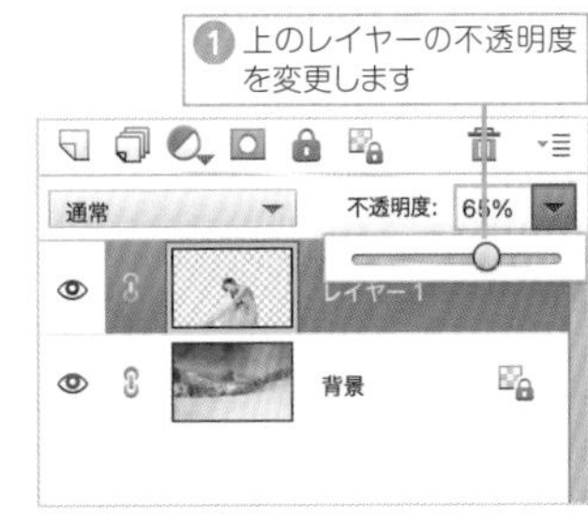

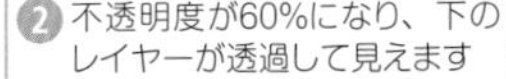

2 不透明度が60%になり、下のレイヤーが透過して見えます

TIPS 描画モードも活用しよう

下のレイヤーと合成する手法は、不透明度の調整だけでなく描画モード（134ページ参照）があります。描画モードは下のレイヤー画像との合成方法を指定でき、さまざまな画像効果を演出することができます。

SECTION

5.2

使用頻度

レイヤーとは、新規レイヤー、削除、移動、リンク、階層移動、グループ化

レイヤーの基本操作を覚えよう

レイヤーとは透明なフィルムのような画像上の階層です。レイヤーを使うことで、レイヤーごとに描画モード、不透明度、色調補正、フィルター、変形などの画像合成を行うことができます。

レイヤーはこうなっている

Photoshop Elementsは、**レイヤー**と呼ばれる**階層構造になった画像**を扱うことで、複雑な合成作業を可能にしています。１枚のレイヤーは1つの画像を持ち、その下にあるレイヤーに対しての透明度や描画モードを指定したり、重なる順番を変えることで画像にさまざまな効果を与えます。

制作途中の画像は、常に複数のレイヤーを保持したままの状態で作業するため、各レイヤーに対して個別に移動、変形、色調整、フィルタリングなどの加工を施し、効果を試すことができます。

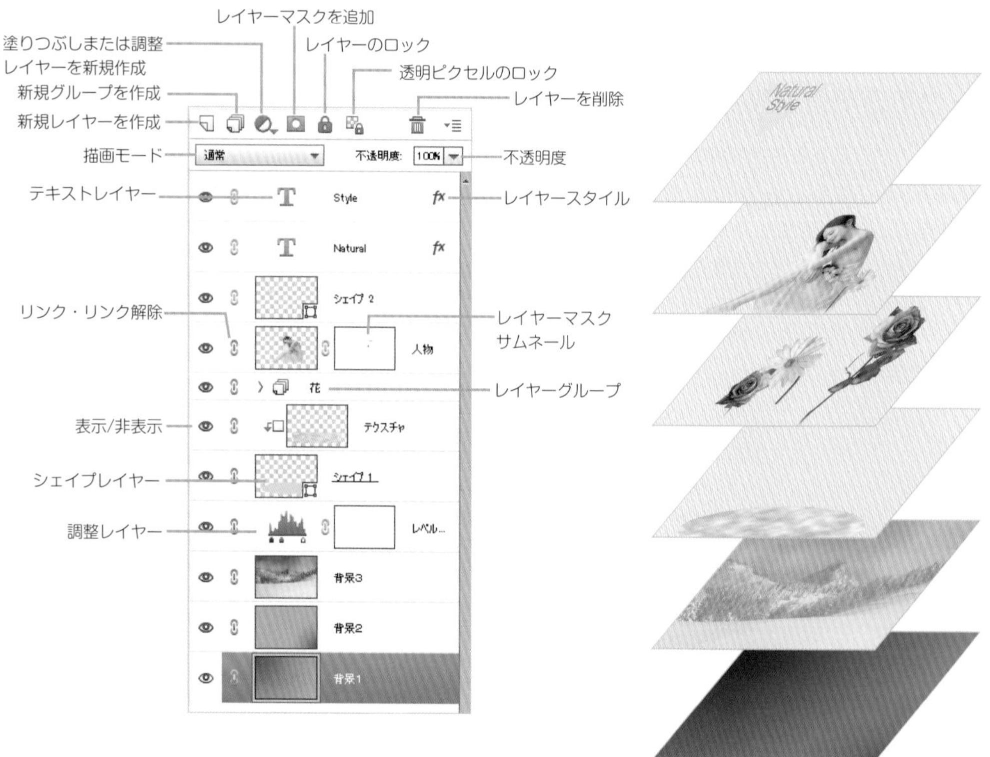

レイヤーを新たに作成する

レイヤーは次のような場合に作成されます。

▶「新規レイヤー」を作成した場合

レイヤーパネルメニューから「新規レイヤー」を選択、またはパネル左上の「新規レイヤーを作成」ボタンをクリックします。

① 新規レイヤーを選択する

パネルメニューから「新規レイヤー」（Shift+Ctrl+N）を選択します。
またはパネルの「新規レイヤーを作成」ボタンをクリックします。

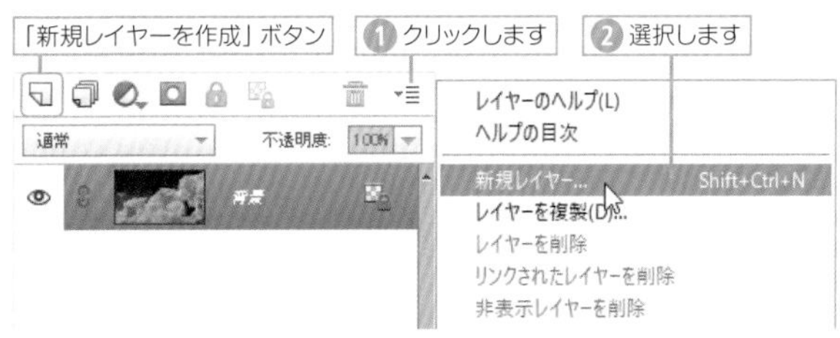

② レイヤー名を入力する

新規レイヤー名を入力します。「OK」ボタンをクリックします。

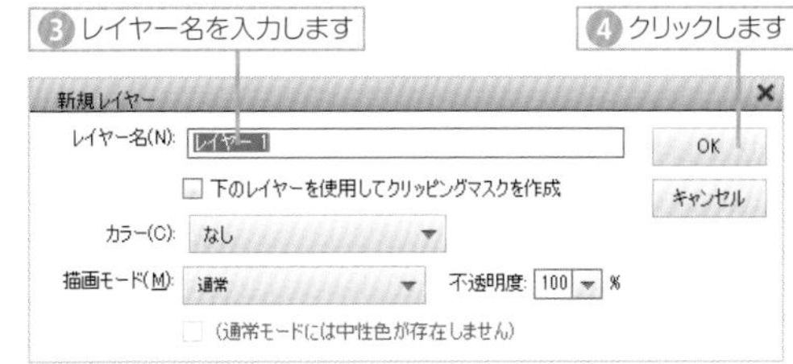

③ 新規レイヤーが作成される

新規レイヤーが現在のレイヤーの上に作成されました。

▶文字列を入力した場合

文字ツールで文字列を入力した場合、自動的に**テキストレイヤー**が作成されます。

▶シェイプを作成した場合

長方形、楕円形、カスタムシェイプツールで新規シェイプレイヤーを作成した場合、**シェイプレイヤー**が作成されます。

▶調整レイヤーを作成した場合

レベル補正、色相・彩度レイヤーなどを作成した場合、**調整レイヤー**が作成されます。

カット・コピーした画像をペーストした場合、新たな画像レイヤーが作成されます。

TIPS 選択範囲を新たなレイヤーにする

画像に選択範囲を作成します。「レイヤー」メニューの「新規」から「選択範囲をコピーしたレイヤー」(Ctrl+J) を選択します。選択範囲が新たなレイヤーになります。
ここで「選択範囲をカットしたレイヤー」(Shift+Ctrl+J) を選択すると、選択範囲がカットされたレイヤーが作成されます。

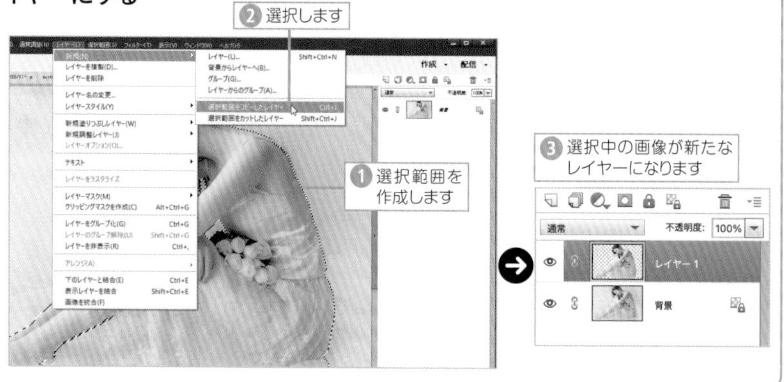

レイヤーを削除する

不要なレイヤーは、削除してレイヤーパネルから消すことができます。レイヤーをシンプルにするため、またファイルサイズを小さくするために、**不要なレイヤーは削除します**。削除しない場合には非表示にしてもよいでしょう。

① 削除したいレイヤーを選択する

削除したいレイヤーをクリックして選択した状態（アクティブな状態）にします。

② レイヤーを削除する

パネルの「**レイヤーを削除**」ボタン をクリックするか、削除したいレイヤーを「レイヤーを削除」ボタン へドラッグします。
あるいは、パネルメニューから「レイヤーを削除」を選択します。

「レイヤーを削除」ボタンへドラッグする方法もあります

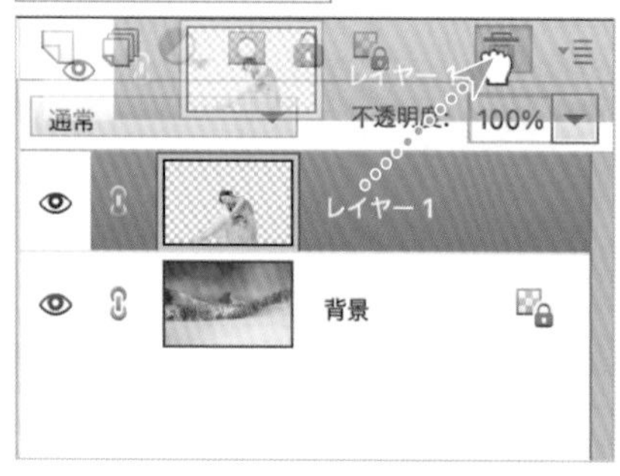

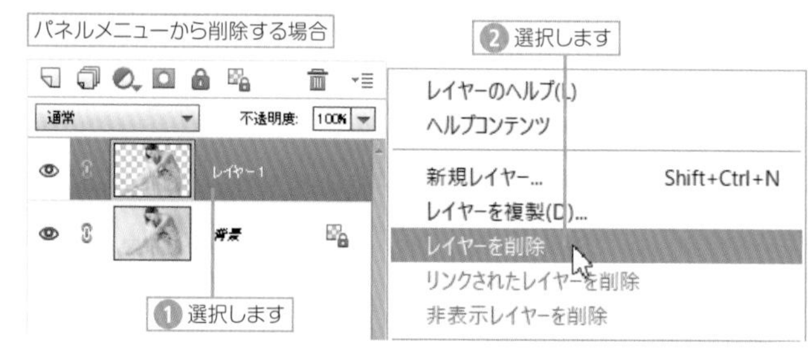

レイヤー上の画像を移動する

レイヤー上の画像は、マウス操作でドラッグして移動し、位置を変更することができます。

1 移動したい画像のレイヤーを選択

移動したい画像のレイヤーをクリックして選択した状態（アクティブな状態）にします。

POINT

ツールオプションの「レイヤーを自動選択」がオンになっていれば、レイヤーパネルで選択せずに、画像上を移動ツールでクリックして選択し、ドラッグで移動できます。

2 レイヤー上の画像を移動する

ツールボックスから**移動ツール**を選ぶか、手のひらツール以外のツールでCtrlキーを押しながら画像をドラッグして、アクティブな（レイヤーパネルで選択された）レイヤー上の画像を移動します。

TIPS 1ピクセルずつ移動する

Ctrl＋←→↑↓キーでレイヤー上の画像を1ピクセルずつ移動することができます。

TIPS サムネールの大きさを変更する

レイヤーパネルメニューから「パネルオプション」を選択し、サムネールの大きさを変更することができます。
また、サムネールに表示する範囲をレイヤー範囲かドキュメント全体かを選択することができます。

レイヤーの複数選択と移動・リンク

① 「レイヤーを自動選択」をオンに

移動ツール のツールオプションで「**レイヤーを自動選択**」をチェックします。

❶ チェックを入れます

移動 / レイヤーを自動選択 / バウンディングボックスを表示 / ロールオーバーにハイライトを表示 / アレンジ / 整列 / 上端 / 左端 / 垂直方向中央 / 水平方向中央 / 下端 / 右端 / 分布

② 複数のレイヤーを選択する

Shiftキーを押しながら**複数のレイヤー画像上をクリック**して選択します。
または、レイヤーパネルで選択します。

POINT

移動ツールのツールオプションで「レイヤーを自動選択」と「ロールオーバーにハイライトを表示」がオンの状態で、画像上にカーソルを移動すると、選択されるレイヤー画像が青い矩形でハイライトされます。

③ 複数のレイヤーを移動する

複数選択したレイヤーオブジェクトを、移動ツール で同時に移動したり変形することができます。
また、レイヤーパネルでShiftキーを押しながらレイヤーをクリックしても複数のオブジェクトを選択することができます。

TIPS 複数選択したレイヤーのリンク

複数選択したレイヤーは、レイヤーパネルの「**レイヤーをリンク**」ボタン をクリックしてリンクしておくことができます。
リンクしておくと、複数レイヤーを選択しなくても同時に移動したり、レイヤーに対する操作を行うことができます。

複数選択したレイヤーをリンクします

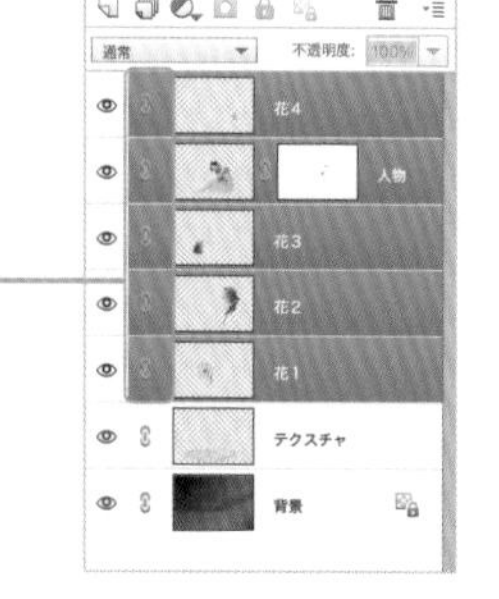

レイヤーの階層移動

レイヤーは階層（重なり）の順番を自由に入れ替えることができます。

① レイヤーを上へドラッグする

アクティブなレイヤーを上へドラッグします。

② レイヤーの階層の順番が変わる

レイヤーの階層の順番が入れ替わりました。

TIPS ツールオプションで階層移動

移動ツール を選択し、レイヤーを選択すると、ツールオプションの「アレンジ」からレイヤーを階層移動することができます。

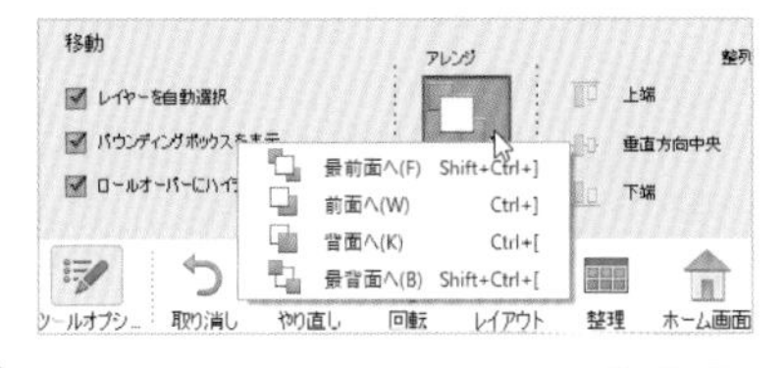

TIPS 「背景」レイヤーを移動可能に

「背景」レイヤーのみ、他のレイヤーと違って移動させることはできません。
移動するには「背景」レイヤーをダブルクリックして「新規レイヤー」ダイアログボックスでそのまま「OK」ボタンをクリックし、「レイヤー0」の名前にすると移動できるようになります。

CHAPTER 5 レイヤーを使って画像を合成しよう

レイヤーを複製する

レイヤーは複製してフィルターや補正、不透明度などの画像処理を行い、画像合成を行うことができます。

① 複製したいレイヤーを選択する

複製したいレイヤーをクリックして選択した状態（アクティブな状態）にします。
パネルメニューから「レイヤーを複製」を選びます。
手早い方法としては、パネル上方にある「新規レイヤーを作成」ボタンに複製したいレイヤーをドラッグして重ねます。

❶選択します
❷クリックします
❸選択します
ディザ合成
不透明度: 100%
花4
人物
花3
花2
レイヤーのヘルプ(L)
ヘルプコンテンツ
新規レイヤー... Shift+Ctrl+N
レイヤーを複製(D)...
レイヤーを削除
リンクされたレイヤーを削除
非表示レイヤーを削除
新規グループ(G)...

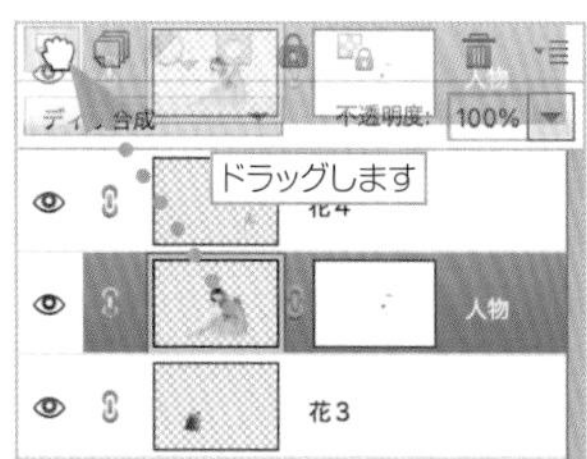

② レイヤー名を入力する

パネルメニューから「レイヤーを複製」を選んだ場合はダイアログボックスが開くので、レイヤー名を入力します。
レイヤーをドラッグする方法では、複製されるレイヤーに割り振られた番号がつきます。

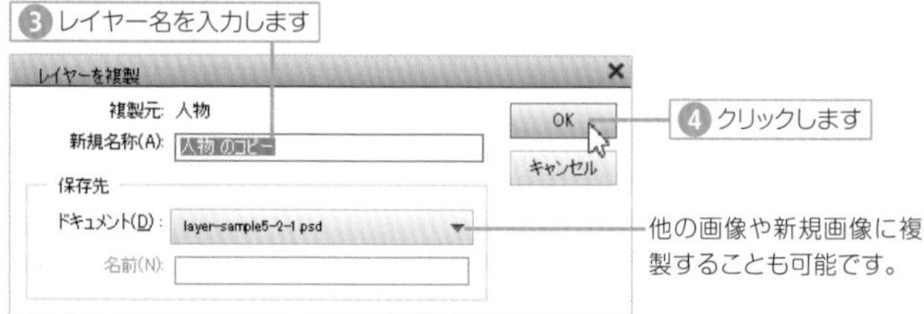

③ レイヤーが複製される

レイヤーが複製されます。

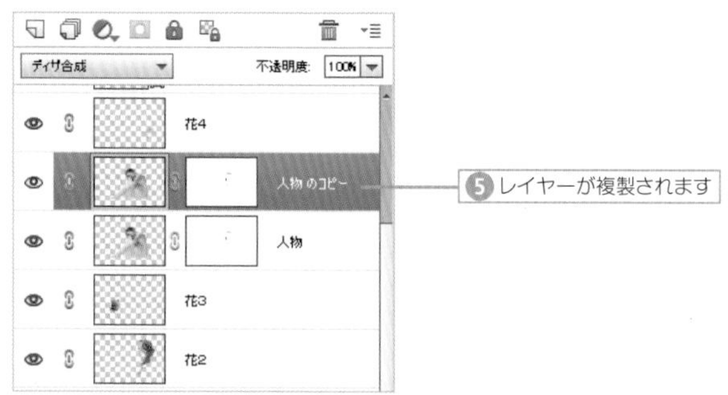

TIPS ショートカットメニューで複製

複製したいレイヤーを選択して右クリックし、ショートカットメニューから「レイヤーを複製」を選択します。

TIPS レイヤーを複製する画像操作のいろいろ

画像を補正したいときは、レイヤーを複製して画像補正を行ってみてください。レイヤーの表示・非表示の操作で、補正前、補正後を一瞬で見比べることができます。また、補正前の画像も残るので便利です。
レイヤーを複製してぼかしなどのフィルターを行ってみてください。さらにブレンドモードや不透明度の設定で、下の効果を適用していない画像も現れ、適用した効果の強弱を不透明度などで付けることができます。
またテキストレイヤーを複製してずらすことで、テキストシャドウなどの効果を与えることもできます。

レイヤーのグループ化

レイヤーグループを作成すると、グループ内のレイヤーをまとめて選択したり、まとめてブレンドモードや不透明度を設定することができます。グループは展開・縮小して折り畳むことができます。

▶新しいレイヤーグループをつくる

① 新規グループを作成する

グループを作りたい上のレイヤーを選択しておきます。
レイヤーパネルの「新規グループを作成」アイコン をクリックします。

②クリックします
①選択します

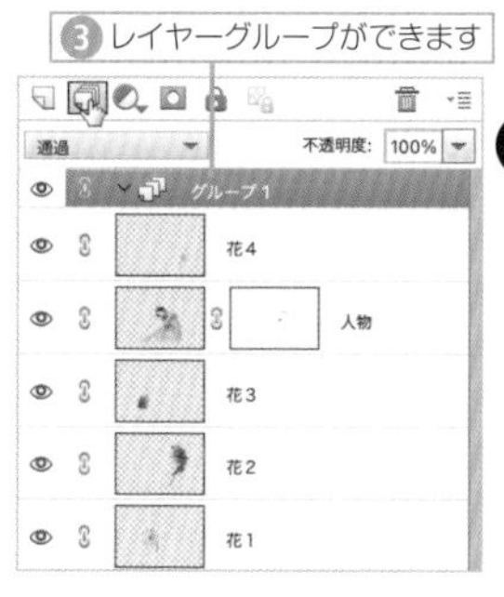

③レイヤーグループができます

② レイヤーをグループに移動する

グループに含めたいレイヤーをグループにドラッグして移動します。
ここでは4つのレイヤーを移動しています。

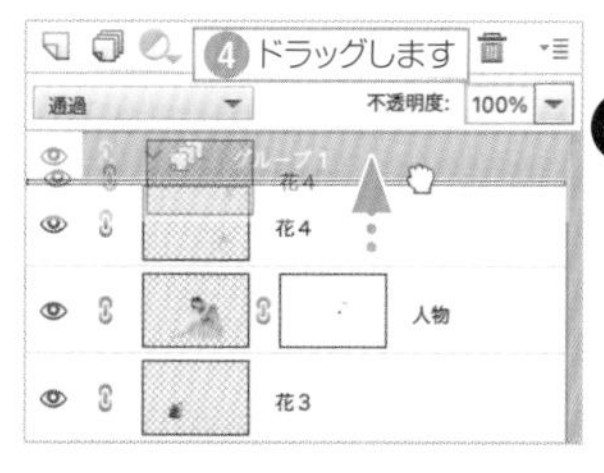

④ドラッグします

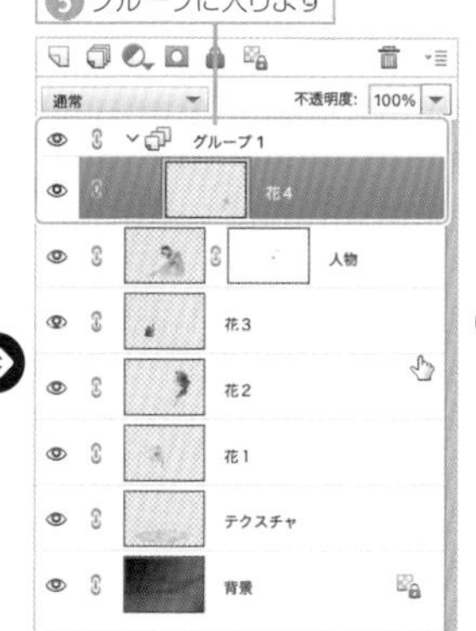

⑤グループに入ります

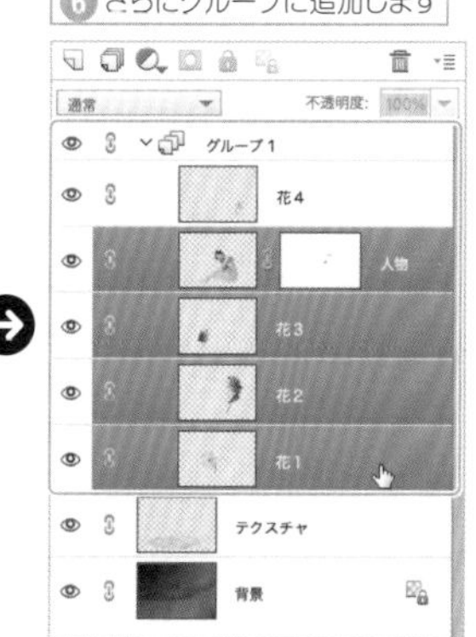

⑥さらにグループに追加します

▶グループの展開と縮小

グループは包含するレイヤーを表示したり縮小して非表示にしてレイヤーパネルをコンパクトにすることができます。 アイコンをクリックすると縮小し、 アイコンをクリックすると展開します。

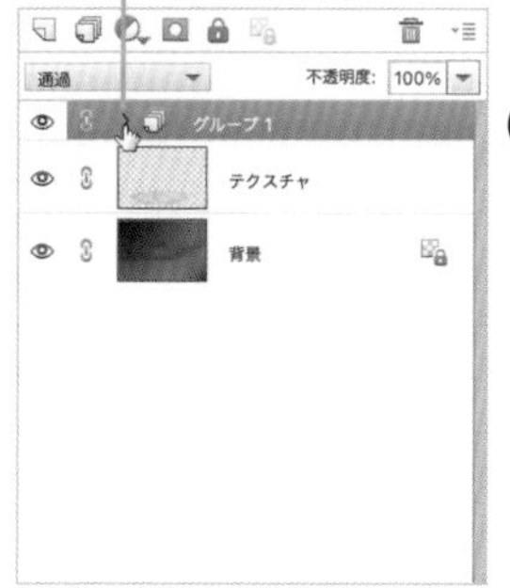

①クリックして展開します

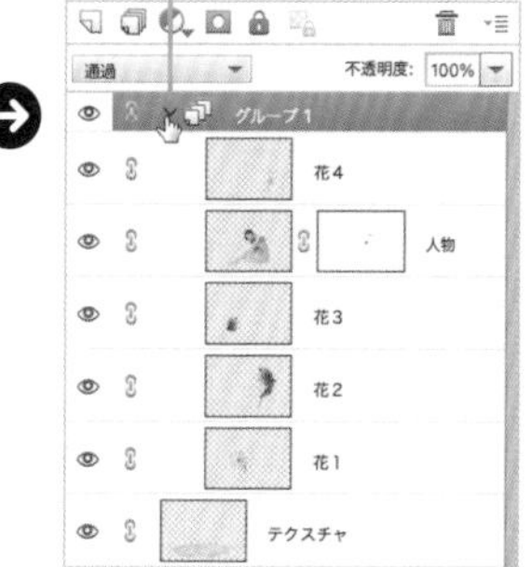

②クリックして縮小します

▶ レイヤーグループの操作

レイヤーグループを選択した状態でレイヤー内の画像を移動すると、グループ内の画像が同時に移動します。

また、グループ内の画像は同時に不透明度やブレンドモードを適用することができます。

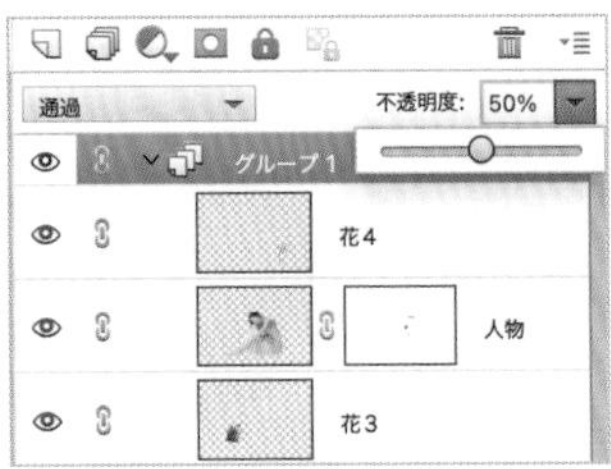

レイヤーをロックする

レイヤーパネルでは、選択しているレイヤーをロックして編集できないようにすることができます。

ロックの方法には、ロックアイテムごとに2つのボタンがあります。

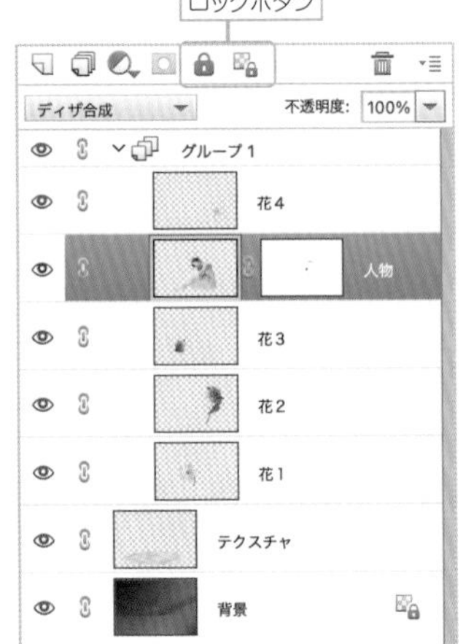

▶ 透明ピクセルをロック

レイヤー内の透明な部分だけをロックし、書き込み編集ができないようにします。画像のある部分は書き込みや画像処理を行えます。

透明ピクセル以外だけを描画できます。ここでは「人物」の画像部分だけがグラデーションで描画され、それ以外の部分はロックされ描画されません。

▶ すべてをロック

すべての書き込みや位置移動を禁止します。

ロックされたレイヤーで操作を行おうとすると警告が表示されます。

レイヤーの結合

編集の終了したレイヤーを結合することで、Photoshop Elementsが使用するメモリや保存時のファイル容量を節約することができます。また、レイヤーのある状態で保存できないファイル形式の場合には画像を統合してから保存します。レイヤーの結合は、用途によっていくつかの方法があります。

▶ 下のレイヤーと結合

アクティブなレイヤーを、その下に位置するレイヤーと結合します。

① 「下のレイヤーと結合」を選択

その下にあるレイヤーと結合するためには、レイヤーをアクティブにし、「レイヤー」メニューまたはパネルメニューの「下のレイヤーと結合」（Ctrl+E）を選びます。

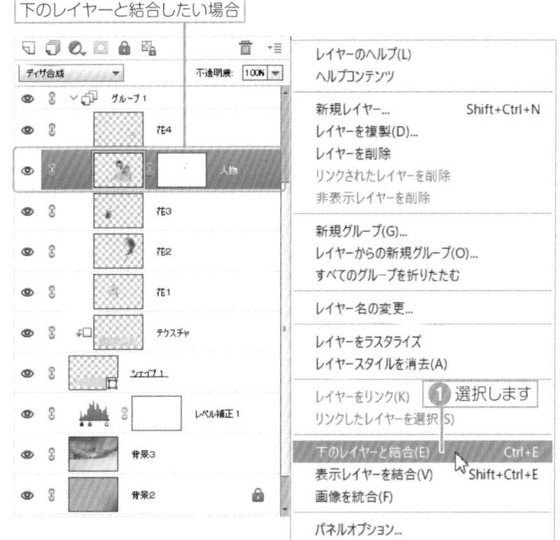

POINT

下にあるレイヤーがロックされている場合は、「下のレイヤーと結合」は使用することができません。

② 1つのレイヤーに結合された

下のレイヤーと結合され、1つのレイヤーになりました。

Altキーを押しながら「下のレイヤーと結合」を選択すると、現在のレイヤーの画像を下のレイヤーにコピーできます。

▶表示レイヤーを結合

パネル上で👁アイコンが表示されているレイヤーのみを結合します。

①「表示レイヤーを結合」を選択

結合したいレイヤー（表示されているレイヤー）のいずれかをアクティブにし、「レイヤー」メニューまたはパネルメニューから「**表示レイヤーを結合**」（Shift+Ctrl+E）を選びます。

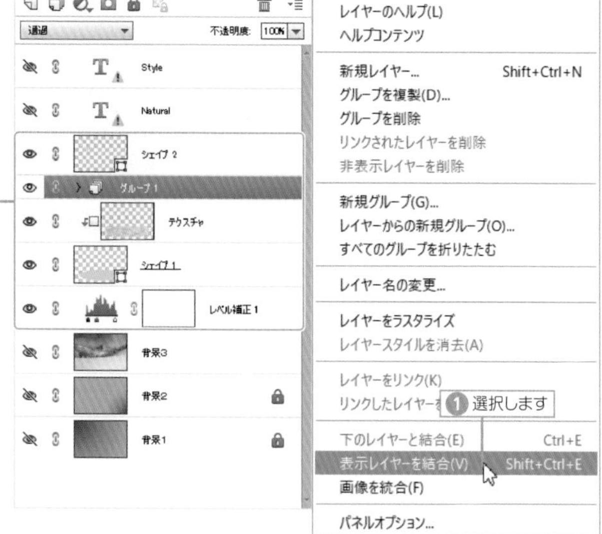

②1つのレイヤーに結合された

表示されているレイヤーが結合され、1つのレイヤーになりました。
Altキーを押しながら「表示レイヤーを結合」を選択すると、アクティブなレイヤーの画像に表示レイヤーの画像をコピーします。

POINT

クリッピングマスクやグループのレイヤーを統合するには、そのクリッピングマスクの親にあたる一番下のレイヤーをクリックしてアクティブにし、「レイヤー」メニューまたはパネルメニューから「クリッピングマスクを結合」（Ctrl＋E）を選びます。

画像を1つのレイヤーに統合する

画像に含まれるすべてのレイヤーを1つのレイヤーに結合します。複数のレイヤーがある状態でレイヤーを保持できないPNGやJPEG形式で保存すると、自動的に画像が統合された状態で保存されます。

①「画像を統合」を選択する

「レイヤー」メニューまたはパネルメニューから「画像を統合」を選びます。

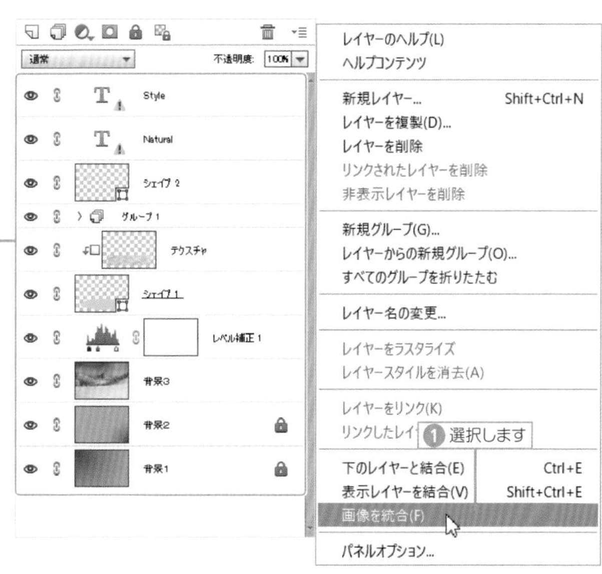

② 確認のダイアログボックスで「OK」

表示されていないレイヤーがあるときは、そのレイヤーを破棄するかどうかを確認するダイアログボックスが表示されるので、「OK」ボタンをクリックします。

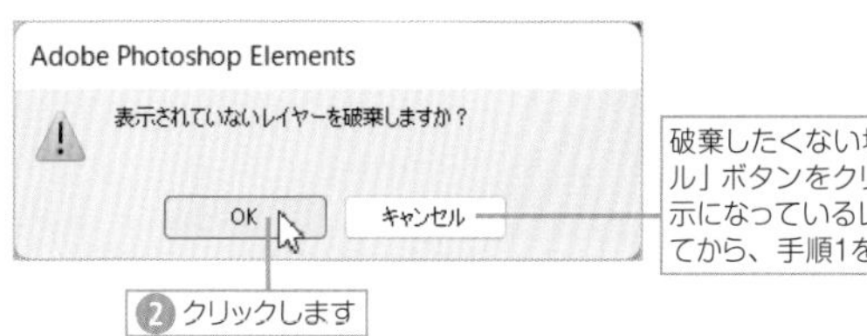

③ 背景として統合される

画像は透明部分を持たない「背景」レイヤーとして1枚に統合されます。

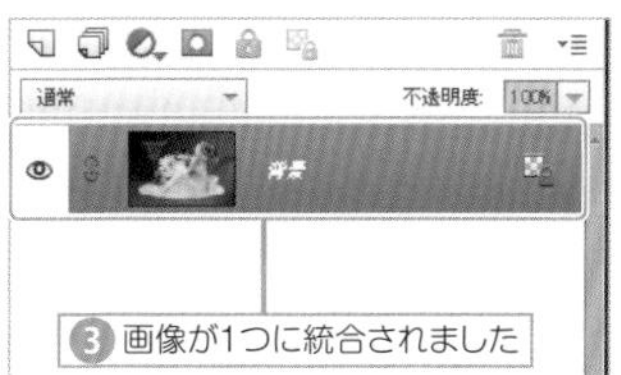

TIPS レイヤーを保持できない形式での保存

「ファイル」メニューの「Web用に保存」（27ページ参照）を選択した場合、レイヤーで構成される画像は、統合の操作を行わなくても、書き出される画像は1つのレイヤーの画像（PNGやJPEGなど）になります。
「ファイル」メニューの「別名で保存」でレイヤーを保持できないファイルの種類で保存する場合も同様です。

SECTION

5.3

使用頻度

不透明度、描画モード

不透明度と描画モードで合成しよう

不透明度をレイヤーパネルで設定すると、下のレイヤーが透過して見えるようになります。
描画モードは、設定したレイヤーと下のレイヤーが指定した描画モードで合成され、さまざまな合成パターンで画像をデザインすることができます。

レイヤーに不透明度を設定する

レイヤーに不透明度を設定すると、下にあるレイヤーの画像は透けて見えるようになります。不透明度の設定は、レイヤーパネルで行います。

100%で完全な不透明になり、画像が下のレイヤーを隠します。0%では完全な透明になり、下のレイヤーの画像が表示されます。

不透明度：100%

不透明度：50%

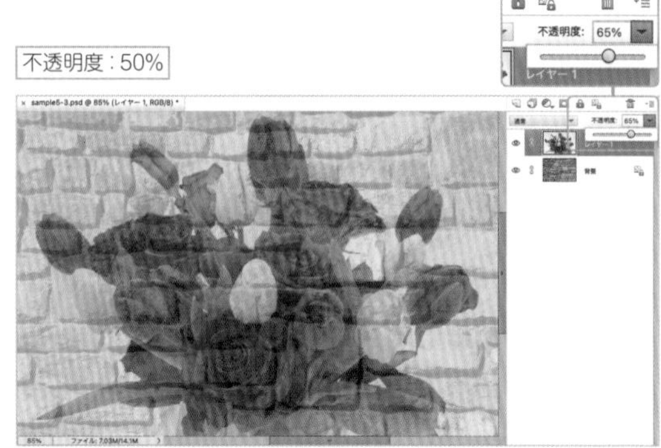

レイヤーの描画モード

重なったレイヤー同士の合成方法である描画モードの指定が可能です。レイヤーパネルのプルダウンメニューで描画モードを変更することができます。

選択したレイヤーでメニューから描画モードを選択すると、選択した描画モードの方式に従って、下のレイヤーのピクセルとの合成が行われます。

描画ツールで描画モードを使う場合、アクティブなレイヤーの中でのみ作用するのに対して、レイヤー同士の場合は、アクティブなレイヤーとその下にあるすべてのレイヤーに対しての合成方法として作用し、いつでも描画モードを変更することが可能です。

すべての描画モードの適用とその詳細については、294ページの一覧も参照してください。

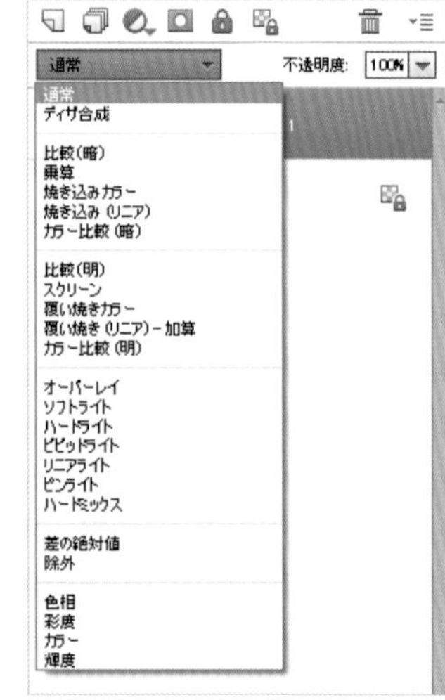

通常

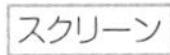

焼き込みカラー

ハードライト

差の絶対値

乗算

オーバーレイ

比較（明）

ハードミックス

色相

SECTION 5.4

使用頻度

「スタイル」ボタン、ドロップシャドウ、レイヤースタイルのコピー・ペースト

レイヤースタイルを適用してみよう

レイヤーパネルで適用したいレイヤーを選択し、「効果」パネルを表示します。カテゴリをメニューから選択し、効果アイコンをダブルクリックすると、選択中のレイヤーに適用されます。レイヤーパネルには、レイヤースタイルのアイコン fx が表示されます。

レイヤースタイルを適用する

1 レイヤーを選択する

レイヤースタイルを指定したいレイヤーをクリックして選択します。ここではテキストレイヤーを選択しています。

2 「効果」パネルで効果を適用する

ウィンドウ右下の**「スタイル」ボタン**をクリックし、「効果」パネルを表示します。
プルダウンメニューから**「ドロップシャドウ」**を選択します。
適用したい効果のアイコン（ハードエッジ）をクリックします。

3 効果が適用される

ドロップシャドウの効果が適用され、レイヤー名の右にレイヤースタイルアイコン fx が表示されます。

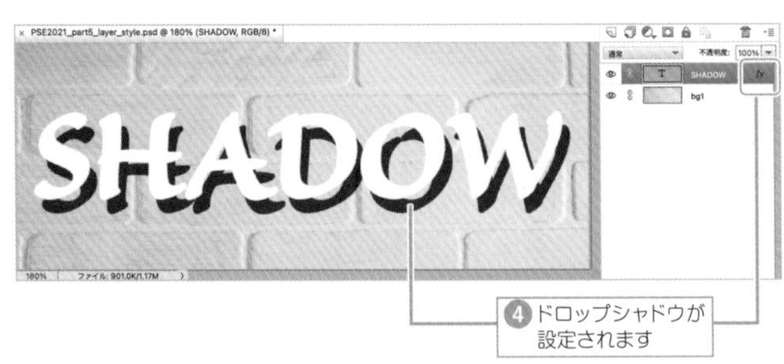

適用スタイルを変更する

レイヤーパネルでスタイルを設定したレイヤーの fx アイコンをダブルクリックします。「スタイル設定」ダイアログボックスで各項目の値を設定し、効果の適用度を調整することができます。

「スタイル設定」ダイアログボックスでは、「ドロップシャドウ」と「ベベル」といったように、複数のスタイルを同時に設定できます。

ドロップシャドウ

ドロップシャドウは、レイヤーオブジェクトの周囲に影をつけます。Webタイトルや印刷物のタイトルに効果的です。

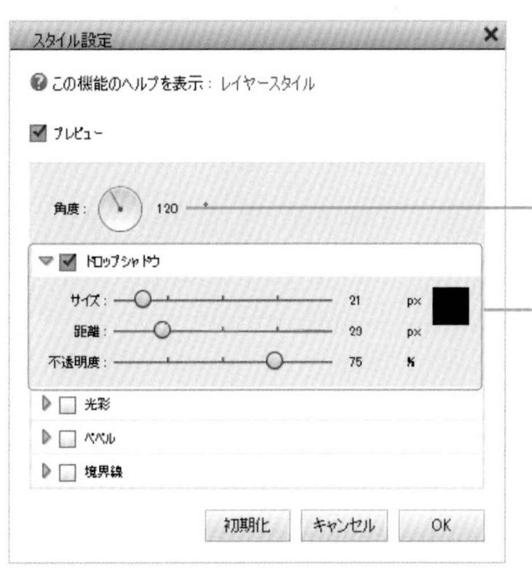

影の角度を指定します。

レイヤー画像とシャドウの距離、不透明度を設定します。

距離：5　距離：10

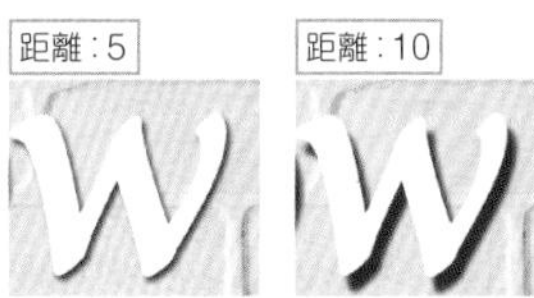

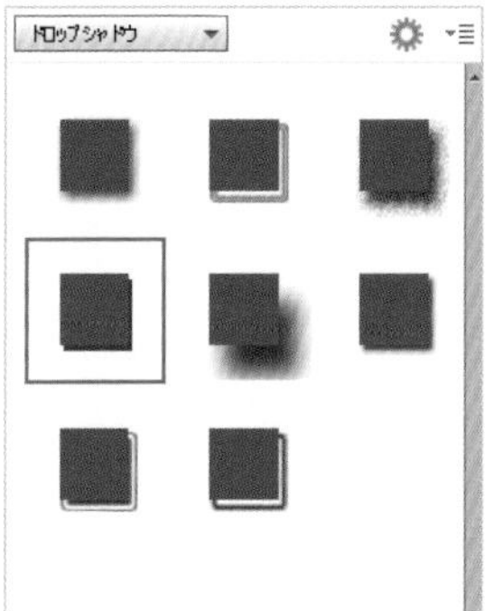

ソフトエッジ

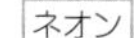

ネオン

ノイズ

ハードエッジ

高い

低い

塗り/輪郭

輪郭

TIPS レイヤースタイルの消去

「レイヤー」メニューの「レイヤースタイル」から「レイヤースタイルを消去」を選択すると、複数のレイヤースタイルを一度に消去することができます。

シャドウ(内側)

シャドウ（内側）は、画像の内部に影が進入したような効果です。文字の場合、文字の内部がくぼんだ形状効果を演出できます。

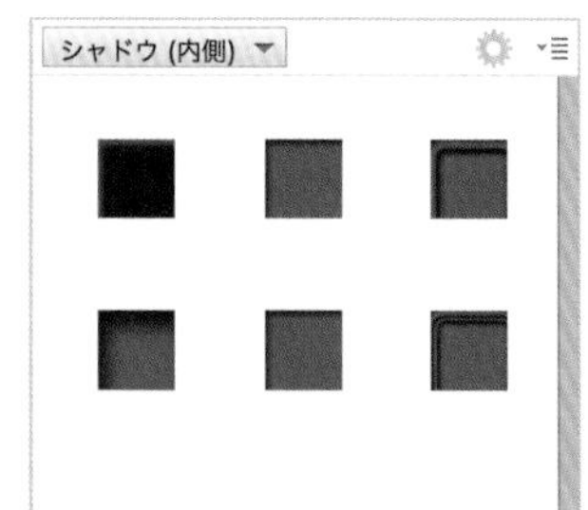

シャドウ（反転）

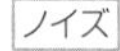

ノイズ

ノイズ（ストライプ）

高い

低い

隆線

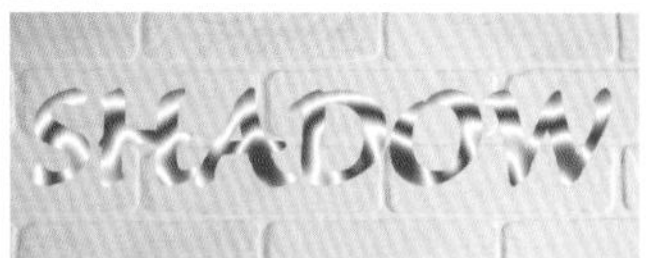

光彩(外側)

画像の外側をぼかして、後ろから光が射しているような効果を出します。エアブラシのような効果を出したい場合に使うと効果的です。

レイヤー画像と光彩の距離を設定します。

光彩の不透明度を設定します。

光彩 (外側)

ゴースト（青）

シンプル

ノイズ

炎

細い枠線

細い枠線（ノイズ）

太

太（ノイズ）

太い枠線

太い枠線（ノイズ）

放射状

光彩（内側）

画像の輪郭から内部をぼかします。

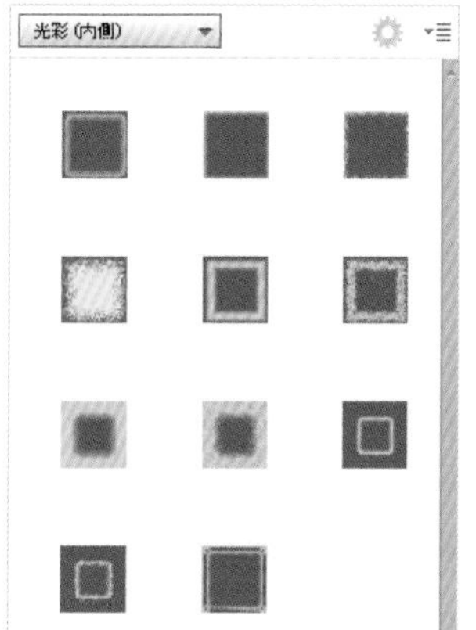

スタイル設定

この機能のヘルプを表示：レイヤースタイル

プレビュー

角度：120 °

ドロップシャドウ

光彩

内側

サイズ：2 px

不透明度：35 %

外側

サイズ：2 px

不透明度：35 %

ベベル

境界線

初期化　キャンセル　OK

レイヤー画像と光彩の距離を設定します。

光彩の不透明度を設定します。

ゴースト（青）

シンプル

シンプル（ノイズ）

炎

細い枠線

細い枠線（ノイズ）

太

太（ノイズ）

太い枠線

太い枠線（ノイズ）

放射状

ベベル

画像の一方にはハイライト、反対方向にはシャドウをあてた効果を出します。

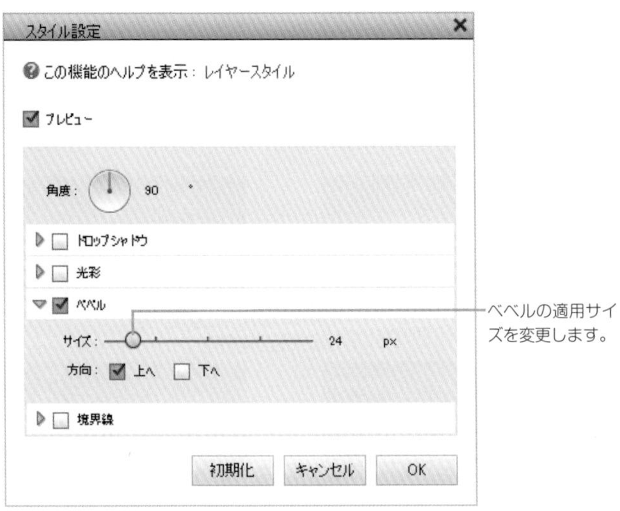

ベベルの適用サイズを変更します。

▶方向

ベベルの「方向」は、「上へ」「下へ」に設定できます。

ベベルの方向を設定します。

シンプル（エンボス）

シンプル（ピローエンボス）

シンプル（外側）

シンプル（内側）

シンプルシャープ（ピローエンボス）

シンプルシャープ（外側）

シンプルシャープ（内側）

メタリック

波形の縁

隆線（内側）

ストローク

画像や文字の輪郭を境界線で囲みます。サイズや色、不透明度を調整できます。

グラデーションの線（黒、グレー）

線（ピンク）5px

線（黒）06px

線（黒）20px

線（黒）40px

線（茶）5px

グラデーションの線（緑、青）

線（黒）02px

線（黒）10px

線（黒）30px

線（青）5px

線（緑）5px

可視性

レイヤーの元画像の表示／非表示を変更できます。画像に与えたレイヤースタイルの効果には影響を与えません。「ゴースト」はレイヤー画像を50%の不透明度で表示します。

なお、このスタイルは「スタイル設定」ダイアログボックスでの調整はできません。

その他のスタイル

スタイルパネルのメニューから「ガラスボタン」「クロム」「ストローク」「ネオン」「パターン」「プラスチック」「写真効果」「画像効果」「複合スタイル」では、さまざまなスタイルをレイヤーに適用することができます。効果パネルには絵画風にタッチ効果を与えるスタイルもあります。

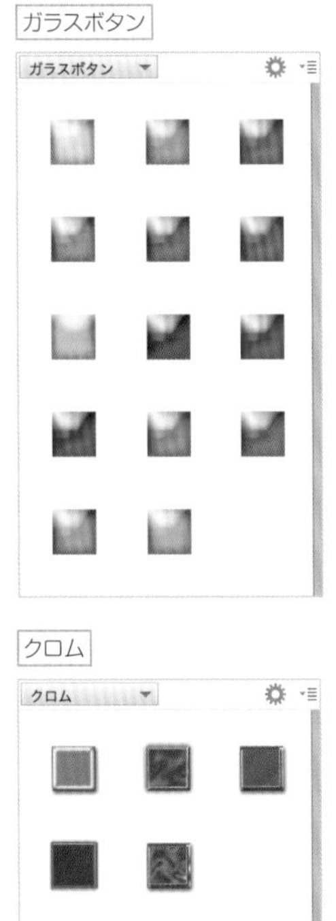

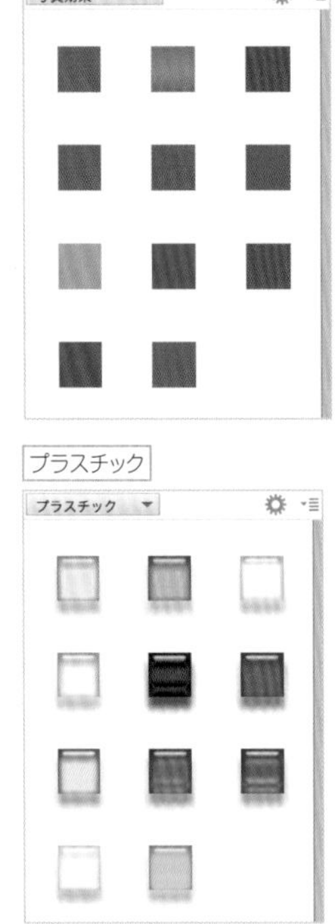

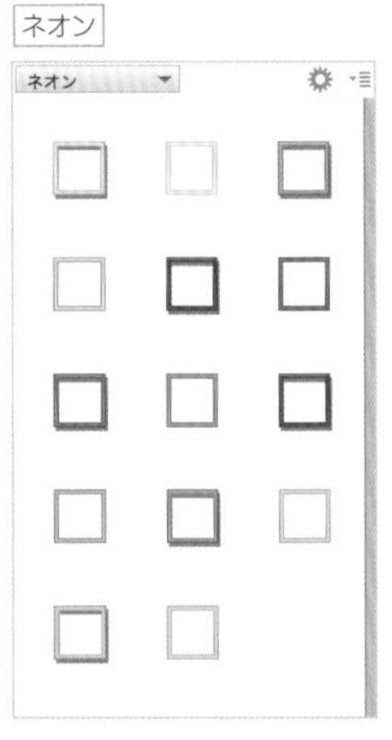

レイヤースタイルのコピー&ペースト

設定したレイヤー効果は、スタイルだけをコピーして他のレイヤーにペーストし適用できます。

① 「レイヤースタイルをコピー」を選択

コピーしたいスタイルが適用されているレイヤーを選択し、「レイヤー」メニューの「レイヤースタイル」のサブメニューから「**レイヤースタイルをコピー**」を選択します。

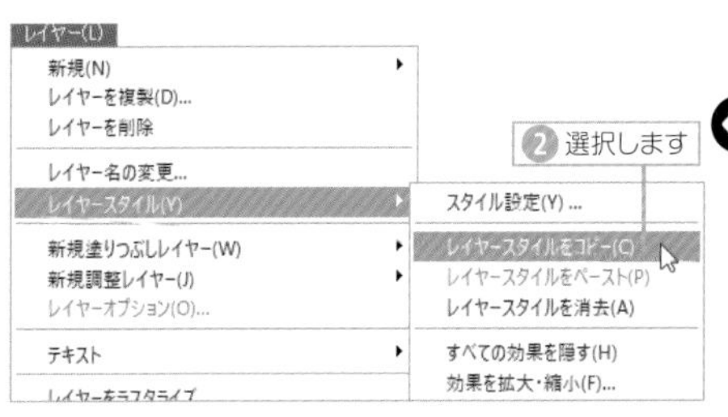

② レイヤースタイルをペーストする

別の画像を開き、「レイヤー」メニューの「レイヤースタイル」のサブメニューから「**レイヤースタイルをペースト**」を選択します。

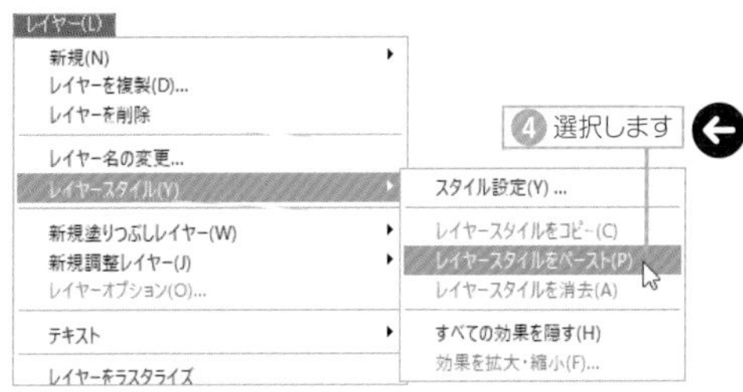

③ レイヤースタイルが適用された

別の画像のテキストレイヤーにレイヤースタイルが適用されました。

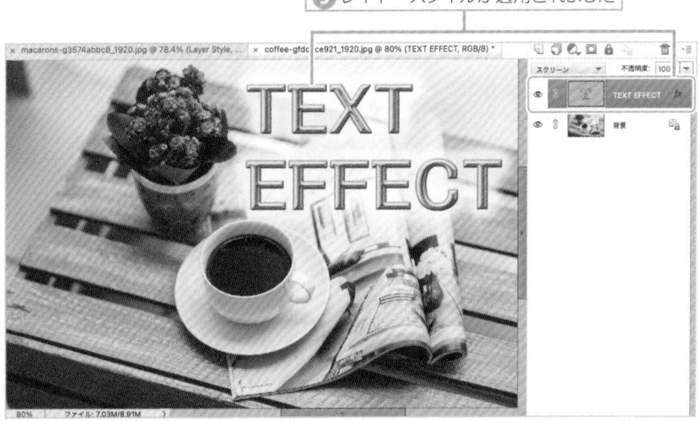

レイヤースタイルを隠す・消去

レイヤーに適用したスタイルは、いつでも効果だけを非表示にしたり、消去することができます。

適用したレイヤーを選択し、「レイヤー」メニューの「レイヤースタイル」から「**すべての効果を隠す**」で、すべてのレイヤーの効果が非表示になります。

効果を適用したレイヤーを選択し、「レイヤー」メニューの「レイヤースタイル」から「**レイヤースタイルを消去**」で、設定した効果がなくなります。

スタイルのあるレイヤーを右クリックし、「レイヤースタイルを消去」を選択する方法もあります。

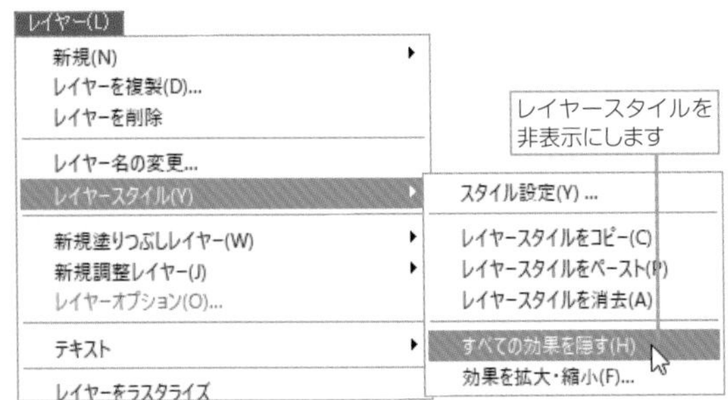

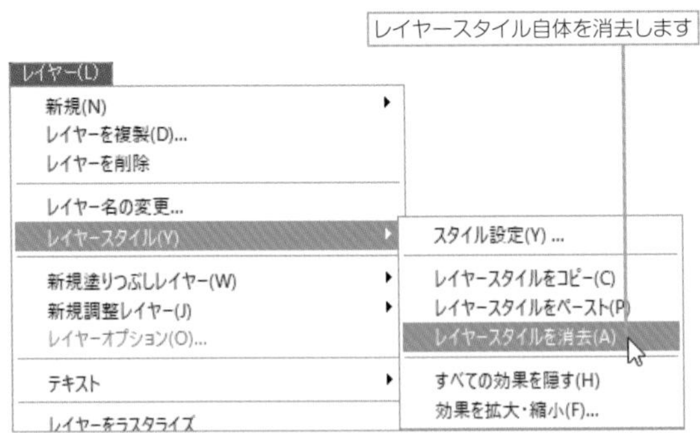

レイヤー効果を拡大・縮小

レイヤーに適用した効果を、複数同時に%指定して拡大・縮小を行えます。「レイヤー」メニューの「レイヤースタイル」から「**効果を拡大・縮小**」を選択します。

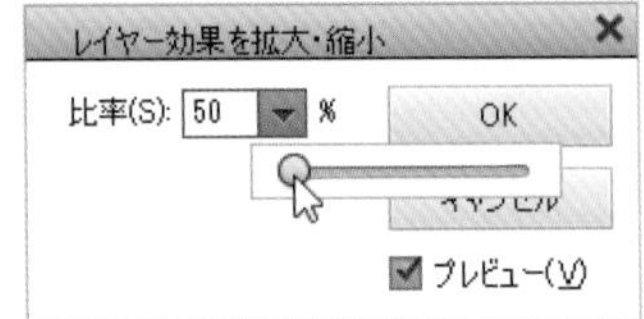

グラフィックパネル

グラフィックパネルには、あらかじめ背景、フレーム、グラフィック、図形、テキストなどのスタイルが用意されています。プルダウンメニューの「種類」から適用するアイテムを選んで適用することができます。

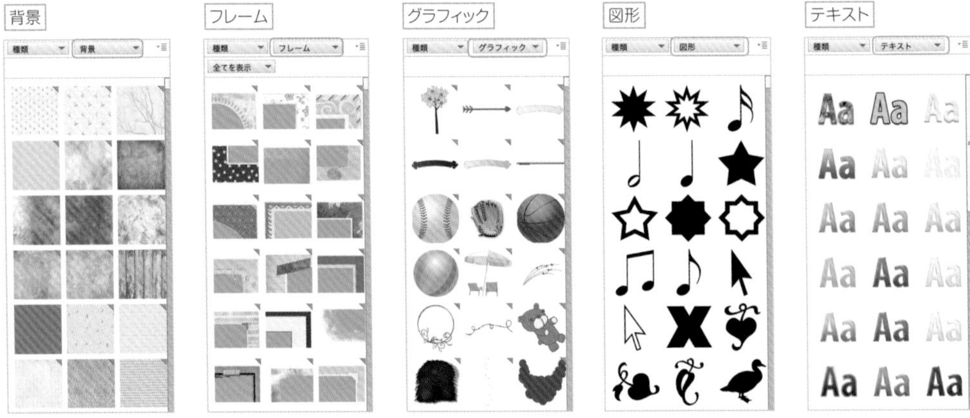

SECTION
5.5

使用頻度

塗りつぶしレイヤー、べた塗り、グラデーション、パターン

塗りつぶしレイヤーで塗ってみよう

単色、グラデーション、パターンで塗りつぶしたレイヤーを作成することができます。レイヤーとして塗りを作成すると、表示・非表示、ロック、削除などを簡単に行えます。また、レイヤーマスクも同時に作成されるので、塗りの適用度合いも自由に操ることができます。

塗りつぶしレイヤーを作成する

レイヤーパネルの「**塗りつぶしまたは調整レイヤーを新規作成**」ボタンをクリックすると、メニューが表示されます。ここには218ページで解説する調整レイヤーのほかに、「べた塗り」「グラデーション」「パターン」の3つの塗りつぶしレイヤーを作成するコマンドがあります。

ここでは、新たな単色で塗りつぶすべた塗りレイヤーを作成してみます。

1 「べた塗り」を選択する

べた塗りは選択しているレイヤーの上に適用されます。適用したい下のレイヤーを選択し、「塗りつぶしまたは調整レイヤーを新規作成」ボタンをクリックし「**べた塗り**」を選択します。

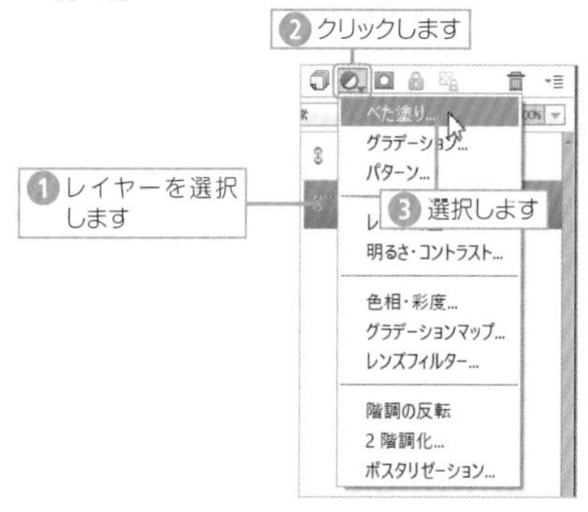

POINT

このサンプルでは、レイヤーを複製し、そのレイヤーの山と空の部分を削除して抜いています。
下の画像の上にべた塗りレイヤーをつくると、山と空の部分だけが塗りつぶされた効果が得られます。

2 色を指定する

ベタ塗りの色を選択するダイアログボックスが開くので、カラーピッカーでべた塗りの色を指定します。

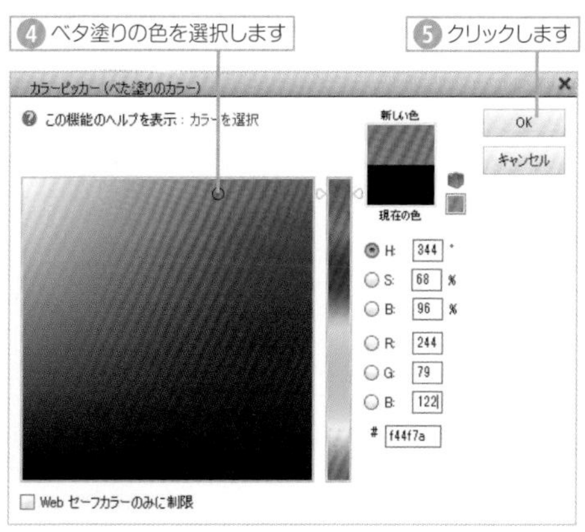

③ ベタ塗りレイヤーが作成される

べた塗りレイヤーが作成されました。
ここでは選択範囲を作成しないで適用したので、レイヤーマスクサムネールのアイコンは白のままです。選択範囲を作成して適用すると、レイヤーマスクサムネールは選択範囲のアイコンになります。

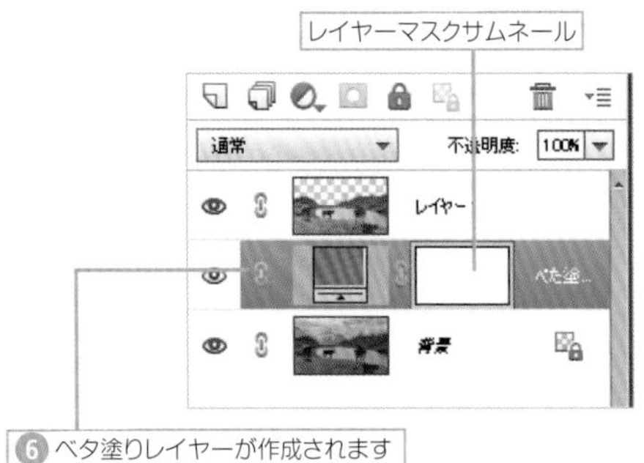

塗りつぶしの色を変更するには

塗りつぶしの色を変更したい場合には、レイヤーサムネールをダブルクリックして、カラーピッカーで変更色を選択します。

① レイヤーサムネールをダブルクリック

「べた塗り 1」のレイヤーサムネールをダブルクリックします。

② 色を指定する

「カラーピッカー (べた塗りのカラー)」ダイアログボックスで、変更する色を指定します。

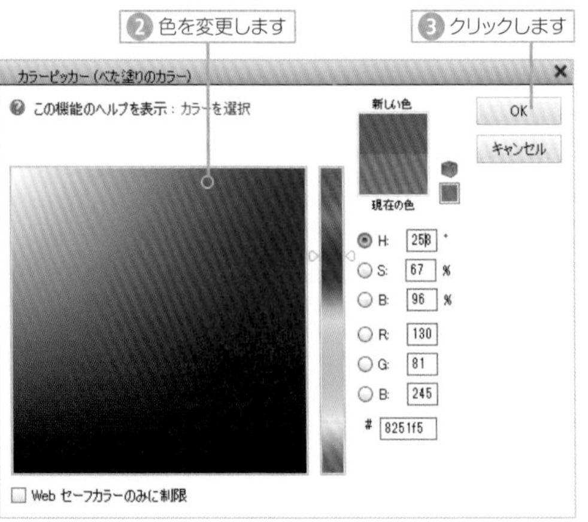

③ レイヤーの色が変わる

べた塗りレイヤーの色が変更されました。

❹ べた塗りのレイヤーの色が変わりました

レイヤーマスクを操作する

新たに作成された塗りつぶしレイヤーには、レイヤーマスクサムネールが表示されています。塗りつぶしレイヤーを選択した状態では、グラデーションやブラシなどでレイヤー内をマスク範囲とし、塗りの適用度を変更することができます。

① レイヤーマスクを編集可能な状態にする

レイヤーマスクサムネールをクリックし、レイヤーマスクを編集可能な状態（アクティブ）にします。

❶ クリックします

② グラデーションを作成する

ツールボックスからグラデーションツールを選択し、画面上をドラッグしてグラデーションを作成します。

❷ グラデーションツールを選択します

❸ グラデーションの方向にドラッグします

③ レイヤーマスクができる

グラデーションのレイヤーマスクが作成されました。

POINT

グラデーションの作成については205ページを参照してください。

CHAPTER 5 レイヤーを使って画像を合成しよう

グラデーションの調整レイヤー

レイヤーパネルの「塗りつぶしまたは調整レイヤーを新規作成」ボタンをクリックして「グラデーション」を選択し、グラデーションで塗りつぶしたレイヤーを作成することができます。

① 塗りつぶしレイヤー作成ボタンをクリック

レイヤーパネルの「塗りつぶしまたは調整レイヤーを新規作成」ボタンをクリックして「グラデーション」を選択します。

POINT

グラデーションを変更したい場合には、レイヤーサムネールをダブルクリックしてグラデーションを選択します。グラデーションの作成については205ページを参照してください。

② グラデーションの詳細を指定

「グラデーションで塗りつぶし」ダイアログボックスで、グラデーションの詳細を指定します。

③ グラデーションレイヤーが作成された

グラデーションで塗りつぶしたレイヤーを作成することができます。

TIPS **レイヤー内容の変更**

作成した塗りつぶしや調整レイヤーの設定値を変更したい場合、塗りつぶしや調整レイヤーのレイヤーサムネールをダブルクリックします。または、「レイヤー」メニューの「レイヤーオプション」を選択します。
この操作では、グラデーションレイヤーの場合はパターンを、調整レイヤーの場合は設定値を変更することができます。
レイヤーの種類を変更することはできないので、塗りつぶしや調整レイヤーを削除して、新たに別の調整レイヤーを作成してください。

パターンの塗りつぶし

レイヤーパネルの「塗りつぶしまたは調整レイヤーを新規作成」ボタンをクリックして「パターン」を選択し、パターンで塗りつぶしたレイヤーを作成することができます。

① 塗りつぶしレイヤー作成ボタンをクリック

パネルの「塗りつぶしまたは調整レイヤーを新規作成」ボタンをクリックして「パターン」を選択します。

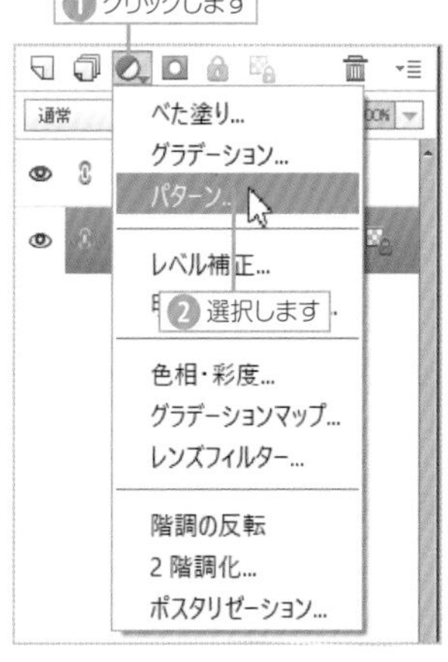

② 塗りつぶすパターンの詳細を指定

「パターンで塗りつぶし」ダイアログボックスで塗りつぶすパターンの詳細を指定し、「OK」ボタンをクリックします。
パターンで塗りつぶしたレイヤーを作成することができます。

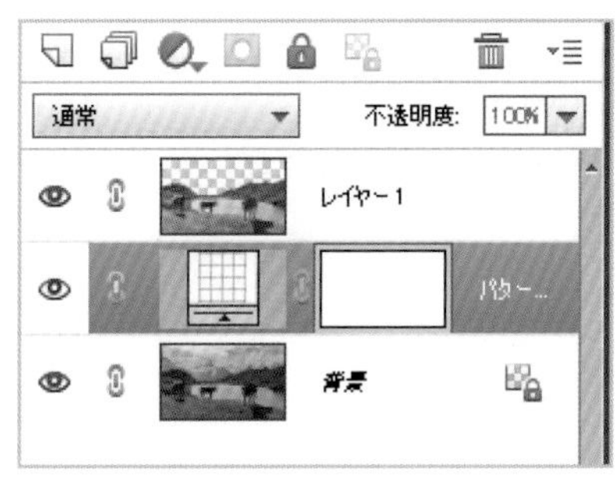

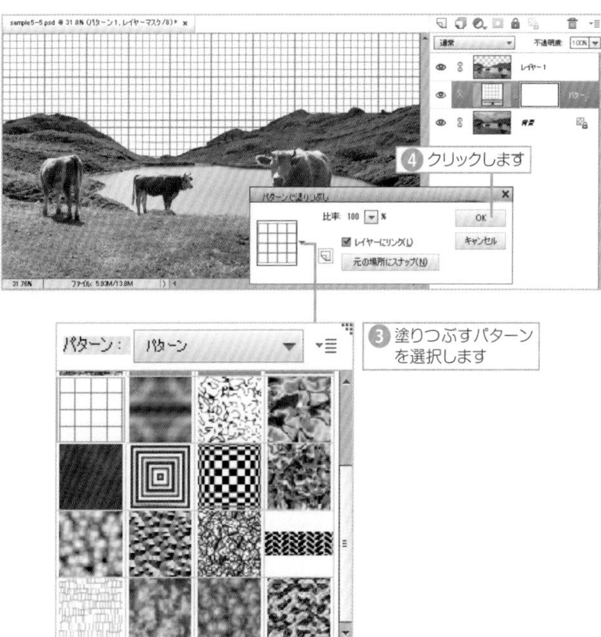

SECTION
5.6

拡大・縮小、回転、ワープ、ゆがみ、反転

レイヤーの画像を変形しよう

使用頻度

レイヤー内の画像は、回転、拡大・縮小、変形などの操作を行えます。また、各レイヤー間の画像を端に整列させたり、等間隔に並べることができます。

レイヤーの画像を拡大・縮小する

レイヤー上の画像を拡大・縮小するには、バウンディングボックスを使うと手早く行えます。

① レイヤーを選択する

レイヤーパネルでレイヤーを選択します。

② バウンディングボックスを表示

移動ツールのツールオプションで「**バウンディングボックスを表示**」をチェックします。
「ロールオーバーにハイライトを表示」にチェックすると、画像にマウスを合わせたときにレイヤーが青くハイライト表示されます。

③ ハンドルをドラッグ

バウンディングボックスが表示されるので、四隅か辺の真ん中の**ハンドルをドラッグして拡大・縮小**します。
バウンディングボックスをクリックすると、ツールオプションは変形用に変わるので、ここで変形の原点や正確なサイズを指定することができます。

④ Enterキーで確定

Enterキーを押すかボタンをクリックすると、拡大・縮小が確定されます。
グループやリンクレイヤーの複数のオブジェクトも同時に変形することができます。
選択範囲がある場合は選択範囲だけを変形できます。

POINT

Shiftキーを押しながらドラッグすると元画像の天地左右の比率を保った拡大・縮小が行えます。

TIPS 「自由変形」コマンドを使う

「イメージ」メニューの「変形」から「自由変形」(Ctrl+T)を選択すると、画像範囲に8箇所のハンドルと境界線が表示されます。ハンドルをドラッグして拡大・縮小を行います。
拡大・縮小後に、画像内をダブルクリックするかEnterキーを押すと確定し、ハンドルと境界線が消えます。確定前に⊘キーをクリックすると元の大きさに戻ります。

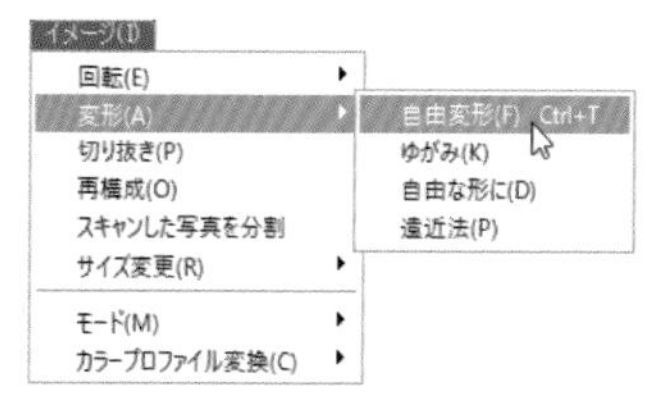

レイヤーの画像を回転する

レイヤー内の画像の回転も、拡大・縮小と同様にバウンディングボックスを利用して行うことができます。

1 バウンディングボックスを表示

回転させるレイヤーを選択し、ツールオプションの「バウンディングボックスを表示」をチェックします。ハンドルの少し外側にカーソルをもっていくと回転ハンドルが表示されます。

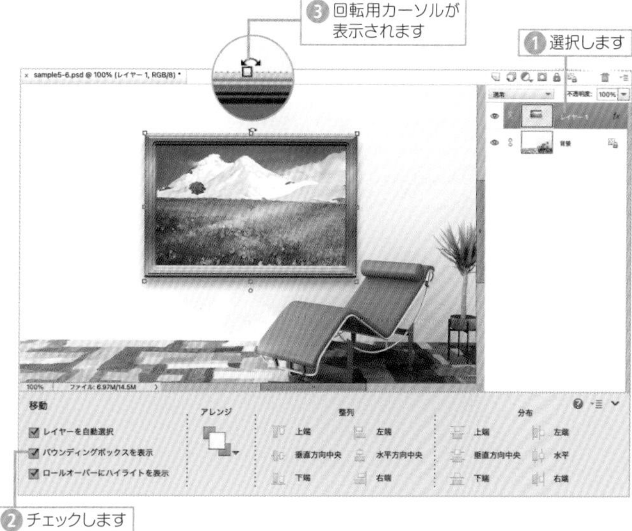

TIPS 回転ハンドルを使う

バウンディングボックスの下中央の回転ハンドルをドラッグしても図形を回転できます。

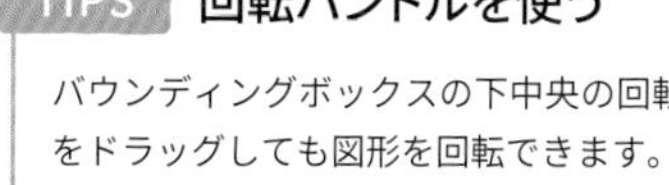

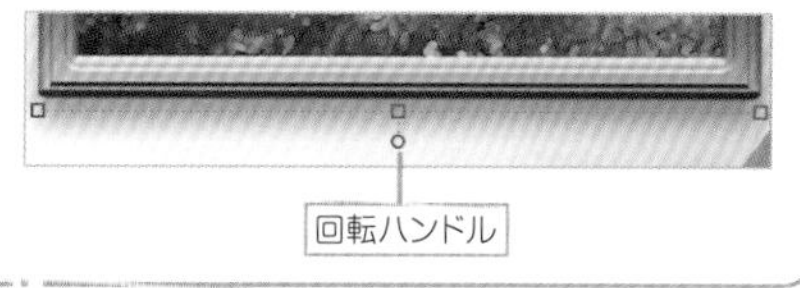

2 回転ハンドルをドラッグ

ハンドルをドラッグするかツールオプションで角度を数値指定して回転を行います。
Enterキーを押すか、ツールオプションの「変形を確定」ボタン✔をクリックして回転を確定します。

TIPS 15°単位で回転させる

Shiftキーを押しながらドラッグすると15°単位に回転の角度が制限されます。

▶回転の原点を変更する

初期設定では回転の原点は中央に設定されますが、ツールオプションで変更することができます。

① 原点を変更する

通常、変形の原点マーク◇はバウンディングボックスの中心に表示されています。
「イメージ」メニューの「変形」から「自由変形」(Ctrl+T)を選ぶと、ツールオプションが変形用に変わります。
ツールオプションに**基準点を設定できるボックス**が表示されるので、クリックして変形の原点を指定します。

TIPS 90°、180°回転させる

「イメージ」メニューの「回転」のサブメニューには「180°回転」「90°回転(時計回り)」「90°回転(反時計回り)」コマンドがあります。

② 原点が移動したことを確かめる

画像のハンドルをドラッグして回転させると、位置を変更した原点を中心に回転します。
回転した位置でよければ確定ボタン✓をクリックします。

レイヤーの画像をワープさせる

① 「ワープ」を選択する

「イメージ」メニューの「変形」から「ワープ」を選びます。
または、ツールオプションの「ワープ」ボタンをクリックして、メッシュを変形させてレイヤー画像を変形させることができます。

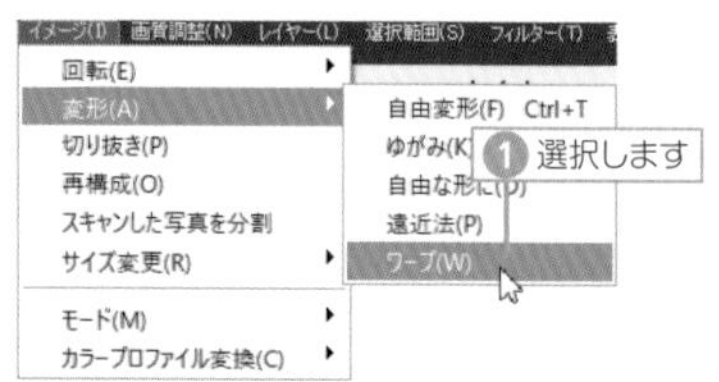

② メッシュを変形する

ワープのメッシュがレイヤー画像に表示されます。メッシュ内のハンドルをドラッグするか、ツールオプションのワープの種類を選ぶメニューから選択すると変形されます。
よければ確定ボタン✔をクリックします。

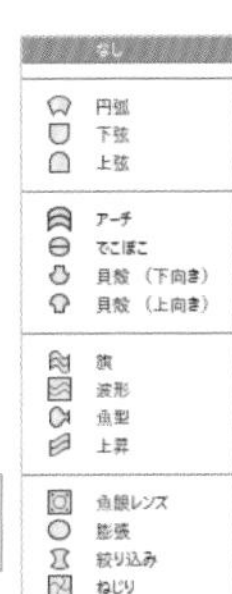

ツールオプションのメニューから形状を選択できます

レイヤーの画像をゆがめる

① 「ゆがみ」を選択する

レイヤー内の画像をゆがめるには、「イメージ」メニューの「変形」から「**ゆがみ**」を選択します。
または、バウンディングボックスをクリックすると、ツールオプションが変形用に変わるので、ゆがみツールを選択します。
四辺の中央のハンドルをドラッグすると、辺が水平・垂直方向に移動します。

① 中央のハンドルをドラッグします

ここでも選択できます

② 辺を水平・垂直方向へ移動する

コーナーのハンドルをドラッグするとコーナーだけを水平・垂直方向に移動できます。

TIPS 画像の中心を対称にゆがめる

Alt キーを押しながらドラッグすると、画像の原点を軸として対称にゆがめられます。

POINT

バウンディングボックスで行う場合は、Ctrl + Shift キーを押しながらハンドルをドラッグします。

レイヤーの画像を自由変形させる

① ハンドルを任意の位置へ移動する

レイヤー内の画像を自由な形にするには、「イメージ」メニューの「変形」から「**自由な形に**」を選択します。ハンドルをドラッグすると、任意の位置に移動して自由な形にすることができます。

TIPS 画像の中心を対称にゆがめる

バウンディングボックスを表示した状態で、Altキーと Ctrlキーを押しながらドラッグすると、画像の原点を軸として対称にゆがめることができます。

遠近法

① 辺の左右または上下を対称に変形する

レイヤー内の画像の四辺のいずれかを縮小・拡大して遠近法のように見せるには、「イメージ」メニューの「変形」から「**遠近法**」を選択します。
ハンドルをドラッグすると、各辺が左右あるいは上下で対称に変形します。

POINT

バウンディングボックスで行う場合は、Ctrl+Shift+Altキーを押しながらハンドルをドラッグします。

レイヤーの画像を反転する

レイヤー内の画像を反転するには、「イメージ」メニューの「回転」から「**レイヤーを左右に反転**」か「**レイヤーを上下に反転**」を選択します。

レイヤーを左右に反転

レイヤーを上下に反転

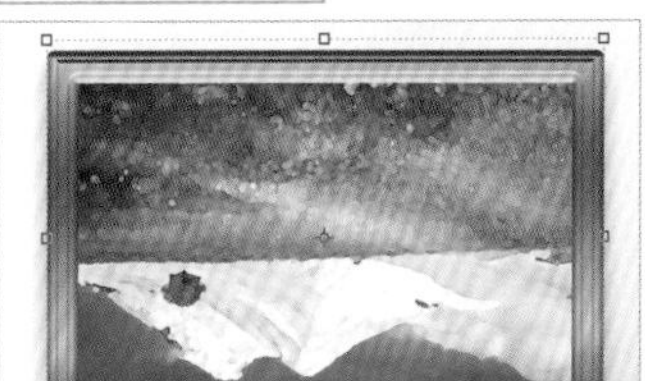

ハンドルを対向ハンドルの向こう側にドラッグして、任意の幅で反転することができます。

ドラッグで反対方向に反転

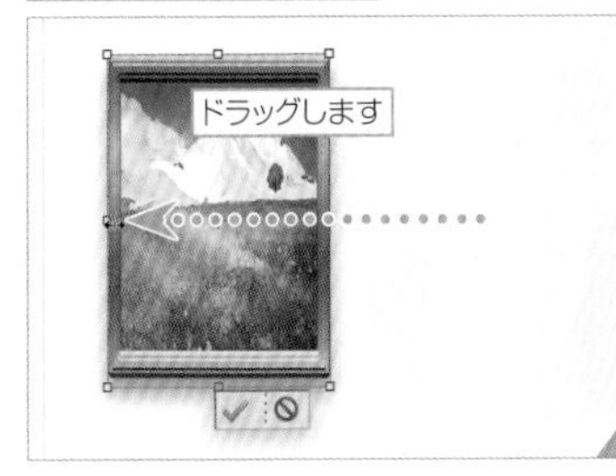

画像全体の回転・反転

レイヤー、チャンネルを含めた画像全体を回転・反転するには、「イメージ」メニューの「**回転**」のサブメニューから選択して行います。

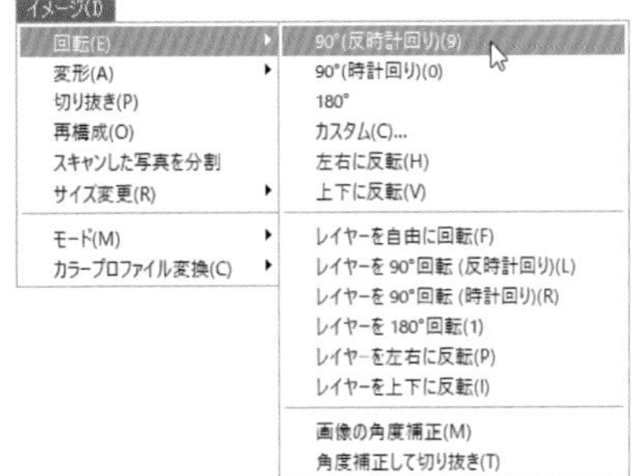

TIPS **角度補正ツール**

角度補正ツールを使うと、基準となる水平線・垂直線をドラッグして描画し、画像角度の補正ができます。
ツールオプションでは、回転した画像のカンバスサイズの扱いを選択することができます。
水平・垂直にしたい基準方向にドラッグします。
補正後の画像の大きさの扱いは、ツールオプションで選択することができます。

水平にしたい基準線の方向にドラッグします

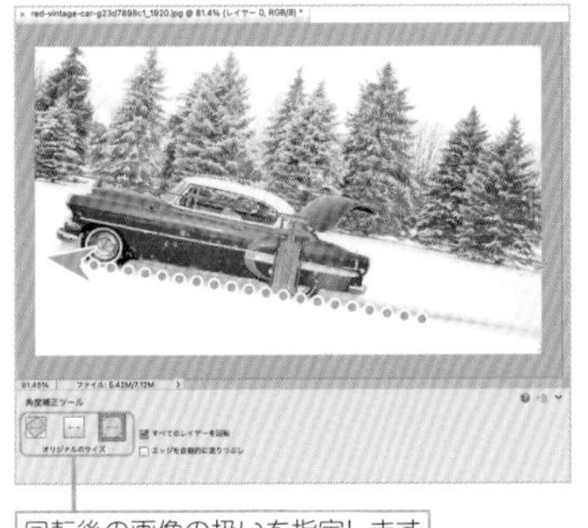

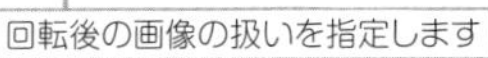

回転後の画像の扱いを指定します

水平になる

SECTION
5.7

使用頻度

クリッピングマスク

クリッピングマスクを活用しよう

複数のレイヤーをグループ化して、上にある画像のマスクとして使うことができます。マスクはシェイプ、テキストレイヤーなどを使用し、あとから形状やフォントを変更できるので、切り抜きの修正が簡単です。

1 レイヤーの境界線をクリックする

レイヤーとレイヤーの間の境界線上でAlt（Macはoption）キーを押して、カーソルが↓□になったらクリックします。

POINT

調整レイヤーをマスクすることもできます。

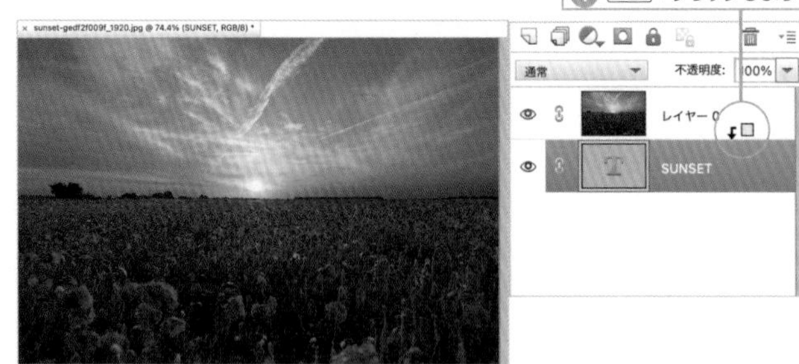

2 クリッピングマスクができる

下にあるレイヤーとグループ化され、**下の画像の透明部分（文字の外側）が上の画像のマスク**として作用します。

下のベースレイヤーにはアンダーラインが、上のマスクされたレイヤーサムネールは右に寄り、↓□アイコンが表示されます。

右の例では、下の文字レイヤー上にある風景の画像に対するクリッピングマスクとなっています。

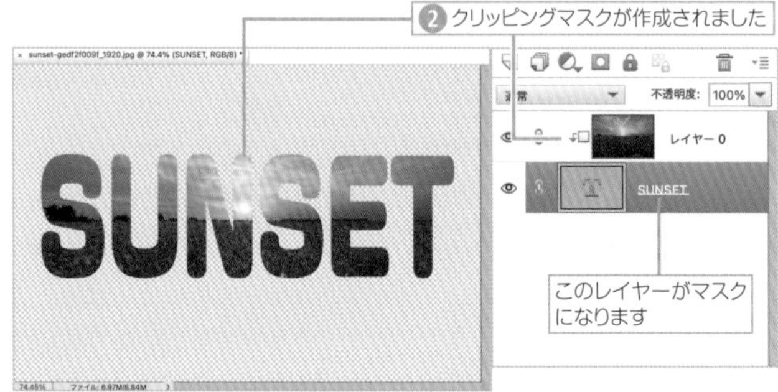

POINT

レイヤーパネルでレイヤーを選択し、「レイヤー」メニューの「クリッピングマスクを作成」（Ctrl+G）を選択してもクリッピングマスクを作成することができます。

▶ クリッピングマスクをリンクする

クリッピングマスクを作成すると、レイヤー同士がリンクされていないので、個別の画像を自由に移動させることができます。

クリッピングマスクをドラッグして複数のレイヤーの画像が移動できるようにするには、**リンクボタン**をクリックしてリンクしておきます。

クリックして選択したレイヤーをリンクします

TIPS 複数レイヤーでクリッピングマスクを作成する

テキスト、シェイプ、画像レイヤーを下の円形のシェイプレイヤーでマスクします。また、調整レイヤーもマスクすることができます。それぞれのレイヤーを作成したら Alt キーを押しながらレイヤー間をクリックして、円形シェイプレイヤーの上のそれぞれのレイヤーをクリッピングします。

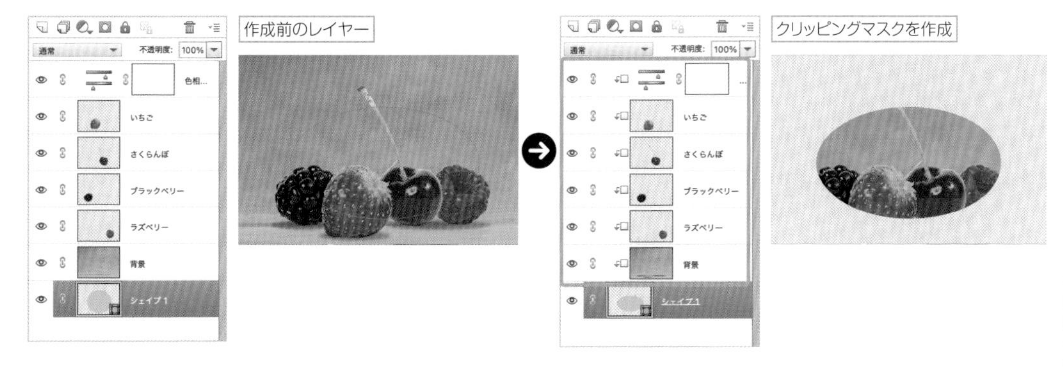

レイヤーの整列・分布

移動ツールで連続した複数のレイヤーを選択すると、ツールオプションでレイヤー内の画像などを整列させたり均等に分布させることができます。

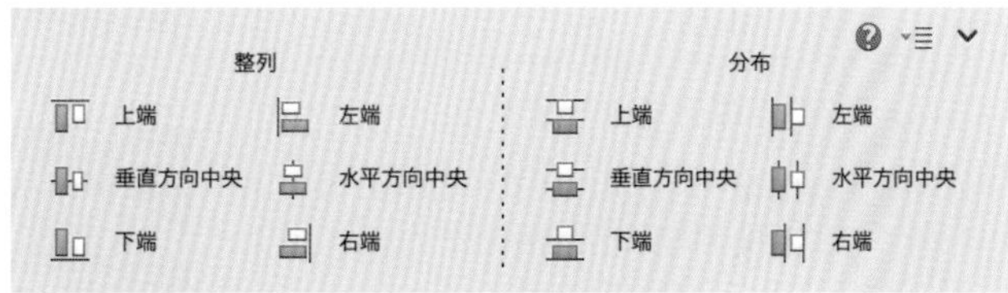

元画像

整列　上端

分布　左端

CHAPTER 5　レイヤーを使って画像を合成しよう

Photomerge Panorama

SECTION 5.8

使用頻度

パノラマを作成してみよう

ガイドモードのPhotomergeを使うと、複数の画像を1枚の画像に合成することができます。パノラマ写真や複数の写真を結合した画像を作成することができます。

Photomergeを適用する

Photomergeを適用するには、元となる画像を用意します。それぞれの画像は、少しずつ重なり合っている必要があります。ただし重なり合った部分が少ない場合は、Photomergeによる合成がうまくいかないこともあります。ここでは、下のような5枚に分けて撮影した画像をPhotomergeを使って合成してみます。

1 Photomerge Panoramaを選択

パノラマを作成したい複数の画像を開きます。ガイドモードで「Photomerge」カテゴリの「Photomerge Panorama」をクリックします。

2 パノラマの作成方法を指定する

「Photomerge」の設定パネルが右に表示されます。パノラマの作成方法をメニューから選択します。ここでは「自動パノラマ」を選択しています。「設定」の▶をクリックするとオプションを指定できます。ここでは「画像を合成」にチェックします。「パノラマを作成」をクリックします。

POINT

「パノラマ設定」のメニューでは、「自動」「遠近法」「円筒法」「球面法」「コラージュ」「位置の変更」を選択できます。「遠近法」はワイドレンズで見たような効果がでます。

③ パノラマが作成される

パノラマを作成する処理が始まります。
複数の画像を分析して、つながった写真に見えるように配置された画像のダイアログボックスが表示されます。
「エッジを消去」ダイアログボックスが表示されるので、「はい」を選択すると、パノラマの端を自動的に塗りつぶしてくれます。

POINT

それぞれの画像は、各レイヤーに配置され、レイヤーの画像を動かして調整することが可能です。

④ 保存や配信を指定する

パノラマが新しいウィンドウに作成されます。右のパネルでは、保存、編集、配信などの処理ができるので、いずれかを選び、画像の保存や配信を行ないます。

TIPS その他のPhotomergeによる画像合成

ガイドモードの「Photomerge」には「Photomerge Compose」「Photomerge Exposure」「Photomerge Faces」「Photomerge Group Shot」「Photomerge Scene Cleaner」「Photomerge Panorama」の6項目があります。
Photomerge Composeは写真のオブジェクトを抽出し他の写真に合成します。
Photomerge Exposureは露出の異なる写真を合成し最適な露光量の写真を合成します。
Photomerge Group Shotは、複数の写真からエリアを指定して合成することができます。「元の画像」で「最終」に合成したい写真部分を鉛筆ツールでドラッグしてエリア指定します。
Photomerge Facesは、顔のパーツを組み合わせてフェイスコラージュを作成することができます。「元の画像」で「最終」にしたい顔の部分のパーツを鉛筆ツールでドラッグしてエリア指定すると、自動的に写真を合成します。
Photomerge Scene Cleanerは、同じシーンの写真が数枚あれば、通行人や車など写真に入り込んでしまった不要なものをブラシでなぞるだけで削除します。

Photomerge Compose

TIPS アクションパネル

Elements Editorの「ウィンドウ」メニューから「アクション」を選択して表示されるアクションパネルには、画像に境界線を追加したり、画像を特定のサイズに変更する、画像を特定のトーンに変更するなど、複数の操作を1つのコマンドとしてまとめたアクションが登録されています。

Photoshopなどにもアクションパネルがあり、ユーザーは自由に複数の操作をアクションとして登録して使うことができますが、Elements Editorのアクションはあらかじめ登録されているものしか使うことができません。

アクションの読み込みもパネルメニューから「アクションの読み込み」を選択して行なえますが、アクションの保存ができないのでカスタマイズして使うことができません。

アクションを実行するには、利用したいアクションを選択し、パネル上部の再生ボタンをクリックします。

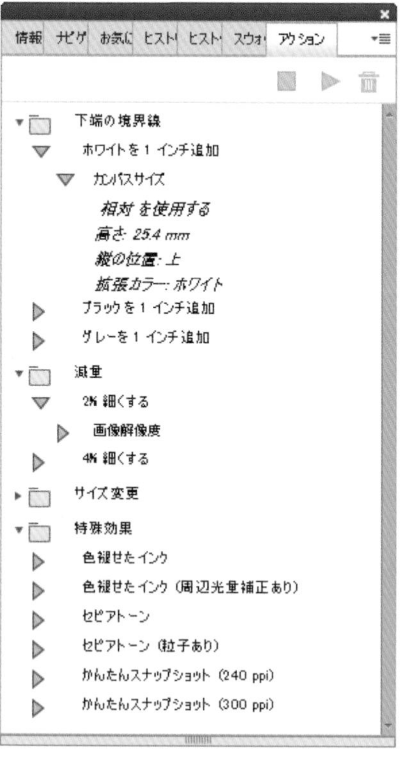

CHAPTER

6

テキスト・シェイプレイヤーを使いこなそう

テキストを入力してロゴのデザインを、シェイプを作成して形状のデザインを作成してみましょう。テキストやシェイプは作成するとレイヤーになり、通常のレイヤーと同じように描画モードや効果を適用できます。

SECTION 6.1

使用頻度

文字ツール、横書き、縦書き

テキストを入力してみよう

Elements Editorでは画像を合成するだけでなく、写真上にテキストを入力してWebページやSNS等に使用するロゴをデザインすることができます。テキストの入力には文字ツールを使用し、入力した文字は後から大きさや色、効果の変更が可能です。

文字を入力する

横書き文字ツールTを使って文字入力してみます。書体、サイズ、カラー等はツールオプションで指定します。

1 横書き文字ツールTを選択する

エキスパートモードで、ツールボックスから横書き文字ツールTをクリックして選択します。

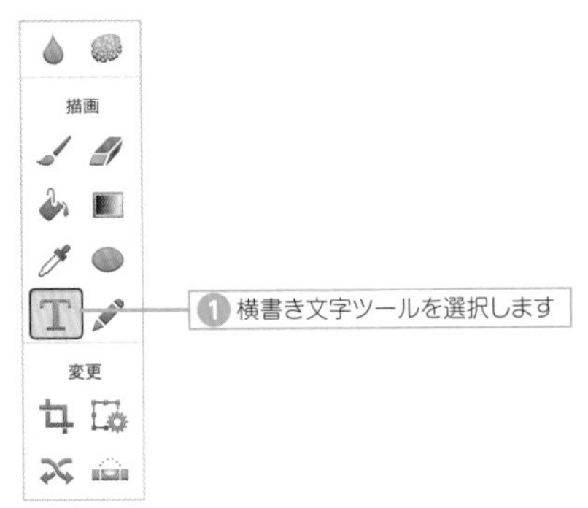

TIPS 入力される文字の色

入力される文字の色は、ツールオプションとツールボックスの「描画色」で設定されている色です。

2 テキストの入力開始位置でクリックする

ウィンドウ内のテキストの入力を開始したい位置でクリックします。
Photoshop Elementsではクリックした位置に直接テキストを入力することができます。

3 テキストの書式を設定する

ツールオプションが、書式やカラーなどを設定できるテキスト用に変わるので、ここでフォント、スタイル、サイズ、カラー、行揃えなどの設定を行います（165ページ参照）。

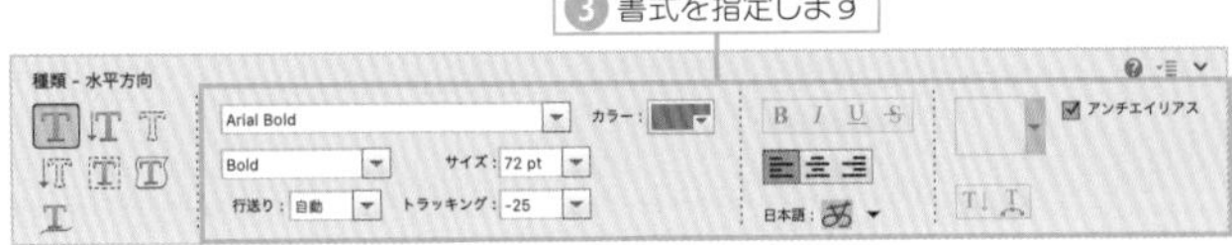

④ テキストレイヤーが作成される

横書き文字ツール[T]で画像上をクリックした時点で、新たなテキストレイヤーが作成されます。

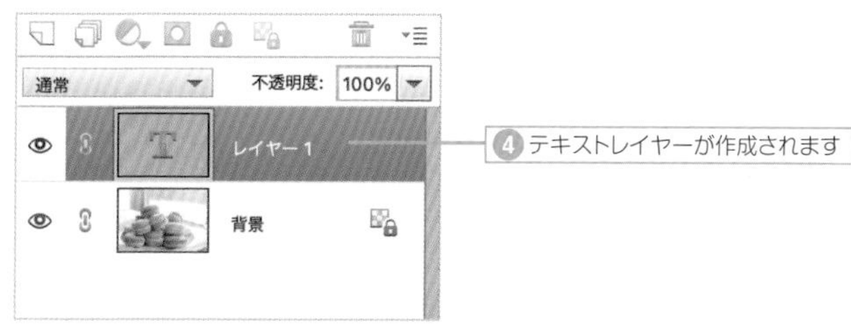

⑤ テキストを入力して確定する

テキストを入力したらツールオプションの「確定」ボタン✓をクリックするかテンキーの[Enter]キーを押して確定します。
「キャンセル」ボタン⊘をクリックすると入力はキャンセルされ、テキストレイヤーは作成されません。

縦書きで入力する

① 縦書き文字ツール[IT]を選択

ツールボックスで文字ツール[T]を選択したら、ツールオプションで縦書き文字ツール[IT]を選択します。

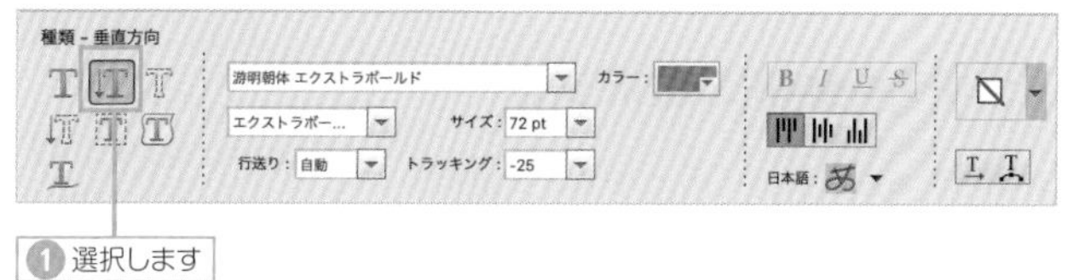

② クリックして入力する

クリックした場所から縦書きで文字を入力することができます。
テキストを入力したらツールオプションの「確定」ボタン✓をクリックするかテンキーの[Enter]キーを押して確定します。

POINT

横書きで入力したテキストは、入力中、またはレイヤーパネルでテキストを選択し、ツールオプションの「テキストの方向の切り替え」[T↓]をクリックすると、現在のレイヤーのテキストの縦・横の方向が変わります。

SECTION
6.2

使用頻度

移動ツール、テキストの選択、フォント、書式、文字の選択範囲

テキストを選択して書式を設定しよう

入力したテキストは、テキストレイヤーが作成され、自由な場所に移動できます。また、テキストの書式（フォント、サイズ、スタイル、カラー）を設定してデザインしましょう。

テキストを移動ツールで移動する

入力した文字は、テキストレイヤーが選択された状態で**移動ツール**を選択し、文字上から移動したい位置へドラッグして移動することができます。

POINT

テキストレイヤーの文字は、ラスタライズしてビットマップの画像情報に変換しない限り、文字の書式（フォント、サイズ、色）、段落書式、効果などを何度でも変更することができます。その際には、変更したい部分のテキストを選択する必要があります。

テキスト全体を選択する

レイヤー内のすべてのテキストを選択するには、レイヤーパネルの**テキストレイヤーのサムネールをダブルクリック**します。

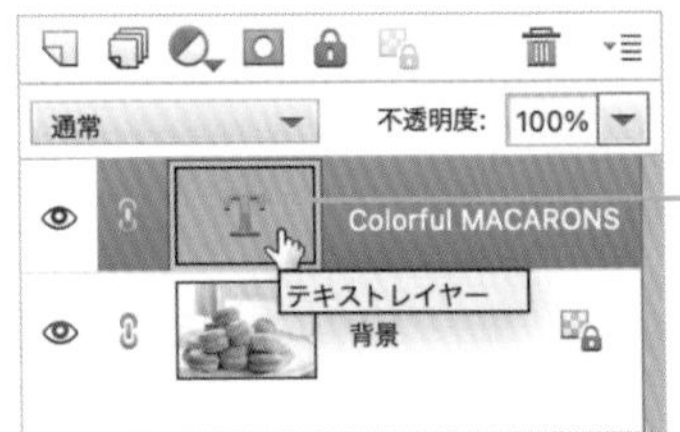

テキストを部分的に選択する

部分的に選択したい場合には、通常のテキストエディタ上で行う文字の選択と同様に、横書き文字ツールで**選択したい部分をドラッグ**します。

テキストエリアに入力されたテキストの場合には、テキストが選択されるとエリアも表示され編集可能になります。

テキストの書式を変更するには

選択した文字列は、ツールオプションでフォント、スタイル、サイズ、カラー、行揃えを変更することができます。

▶ フォント

「フォントの検索と選択」プルダウンメニューから選択します。

また、ボールドやイタリック体を個別にもっているフォントでは、さらにフォントスタイルを選択します。

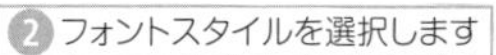

POINT

フォントの入力ボックスにフォント名の一部を入力するとフォントを絞り込むことができます。

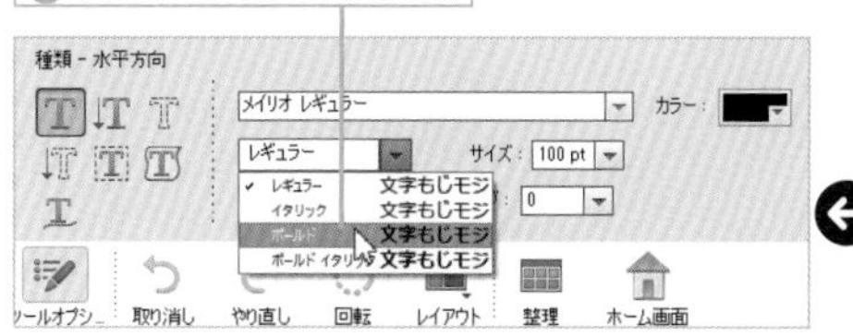

フォントのプルダウンリストにはフォント名と実際の書体が表示されるので、形状を確認しながら選ぶことができます。

▶ フォントサイズを設定する

「フォントサイズを設定」プルダウンメニューからサイズの値を選びます。

メニューに適当な大きさがない場合には、テキストボックスに直接数値を入力します。

メニューからサイズを選択します

数値を入力します

TIPS 文字サイズの単位変更

文字サイズの初期設定の単位は「pt」です。「編集」メニューの「環境設定」の「単位・定規」を選択し、「単位」の「文字」メニューで単位を変更します。「pixel」「point」「mm」から選択することができます。

TIPS サイズ変更ショートカット

Ctrl＋Shift＋<　2pt小さく
Ctrl＋Shift＋>　2pt大きく

▶ アンチエイリアスの設定

「アンチエイリアス」をオンにすると、アンチエイリアスがかかり文字の周りが滑らかになります。

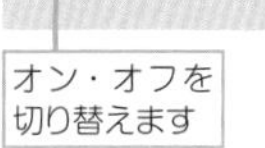

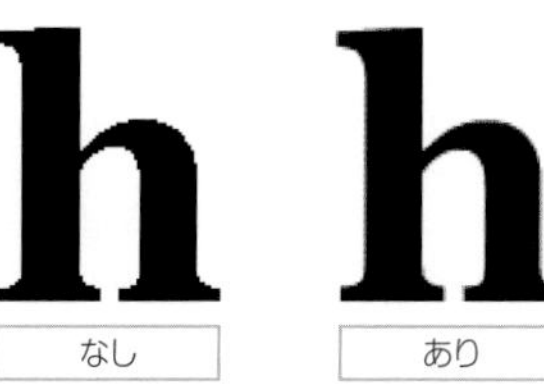

▶ 行揃えの設定

横書き文字ツール T でクリックした位置を基準とする**行揃え**を設定することができます。

横書きでは「左揃え」「中央揃え」「右揃え」、縦書きでは「上揃え」「中央揃え」「下揃え」を設定できます。

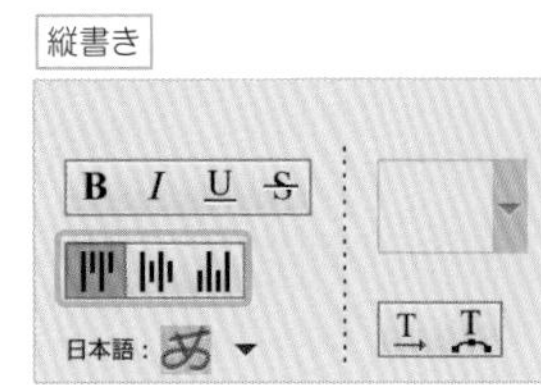

文字のカラーを設定する

① カラーをクリックする

文字列を選択します。ツールオプションのカラーボックスか▼をクリックしスウォッチパネルの右下のカラーピッカーボタンをクリックします。
適用したいカラーがスウォッチにある場合は、クリックして選択します。

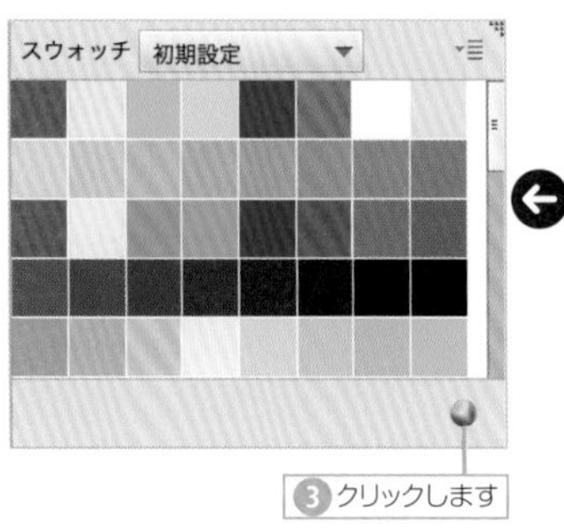

② カラーピッカーで色を選択

カラーピッカーが開きます。
描画色や背景色を設定するのと同様の方法で、選択しているテキストの色や、これから入力するテキストの色を設定することができます。

POINT

テキストのカラーはツールボックスの描画色と連動しているので、描画色を変更してもテキストの色が変わります。

文字の選択範囲をつくる

1 横書き文字マスクツール を選択

ツールオプションで横書き文字マスクツール を選択します。

2 カンバス上をクリックする

カンバス上をクリックすると、画像全体がマスクされます。

2 クリックすると画像全体がマスクされ、文字入力のポインタが表示されます

3 文字を入力し確定する

文字列を入力したら、文字の右下の「確定」ボタン をクリックします。

4 文字の選択範囲ができる

入力した文字列の領域が選択範囲になります。
作成された文字の選択範囲は、塗りつぶしたり、選択範囲のマスクを編集する、フィルターを適用するなどのさまざまな活用方法があります。

POINT

作成した選択範囲は「選択範囲」メニューの「選択範囲を保存」で名前を付けて保存しておくと、「選択範囲を読み込む」コマンドでいつでも文字の選択範囲を呼び出すことができます。

文字レイヤーのラスタライズ

入力した文字列は、再編集が可能です。しかし、文字レイヤーに対してフィルターをかけたり、色調補正、塗りつぶしなどを行うことはできません。これらの作業はテキストレイヤーを選択し、「レイヤー」メニューから「レイヤーをラスタライズ」を選択し、ビットマップの画像のデータに変換して行います。

① 「レイヤーをラスタライズ」を選択する

テキストレイヤーを選択し、「レイヤー」メニューから「**レイヤーをラスタライズ**」を選択します。

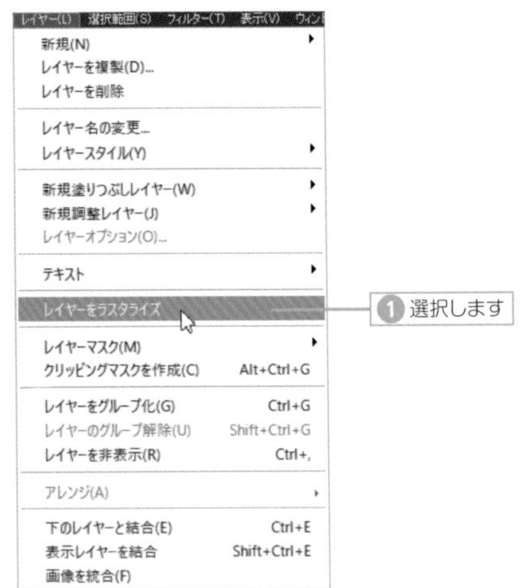

POINT

ラスタライズとは、テキストやベクトルデータを画像化（ビットマップ化）することです。ラスタライズされたイメージは、ラスターイメージ、ビットマップイメージと呼ばれます。
ビットマップ化すると、フィルターを適用したり、色調補正、塗りつぶし、レタッチができるようになります。

② ラスタライズされる

文字レイヤーがラスタライズされ、ビットマップ画像として扱えるようになります。
レイヤーのサムネールは画像サムネールになります。

POINT

ラスタライズすると、書式の変更や文字の書き換え、削除などの編集はできません。

TIPS テキストレイヤーへのフィルター処理

ラスタライズしていないテキストレイヤーにフィルターを適用しようとすると、ラスタライズするかどうかを確認するダイアログボックスが表示されます。「OK」ボタンをクリックすると、ラスタライズが実行されてからフィルタが適用されます。フィルターの種類により、スマートオブジェクトに変換できる場合があります。

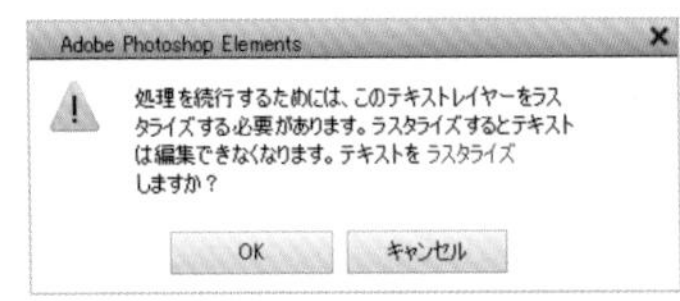

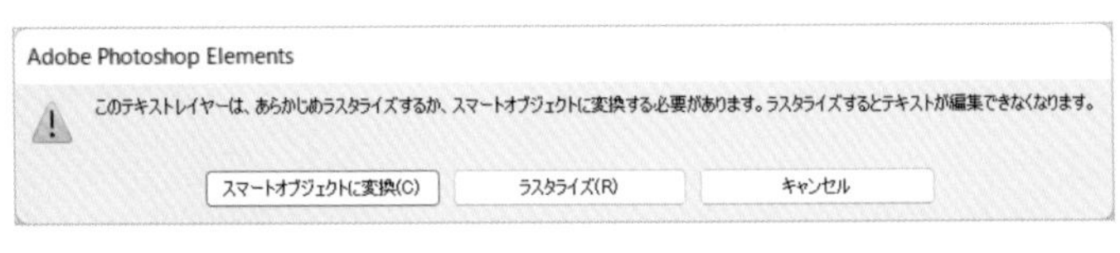

SECTION 6.3

使用頻度 ●○○

ワープテキストとパスに沿ったテキスト

テキストをゆがませてみよう

入力したテキストは、ワープテキストやレイヤースタイルを組み合わせて、印刷用、Web用のタイトルロゴなどを簡単に作成することができます。レイヤースタイルの詳細は136ページを参照してください。

ワープテキストを適用する

入力したテキストをゆがませたり、ねじりを加えることをPhotoshop Elementsでは「ワープテキスト」といいます。これを適用したテキストレイヤーも再編集が可能なので、あとから文字列を入力し直したり、レイヤー効果を適用することができます。

1 テキストを選択する

レイヤーパネルでテキストレイヤーを選択するか、テキスト内にカーソルを挿入します。

2 「ワープテキストを作成」をクリック

ツールオプションの「ワープテキストを作成」ボタンをクリックします。

3 ダイアログボックスでスタイルを選択

「ワープテキスト」ダイアログボックスが表示されます。
スタイルのメニューで「円弧」を選択します。

④ スタイルを調整する

プレビューを見ながら、意図した形状になるように設定項目のスライダをドラッグして調整します。
「OK」ボタンをクリックすると、ワープテキストが適用されます。

⑤ 確定し位置とサイズを調整する

ワープテキストが適用されたら、必要に応じて、テキストオブジェクトの位置や大きさを調整します。

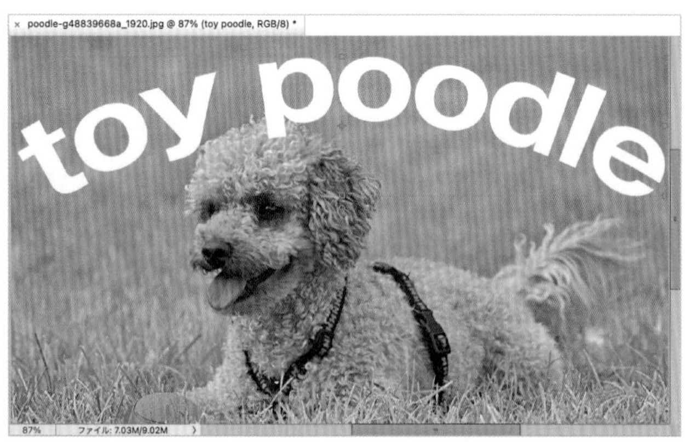

選択範囲に沿ったテキストの追加ツール

選択範囲に沿ってテキストを入力できます。

① 選択範囲を作成する

あらかじめ矩形や楕円、形状に沿った選択範囲を作成します。
ツールオプションで「**選択範囲に沿ったテキストを追加ツール**」を選択します。
作成した選択範囲内をクリックし操作を確定します。

2 選択範囲を確定する

選択範囲をパスとして確定させるかどうか、よければパスの右下の✔ボタンをクリックして選択範囲を確定します。
選択範囲はパスに変換されます。

現在の操作を確定
4 クリックします

3 パスに入力カーソルを表示

パスにカーソルを近づけると、入力用のカーソルが表示されるので、クリックするとパスに入力カーソルが点滅します。

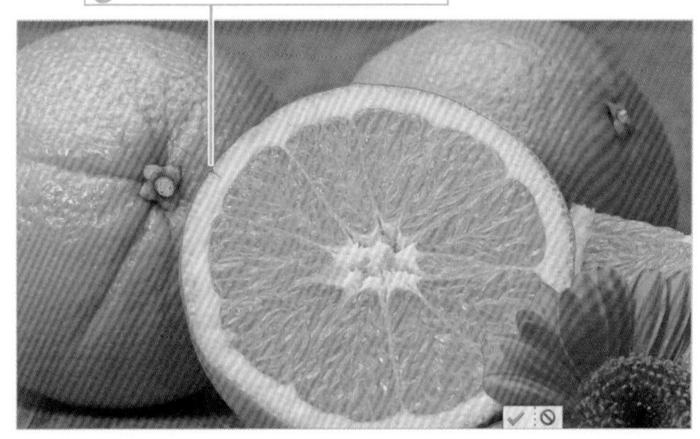

5 クリックし入力用カーソルを点滅させます

4 パスに沿って入力する

入力する前にフォント、サイズ、色などをツールオプションで調整します。
テキストを入力したらツールオプションの「確定」ボタン✔をクリックして確定します。

6 テキストを入力します
Tasty Orange
7 クリックします

POINT

テキストのパス内の位置は、カスタムシェイプツールのツールオプションでシェイプ選択ツールを選択し、パスにカーソルを近づけ、ポインタがになったらドラッグします。
パスの内側にドラッグすると、パスの反対側に配置させることもできます。

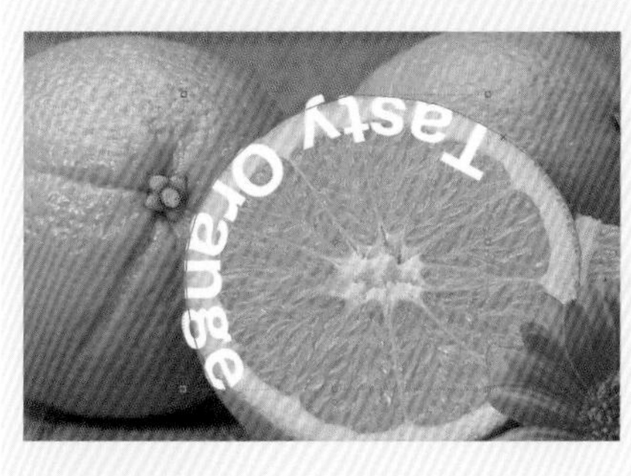

Tasty Orange

SECTION 6.4

使用頻度

スタイルパネル、レイヤースタイル、グラフィックパネル

テキストにスタイルを適用しよう

入力したテキストには、レイヤースタイルを適用しシャドウや光彩などの効果をつけることができます。テキストにレイヤースタイルを適用しても、後から文字列を入力し直したり、書式を変更するなどの再編集ができ、Web用のロゴ作成にとても便利な機能です。

テキストのレイヤースタイル

テキストレイヤーにスタイルパネルのスタイルを適用してみましょう。

1 レイヤースタイルを選択する

適用したいテキストレイヤーを選択します。
右下の「スタイル」ボタンをクリックし**スタイルパネル**を表示し、メニューから「**ドロップシャドウ**」を選び効果のアイコンをクリックします。

5 ドロップシャドウが適用されます

POINT

レイヤーパネルや効果パネルをフロートさせるには、右下の「その他」ボタンのメニューから「カスタムワークスペース」を選択し、レイヤーパネルのタブをウィンドウ内にドラッグします。

2 レイヤースタイルを追加・編集する

さらにレイヤースタイルを追加したい場合や設定を変更したい場合には、同じように「レイヤー」メニューの「レイヤースタイル」から「**スタイル設定**」を選択します。

③ 効果の詳細を指定する

ドロップシャドウ項目にチェックを入れ、サイズや距離、不透明度などの効果を設定します。
また、他の「光彩」「ベベル」「境界線」の項目をチェックして新たなスタイルを同時に追加することが可能です。

④ 追加した効果が適用される

「OK」ボタンをクリックすると、設定したレイヤースタイルが適用されます。
レイヤーパネルには**レイヤースタイルのマーク** fx が表示されます。

POINT

適用した効果の削除・編集方法については136ページ以降を参照してください。

テキストにグラフィックパネルで効果を与える

グラフィックパネルには背景、フレーム、グラフィック、図形などさまざまなオブジェクトに効果のセットが入っています。ここでは、「種類」の「テキスト」を選択し、あらかじめ入力されているテキストにスタイルを適用してみます。

① テキストを入力する

テキストを入力するか、テキストレイヤーを選択します。

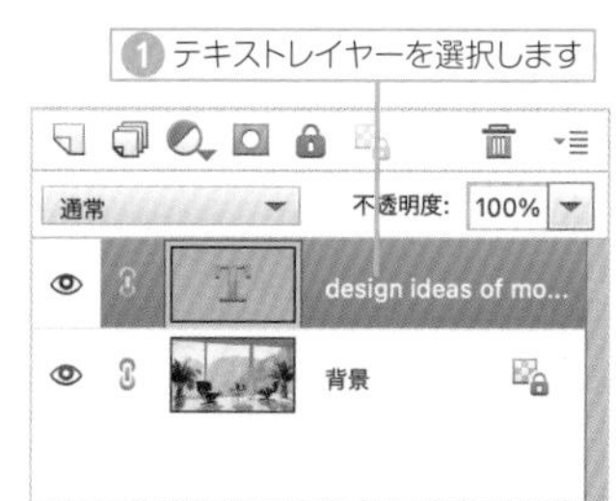

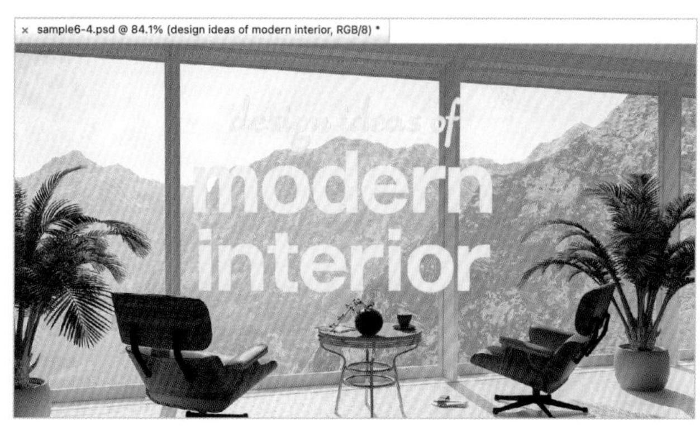

② グラフィックパネルで効果を選択

右下の「グラフィック」ボタンをクリックしグラフィックパネルを表示し、「種類」から「テキスト」を選びます。
適用したいグラフィックパネルのスタイルをクリックするとテキストが選択された状態になるので、「確定」ボタン✓をクリックします。

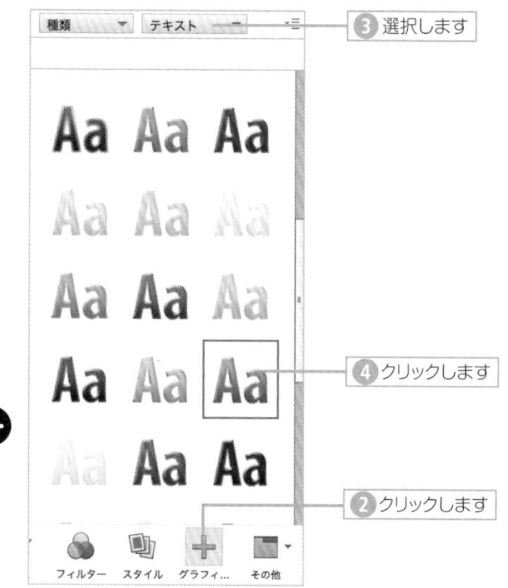

③ スタイルが適用される

レイヤーパネルにはレイヤースタイルのマーク fx が表示されます。

④ スタイルを変更する

スタイルを変更したい場合には、レイヤーパネルのスタイルのマークをダブルクリックして、「スタイル設定」ダイアログボックスで効果を再編集することができます。

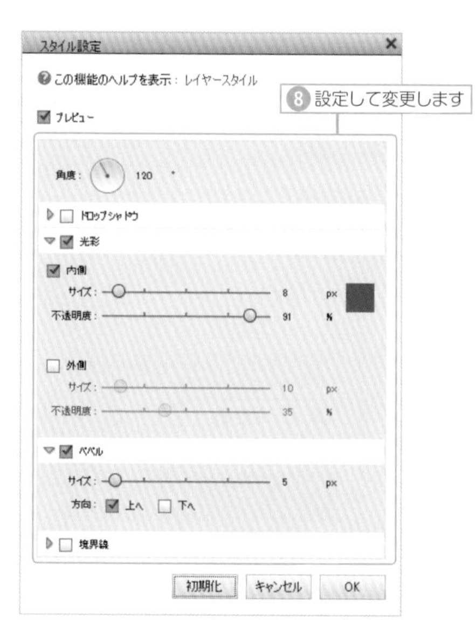

TIPS ガイドモードの「写真テキスト」

ガイドモードの「楽しい編集」の「写真テキスト」を利用すると、簡単にテキスト内を写真で塗りつぶしたデザインをつくることができます。

SECTION
6.5
使用頻度

シェイプツール、シェイプレイヤー、不透明度、スタイル

シェイプレイヤーで図形を描こう

Photoshop Elementsでは、シェイプと呼ばれるIllustratorのような解像度に依存しないベクターベースの図形を描き、レイヤーとして操作することができます。

シェイプレイヤーの作成

1 シェイプ描画ツールを選択する

ツールボックスで**シェイプツール**を選択し、ツールオプションで**長方形ツール**などシェイプの描画ツールを選択します。
ツールオプションには、**「新規シェイプレイヤーを作成」ボタン**が押された状態で表示されます。

2 シェイプを描画する

ここではシェイプの**角丸四角形ツール**を選択し、ドラッグしてシェイプを描画します。

3 シェイプレイヤーが作成される

レイヤーパネルで現在選択されているレイヤーの上に、新たなシェイプレイヤーが作成されます。
作成されたシェイプには、ツールボックスの描画色が適用されます。

POINT

シェイプはベクターベースのオブジェクトなので、拡大・縮小しても印刷や画面表示に影響を与えることはありません。

シェイプレイヤーに不透明度とレイヤースタイルを適用する

作成されたシェイプレイヤーは、他のレイヤーと同じように、不透明度、描画モード、レイヤースタイルなどを適用することができます。

① 不透明度を設定する

レイヤースタイルを適用するレイヤーを選択し、**不透明度の設定**を変更し、シェイプに透明度を与えます。

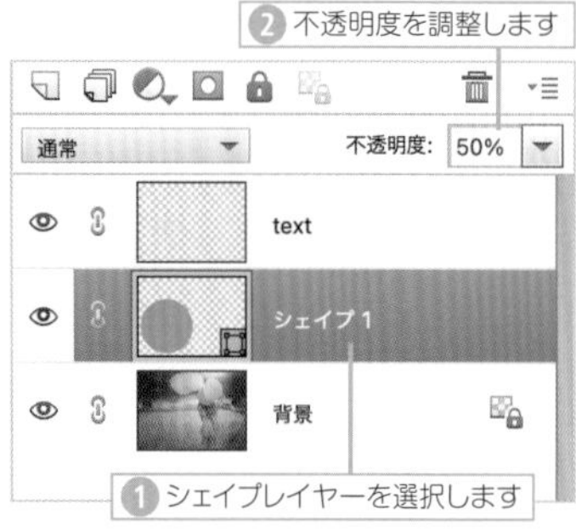

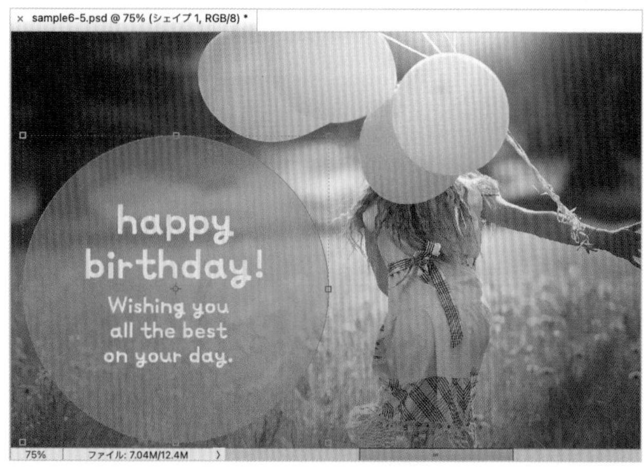

② ドロップシャドウを適用する

右下の「スタイル」ボタンをクリックしスタイルパネルのプルダウンメニューから「**ドロップシャドウ**」を選択します。

「ドロップシャドウ」の中から適用したいスタイルをクリックします。

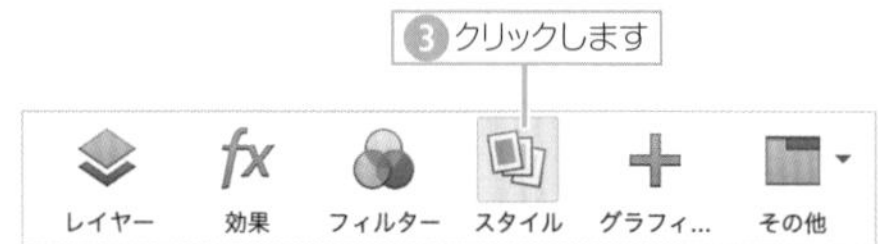

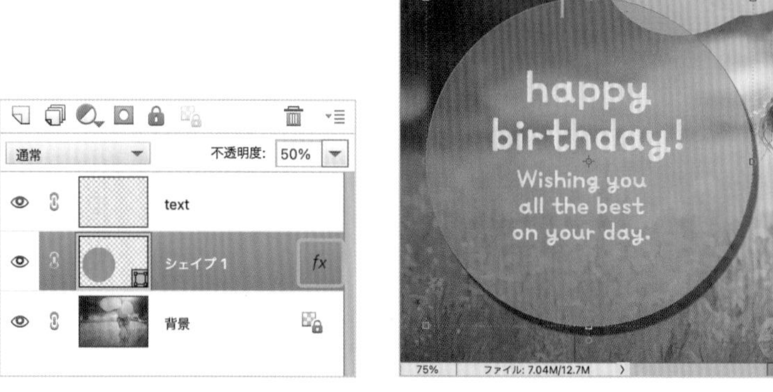

TIPS 同じレイヤーにシェイプを追加する

シェイプツールでドラッグすると、新たなシェイプレイヤーができます。同じシェイプレイヤー内にオブジェクトを追加して描画したい場合、Shiftキーを押しながら描画すると、同じレイヤーにシェイプを追加することができます。
Altキーを押しながら描画すると、同じレイヤー内のシェイプを、描画するシェイプで型抜きします。

Shiftキーを押しながらドラッグします

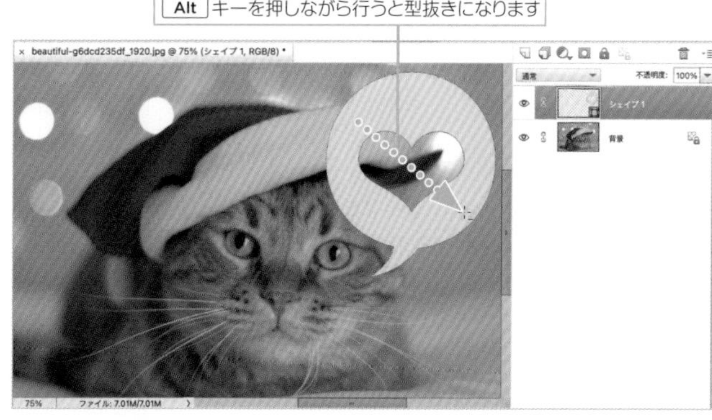
Altキーを押しながら行うと型抜きになります

シェイプを移動する

作成したシェイプは、移動ツールとシェイプ選択ツールでドラッグして移動することができます。

1 シェイプをドラッグする

移動ツールかシェイプ選択ツールを選択し、シェイプをドラッグします。

2 シェイプを移動する

円形のシェイプが移動しました。

1 選択します
happy birthday!
Wishing you all the best on your day.
2 ドラッグして移動します

POINT

ドラッグ中にAltキー（Macはoptionキー）を押してドロップするとシェイプをコピーすることができます。

シェイプを変形する

① シェイプを拡大・縮小する

シェイプを変形するには、移動ツールを選択した状態で、シェイプレイヤーを選択します。
バウンディングボックスが表示されるので、ハンドルにカーソルを合わせます。

❶ハンドルにカーソルを合わせます

② ハンドルをドラッグする

シェイプの周囲に表示される**バウンディングボックスのハンドルをドラッグ**して、シェイプを拡大・縮小します。
変形を確定するには、ボタンをクリックするか、ハンドル内でダブルクリックするか、Enterキーを押します。
移動ツールかシェイプ選択ツールでシェイプを選択し、「イメージ」メニューの「**シェイプを変形**」から「**シェイプの自由変形**」（Ctrl+T）を選択しても同じです。

POINT

シェイプは152ページのワープを使って、様々な形に変形することができます。

シェイプライブラリを使う

シェイプの描画には、長方形、楕円形、多角形、ラインの他にさまざまなライブラリが用意されています。カスタムシェイプツールを選択すると、ライブラリの図形を選択して描画することができます。

① シェイプを選ぶ

カスタムシェイプツールを選択し、ツールオプションのカスタムシェイプピッカーから好みの形状のシェイプを選択します。

POINT

シェイプはピッカーのオプションメニューから種類を選択して内容を変更することができます。

② シェイプを描画する

ドラッグしてカスタムシェイプを描画します。

シェイプオプション

シェイプを描画するカスタム、長方形、角丸長方形、楕円形、多角形、スター、ラインのそれぞれのツールは、ツールオプションでスタイルや形状、サイズを決めて正確に描画できます。

多角形では辺の数、スターでは辺の数とインデント、ラインでは幅を設定して描画することができます。

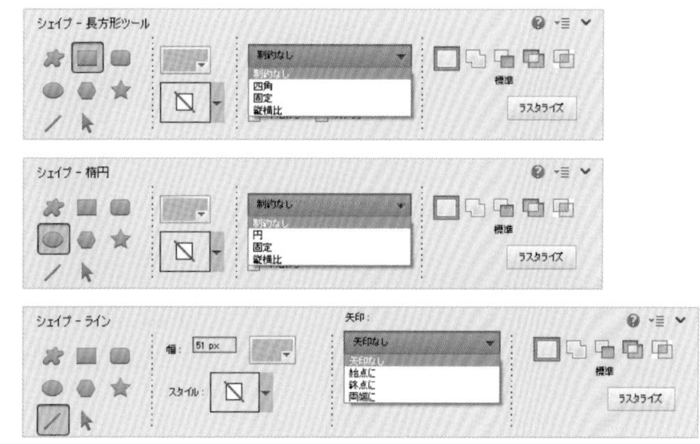

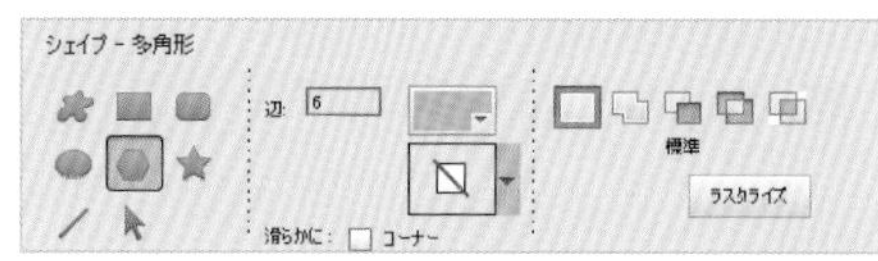

シェイプ範囲オプションを使う

同じシェイプレイヤーに図形を追加して描画する際に、ツールオプションの**シェイプ範囲オプション**の4つのボタンを選択して、合体、一部型抜、交差、中マドの効果を適用しながら描画することができます。

合体　交差　標準　一部型抜　中マド

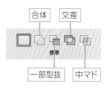

シェイプ範囲に合体（+）

シェイプが重なる領域を中マド

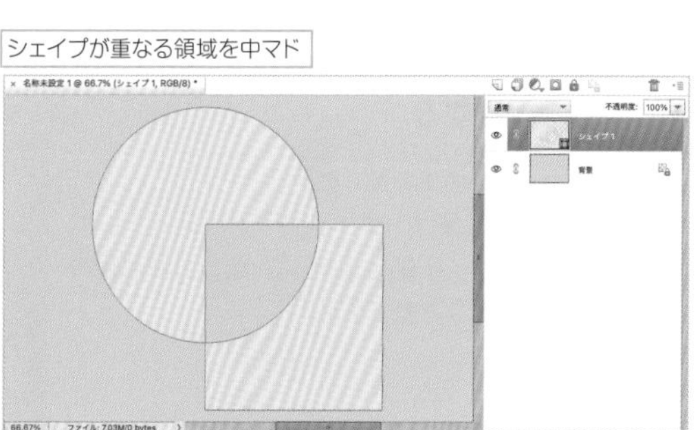

シェイプから一部型抜 (ー)

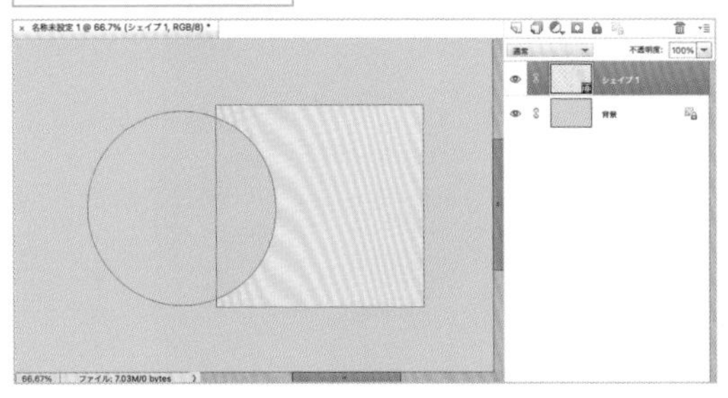

シェイプ範囲を交差

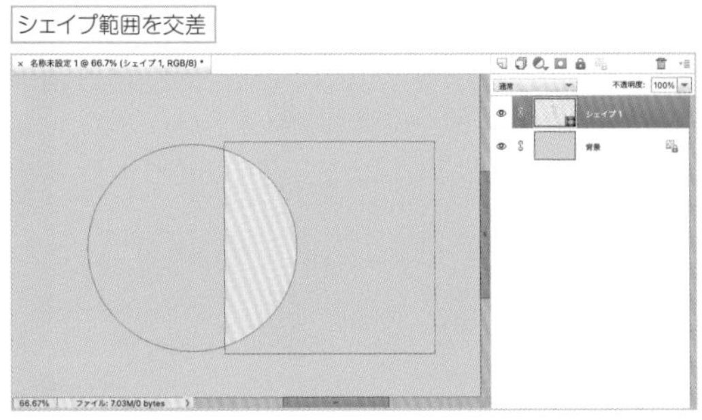

シェイプに沿ったテキスト

シェイプに沿ったテキストの追加ツールでシェイプを描画し、それに沿ったテキストを入力できます。

1 シェイプを描画する

シェイプに沿ったテキストの追加ツールを選択し、ツールオプションから好みの形状のシェイプを選択します。
シェイプをドラッグして描きます。

2 テキストを入力する

シェイプにカーソルを近づけると、入力用カーソルの形状になるので、入力したいパス上の位置でクリックします。
フォント、サイズ、文字色を設定し、テキストを入力します。

3 位置を調整する

パス上の○は文字の開始位置です。
シェイプ選択ツールでパステキスト上にカーソルを配置させ、カーソルがになったら移動したい方向にドラッグして位置を調整します。

7 ドラッグします
Chipmunks have brown and white stripes on their bodies

CHAPTER

7

カラーを設定し描画・レタッチしてみよう

Elements Editorでは、さまざまな形状のブラシで描画ができます。
レタッチツールを使うと、写真の明暗を部分的に変えたり、ぼかしなどの修正をすることができます。
また、色を登録しておくスウォッチの使い方も覚えましょう。

SECTION
7.1

カラーピッカー、描画色、背景色、Webセーフカラー、HSB、RGB

カラーを設定しよう

Elements Editor(エキスパートモード)で描画ツールで描画したり、選択範囲を塗りつぶすには、色を設定しなければなりません。色は描画色と背景色の2種類で設定します。

「描画色」と「背景色」

描画や塗りつぶしに使用するツールボックスで指定できる単色には、「描画色」と「背景色」の2種類があります。
「描画色」は、基本的な描画ツールで描くときに使用される色です。
「背景色」は、消しゴムツールを使ったり、選択した範囲を削除した際に適用される色です。

ツールボックスでの描画色と背景色の操作

現在設定されている描画色と背景色はツールボックスに表示され、カラーボックスをクリックするとカラーピッカーが開き、カラーを設定することができます。

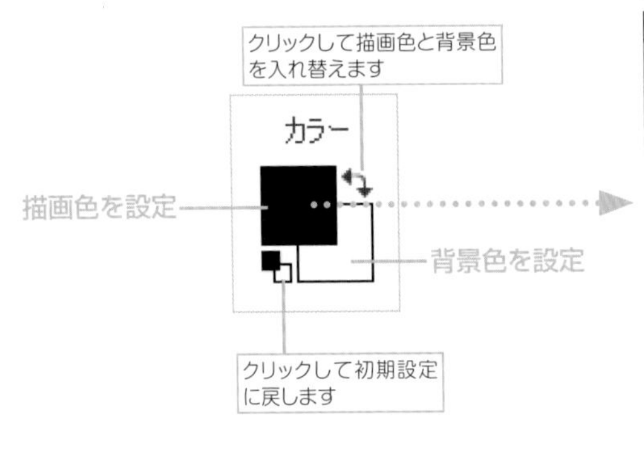

「描画色」と「背景色」の入れ替え

「描画色と背景色を入れ替え」アイコンをクリックすると、「描画色」と「背景色」の色の設定が入れ替わります。

「描画色」と「背景色」を初期設定に戻す

「描画色と背景色を初期設定に戻す」アイコンは、「描画色」を黒、「背景色」を白の初期設定に戻します。

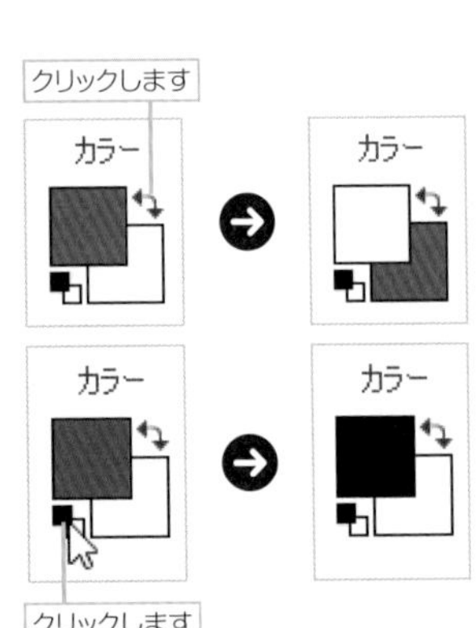

カラーピッカーでの色の設定

カラーピッカーでは、HSB（色相、彩度、明度）、RGB（赤、緑、青）モードでカラーを指定することができます。数値で正確に指定したり、Webの16進数で指定することもできます。

1 カラーアイコンをクリックする

「描画色」または「背景色」アイコンをクリックし、色を選択するダイアログボックスを開きます。

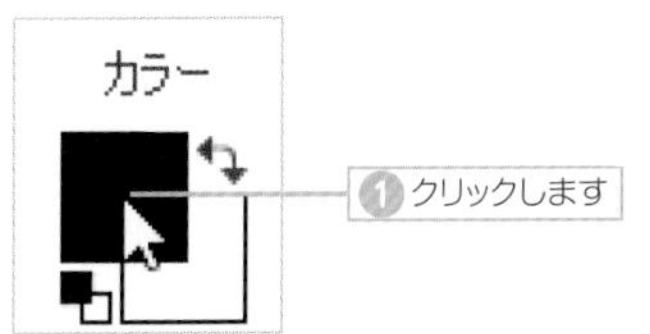

2 カラーピッカーが開く

カラーフィールドとカラースライダを使って色を選択します。
カラースライダには、ダイアログボックス右側の色の構成要素（HSB・RGB）の中で選択されているカラーレベルの範囲が表示されます。
カラーフィールドには、水平軸と垂直軸に残りの要素の範囲が表示されます。

POINT

あらかじめカラーの数値が分かっている場合には、RGBやHSB、#に続く16進数に数値を入力してカラーを指定してください。

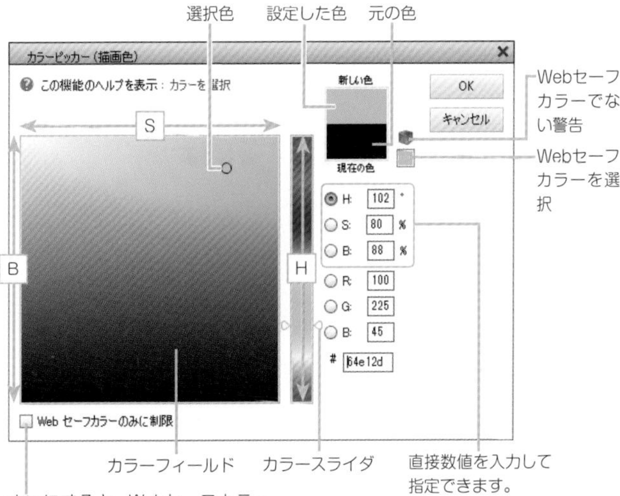

3 RGB値で色を指定する

ここでは、RGBを使って色を設定します。
ダイアログボックス右側のRのボタンを選択すると、Rの色範囲がカラースライダで表示されます。クリックして指定するか、数値指定します。
カラーフィールドには、残りのGとBの色の範囲がそれぞれ水平軸と垂直軸に割り当てられて表示されます。
カラースライダとカラーフィールドを組み合わせてクリックするか、数値指定してください。

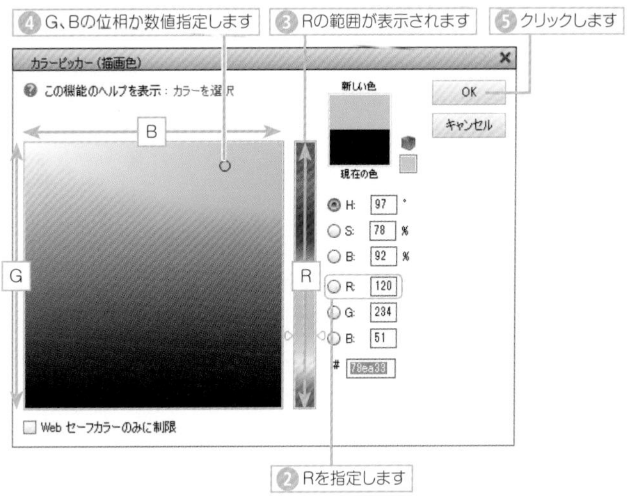

CHAPTER 7 カラーを設定し描画・レタッチしてみよう

④ 色が設定された

「カラーピッカー」ダイアログボックスの「OK」ボタンをクリックすると色が設定されます。
設定された色はツールボックスに反映されます。

カラー
⑥「描画色」が設定されました

TIPS HSBカラーモデルについて

HSBカラーモデルは、色相（Hue）、彩度（Saturation）、明度（Brightness）の3つの属性値で色を特定します。
色相は色の種類を0〜360の範囲で表します。彩度は色の鮮やかさの度合いを0〜100%で表します。明度は色の明るさを0〜100%で表します。
Photoshop Elementsでは「色相・彩度」コマンドで、画像やレイヤーの色を、この3つの属性値により調整することができます。

Webセーフカラーで指定するには

ダイアログボックス下部の「Webセーフカラーのみに制限」をチェックすると、Webページに最適な色だけが表示されます。

POINT

Webセーフカラーとは、WindowsおよびMacintoshのどちらでも同様に表示される色です。
右下の#に続く入力欄は16進表記のカラーの指定欄です。00、33、66、99、cc、ffを組み合わせて66cc33のように入力して指定します。
HTMLなどでFF6600のような16進数表記で指定されたカラーと同じ色を使いたい場合には、ここで指定するといいでしょう。

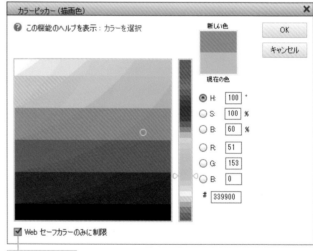

②Webセーフカラー領域として表示されます

カラーピッカー（描画色）
この機能のヘルプを表示：カラーを選択
新しい色
現在の色
OK
キャンセル
H: 100 °
S: 100 %
B: 60 %
R: 51
G: 153
B: 0
339900
Webセーフカラーのみに制限

①チェックします

TIPS Webセーフカラーでない場合

選択したカラーがWebセーフカラーでない場合、設定していた色の横にアイコンが表示され、アイコンの下にWeb最適カラーが表示されます。Web最適カラーアイコンをクリックすると、選択した色がWebに最適な色に置き換わります。

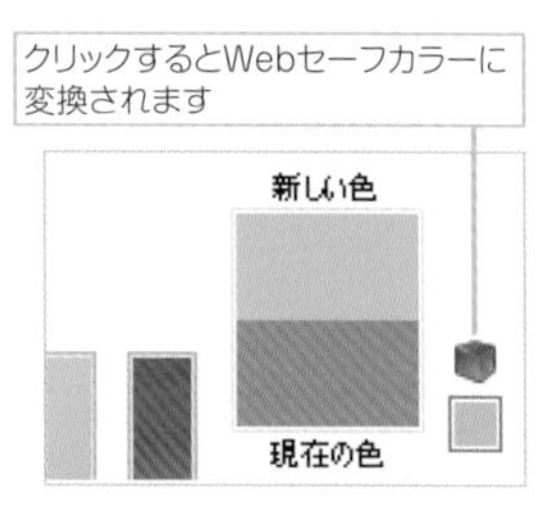

クリックするとWebセーフカラーに変換されます
新しい色
現在の色

SECTION 7.2

スウォッチパネル、カラーの追加・削除、カラーパレットの切り替え

スウォッチパネルを使おう

使用頻度

スウォッチパネルは、使用頻度の高い色を登録でき、クリックするだけで色を選択できる便利なパネルです。タスクバーの「その他」、または、「ウィンドウ」メニューから「スウォッチ」を選択して表示することができます。

スウォッチパネルに色を追加する

スウォッチパネルは、色を登録しておき、そこから色を描画色や背景色に指定して使用するためのパネルです。スウォッチパネルに色を追加するには、追加したい色を「描画色」に設定し追加します。スウォッチには名前を登録できるので、分かりやすい名前を登録しておくとよいでしょう。

1 描画色を設定し追加する

あらかじめ登録したい色を「描画色」に設定しておきます。
スウォッチパネルの色が登録されていない空白の部分にマウスを移動し、**ポインタが塗りつぶしツール に変わったらクリック**します。

2 名前を設定する

「スウォッチ名」ダイアログボックスが開くので、登録するスウォッチ名を入力し、「OK」ボタンをクリックします。

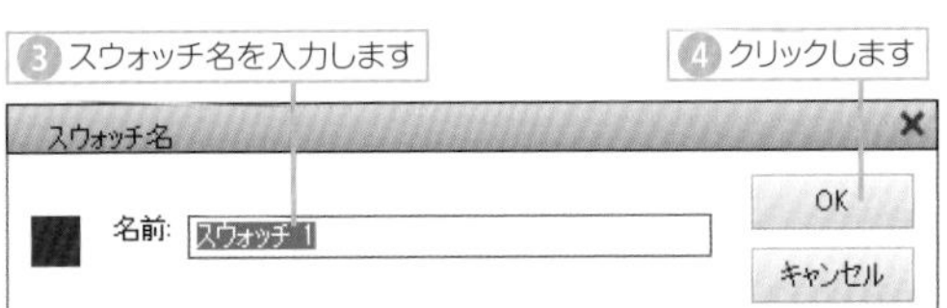

3 色が追加された

新しいスウォッチが登録されました。

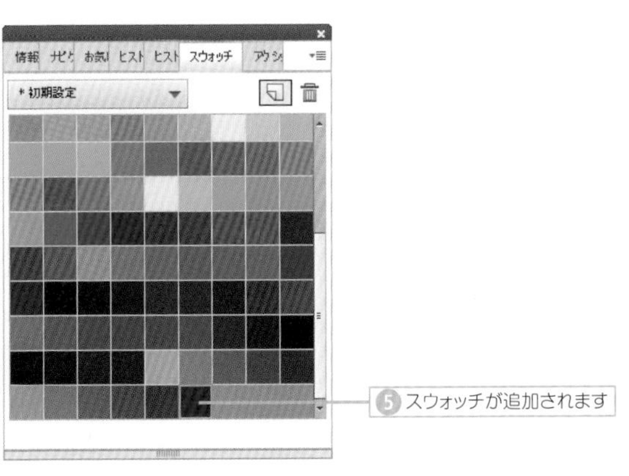

TIPS スウォッチを保存する

編集したスウォッチは、パネルメニューから「スウォッチの保存」を選択し名前を付けて保存し、再び「スウォッチの読み込み」で呼び出して使うことができます。

スウォッチを削除する

Alt（Macはoption）キーを押しながら削除したい色にマウスを移動するとハサミカーソルになり、クリックすると色を削除できます。

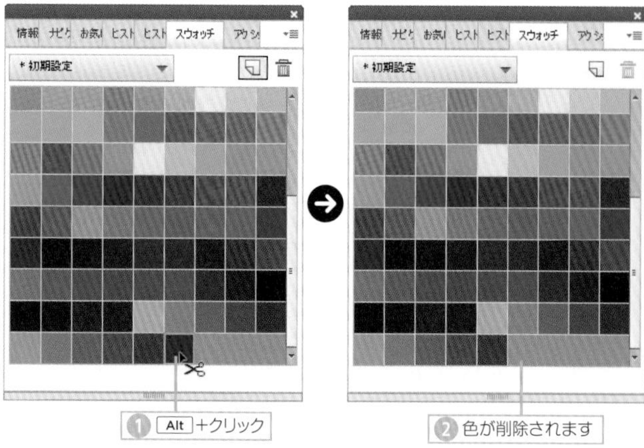

1 Alt +クリック
2 色が削除されます

カラーパレットを切り替える

Photoshop Elementsには、初期設定の状態で表示されるスウォッチのほかに、Mac OS、Webスペクトル、Webセーフカラー、Web色相、レンズフィルターカラーなどの色見本が用意されています。

1 パネルを切り替える

スウォッチパネルのプルダウンメニューから読み込みたいカラーパレット名（「Webスペクトル」）を選択します。

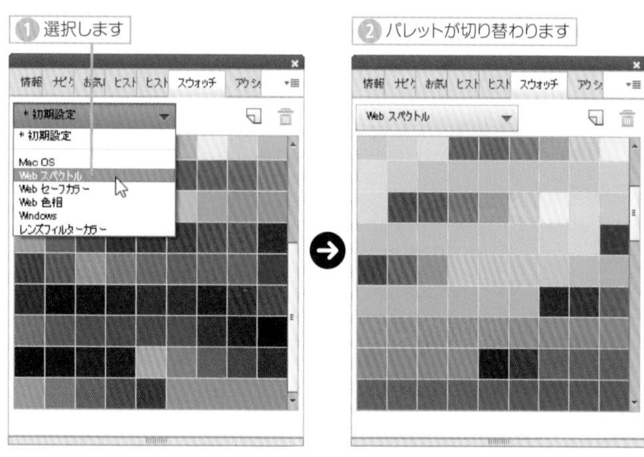

1 選択します
2 パレットが切り替わります

POINT

カラーパレットに色を追加・削除している場合は、変更する前にカラーパレットを保存するかどうかを確認するダイアログボックスが表示されます。

2 初期設定に戻す

メニューから「初期設定」を選択すると、初期状態のスウォッチに戻ります。

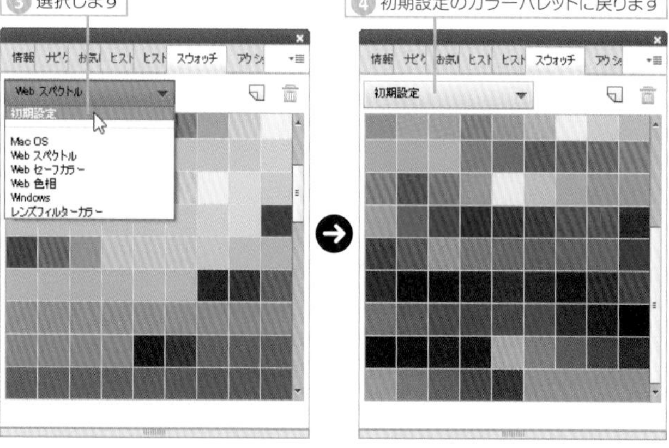

3 選択します
4 初期設定のカラーパレットに戻ります

カラーピッカーツール、塗りつぶしツール、レイヤーの塗りつぶし、選択範囲の塗りつぶし

SECTION 7.3

カラーピッカーと塗りつぶし

使用頻度

カラーピッカーツールは、画像上でクリックしたピクセルの色を、描画色として取り出すツールです。「描画色」や「背景色」で設定した色で、画像の特定部分や選択範囲を塗りつぶすことができます。

画像上の色を取り出す

カラーピッカーツールで開いている画像上をクリックすると、クリックした部分の色が描画色になります。

Alt（Macはoption）キーを押しながらクリックすると、背景色として取り出せます。複数の画像ウィンドウが開いている場合は、アクティブ（一番前）ではないウィンドウの画像からも色を取り出せます。

▶カラーピッカーツールのオプション

ツールオプションの「カラーピッカー」の設定で、色を取り出す範囲を「指定したピクセル」「平均（3×3）」「平均（5×5）」に指定できます。また、「すべてのレイヤー」「現在のレイヤー」で対象とするレイヤーを指定できます。

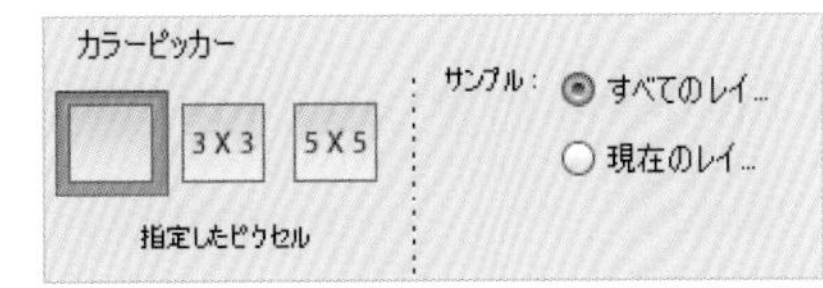

画像を単一のカラーで塗りつぶす

画像を単一色で塗りつぶすには、次の3通りの方法があります。

1. **塗りつぶしツールを使う**
2. **「レイヤーの塗りつぶし」「選択範囲の塗りつぶし」コマンドを使う**
3. **塗りつぶしレイヤーの「べた塗り」（145ページ参照）**

▶塗りつぶしツール

塗りつぶしツールは、クリックした位置の近似色を「描画色」で塗りつぶします。塗りつぶされる範囲はツールオプションの「許容値」で設定します。選択範囲がある場合は範囲内の近似色を塗りつぶします。

次の塗りつぶしツールの例では、ツールオプションで不透明度を50%、許容値を50、隣接をオフに設定して、塗りつぶされる部分の絵柄を残すように塗りつぶしています。

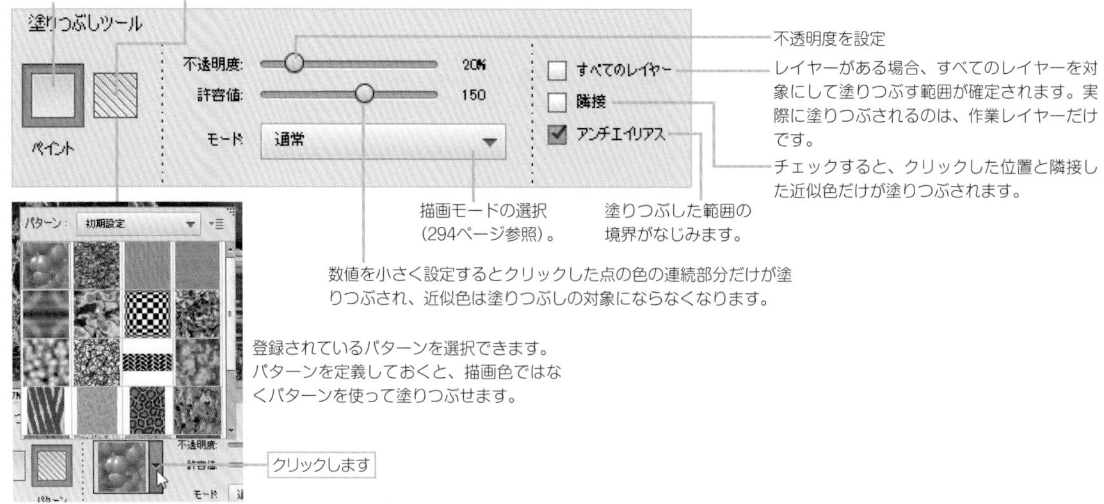
描画色で塗りつぶし
パターンで塗りつぶし
塗りつぶしツール
不透明度:
20%
許容値:
150
モード:
通常
ペイント
すべてのレイヤー
隣接
アンチエイリアス
不透明度を設定
レイヤーがある場合、すべてのレイヤーを対象にして塗りつぶす範囲が確定されます。実際に塗りつぶされるのは、作業レイヤーだけです。
チェックすると、クリックした位置と隣接した近似色だけが塗りつぶされます。
描画モードの選択（294ページ参照）。
塗りつぶした範囲の境界がなじみます。
数値を小さく設定するとクリックした点の色の連続部分だけが塗りつぶされ、近似色は塗りつぶしの対象にならなくなります。
パターン：
初期設定
登録されているパターンを選択できます。パターンを定義しておくと、描画色ではなくパターンを使って塗りつぶせます。
クリックします

「レイヤーの塗りつぶし」「選択範囲の塗りつぶし」コマンド

「編集」メニューの「**レイヤーの塗りつぶし**」「**選択範囲の塗りつぶし**」を使うと、選択したレイヤーの選択範囲を塗りつぶせます。選択範囲がない場合は、画像全体を塗りつぶします。

「レイヤーの塗りつぶし」ダイアログボックスでは、塗りつぶしに使用する色やパターンを選択できます。

選択範囲がある場合、「**コンテンツに応じる**」を選択すると、不要な部分は背景に溶け込ませて塗りつぶすことができます。

レイヤーの塗りつぶし
この機能のヘルプを表示：塗りつぶしレイヤー
OK
キャンセル
使用：
コンテンツに応じる
合成
描画モード(M):
通常
不透明度(O):
100
%
透明部分の保持(P)
描画色
背景色
カラー...
コンテンツに応じる
パターン
ブラック
50% グレー
ホワイト
選択範囲をここで選択した内容で塗りつぶすことができます。

選択範囲を「コンテンツに応じる」で塗りつぶす
選択範囲
周囲の背景で塗りつぶされます

SECTION 7.4

使用頻度

ブラシ、消しゴム、鉛筆ツール、ツールオプション

ブラシ、消しゴム、鉛筆ツール

Photoshop Elementsには、ブラシ、鉛筆などの基本的な描画ツールがあります。Photoshop Elementsは写真の管理・修正ソフトですが、これらのツールを使うとペイントソフトとして絵画等に利用することもできます。

ブラシツール

ブラシツールは、筆やブラシのタッチでペイントしたような効果で描画できるツールです。

1 ブラシを選択する

ブラシツールを選択したら、描画色を設定します。ツールオプションでブラシの種類、サイズや不透明度、描画モードを設定します。

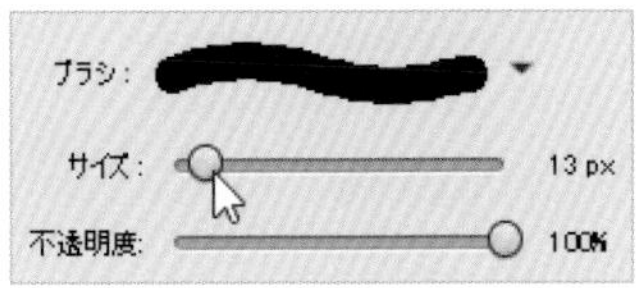

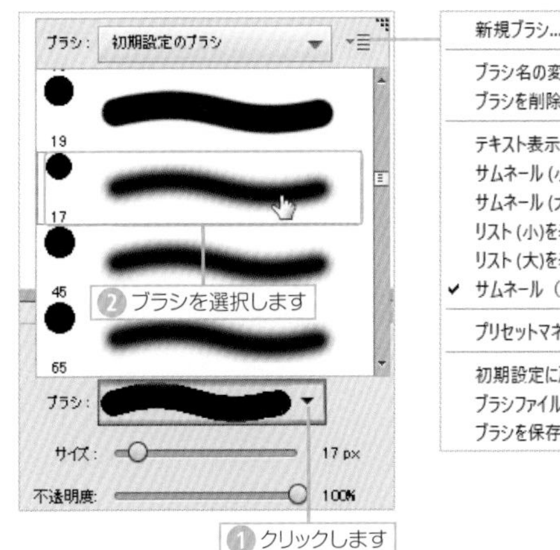

2 ドラッグして描画する

ドラッグすると現在の描画色で描画されます。
直線を描画するときは、Shiftキーを押しながら直線の始点と終点をクリックしてください。
クリックした点が直線で結ばれてペイントされます。

POINT

選択範囲が作成されている場合、ブラシの描画範囲は、選択範囲内に限定されます。

TIPS ブラシツールのショートカット

欧文モードでBキーを押すと、ブラシツールを選択できます。

TIPS 一時的にカラーピッカーツールに変更する

Alt（Macはoption）キーを押すと一時的にカラーピッカーツールに変わり、画面上でクリックした点の色を描画色としてペイントすることができます。

ツールオプションの設定

ブラシツールの種類、サイズや描画モード、不透明度などのオプション設定は、ツールオプションで行います。

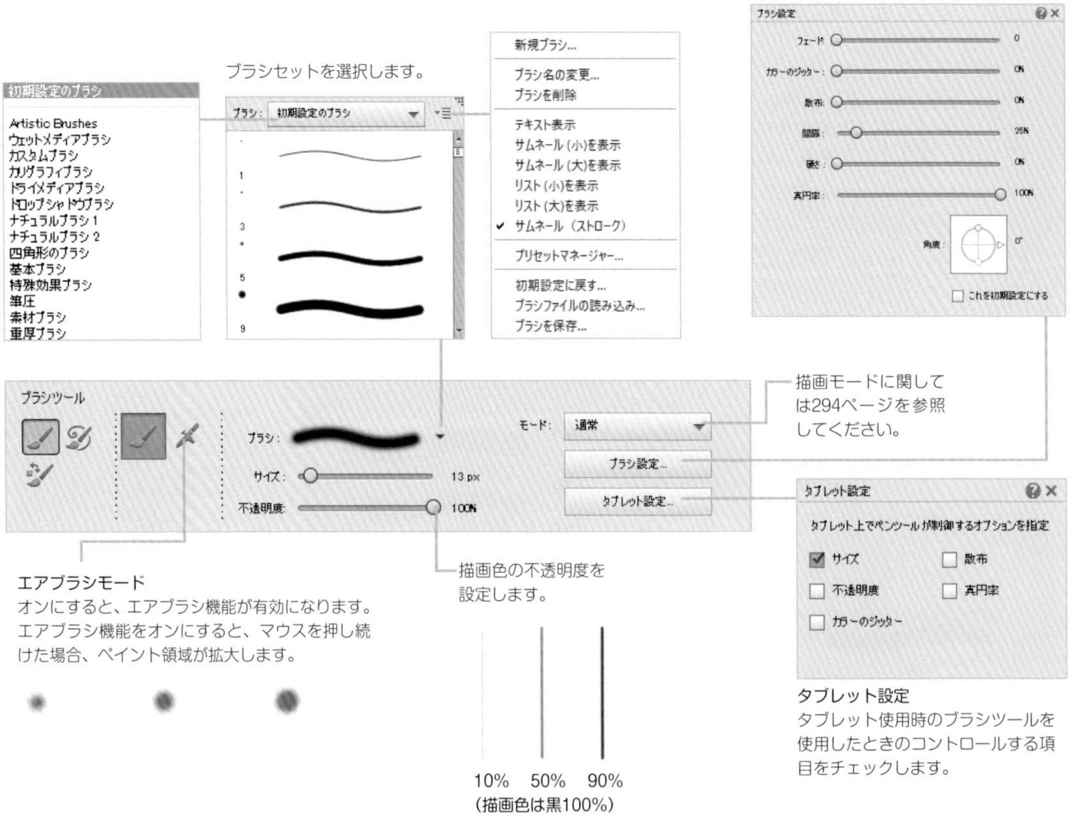

ブラシセットを選択します。

描画モードに関しては294ページを参照してください。

エアブラシモード
オンにすると、エアブラシ機能が有効になります。エアブラシ機能をオンにすると、マウスを押し続けた場合、ペイント領域が拡大します。

描画色の不透明度を設定します。

10%　50%　90%
（描画色は黒100%）

タブレット設定
タブレット使用時のブラシツールを使用したときのコントロールする項目をチェックします。

消しゴムツール

消しゴムツールは、ドラッグした軌跡を作業レイヤーが「背景」レイヤーの場合は**背景色で描画**します。下にレイヤーがある場合は下のレイヤーが不透明度に応じて表示されます。Shiftキーを押しながら描くと、水平・垂直・45度の直線で消去できます。

左図は透明度50%で背景の写真を残すように消しゴムツールで塗っています。

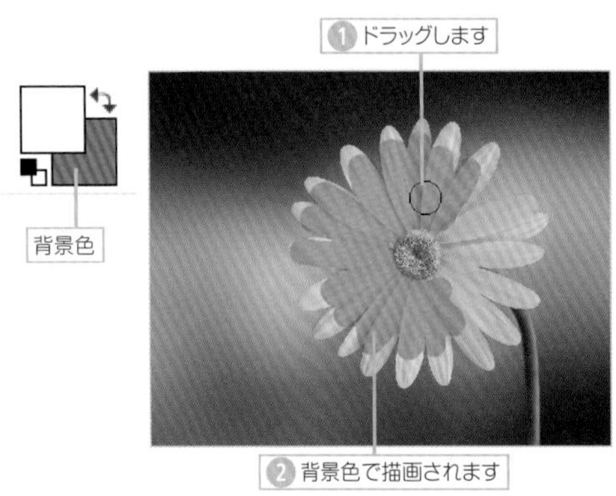

① ドラッグします
背景色
② 背景色で描画されます

背景以外のレイヤーの場合は下のレイヤーが表示されます
通常
不透明度
100%
レイヤー0
レイヤー1

▶ツールオプションの設定

ツールオプションでは、消しゴムの形状や不透明度、フェードなどの設定ができます。

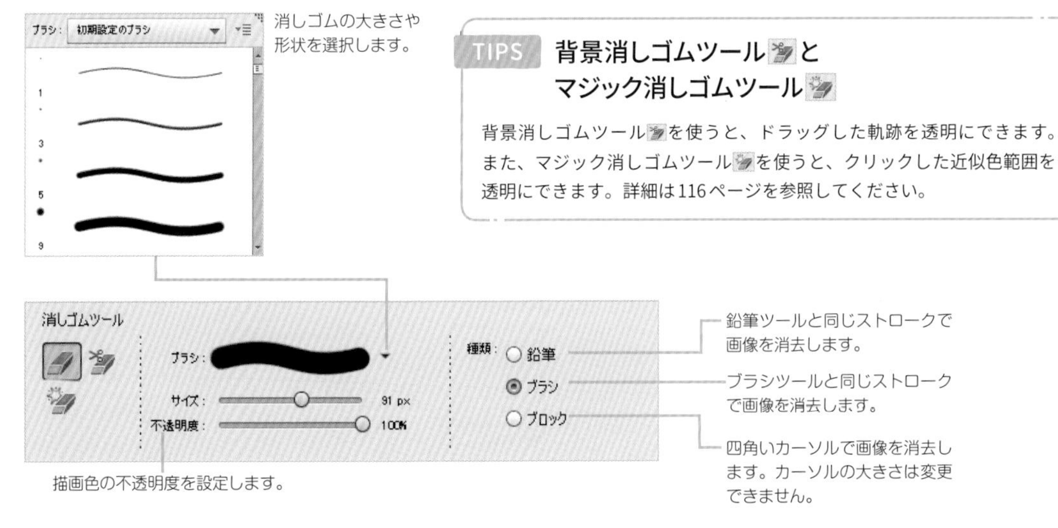

消しゴムの大きさや形状を選択します。
ブラシ： 初期設定のブラシ
消しゴムツール
ブラシ：
サイズ： 91 px
不透明度： 100%
種類： 鉛筆
ブラシ
ブロック
鉛筆ツールと同じストロークで画像を消去します。
ブラシツールと同じストロークで画像を消去します。
四角いカーソルで画像を消去します。カーソルの大きさは変更できません。
描画色の不透明度を設定します。

TIPS 背景消しゴムツールとマジック消しゴムツール

背景消しゴムツールを使うと、ドラッグした軌跡を透明にできます。また、マジック消しゴムツールを使うと、クリックした近似色範囲を透明にできます。詳細は116ページを参照してください。

鉛筆ツール

鉛筆ツールは、指定した描画色でドラッグした軌跡を描画します。

直線を描画するときは、Shiftキーを押しながら直線の端点をクリックしてください。クリックした点が直線で結ばれてペイントされます。

ブラシツールのストロークがアンチエイリアスがかかった線になるのに対し、鉛筆ツールでは**アンチエイリアスがかかりません。**

▶ツールオプションの設定

ツールオプションでは、線の太さ、描画モードやフェードなどの設定ができます。

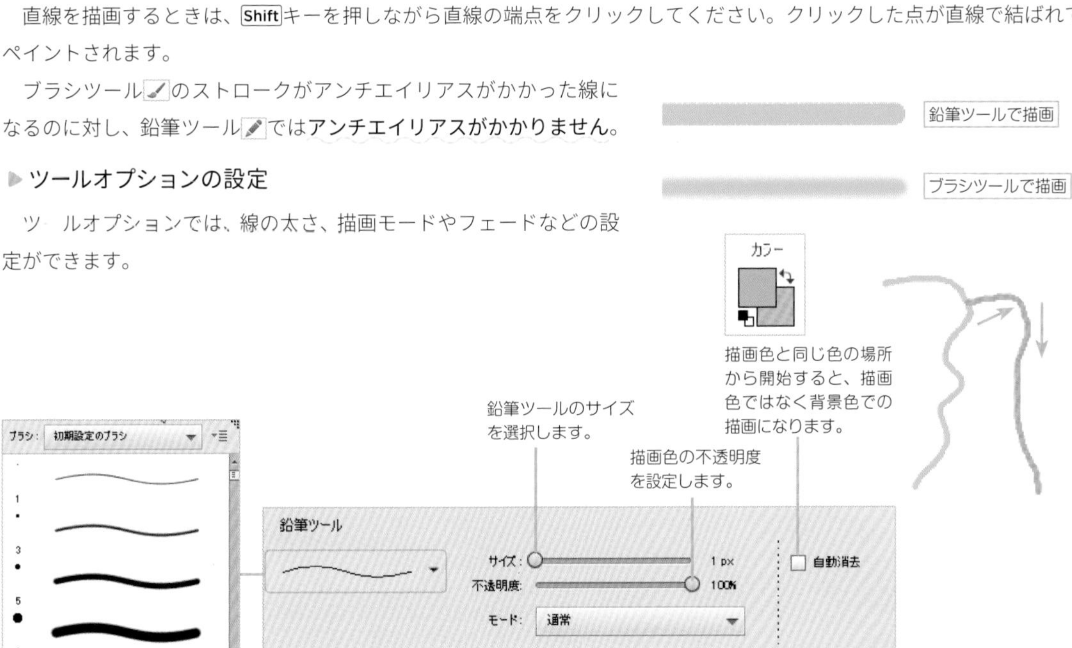

鉛筆ツールで描画
ブラシツールで描画
カラー
描画色と同じ色の場所から開始すると、描画色ではなく背景色での描画になります。
鉛筆ツールのサイズを選択します。
描画色の不透明度を設定します。
ブラシ： 初期設定のブラシ
鉛筆ツール
サイズ： 1 px
不透明度： 100%
モード： 通常
自動消去

SECTION 7.5

使用頻度

ブラシ設定、新規ブラシ、ブラシを定義、ブラシセット

好みのブラシをつくろう

ブラシツール や鉛筆ツール などのブラシの種類は、ツールオプションのメニューから選択します。また、新しいブラシの作成やブラシセットの保存・読み込みが可能です。

ブラシ設定で好みのブラシをつくる

ツールオプションの「ブラシ設定」をクリックし、設定値を変更してぼかし具合など**好みのブラシをつくる**ことができます。

1 ブラシを選択する

ブラシツール を選択したら、ツールオプションでサイズやブラシの種類を選びます。
ここでは「四角形のブラシ」から選んでいます。
ブラシツールオプションの**「ブラシ設定」をクリック**します。

1 クリックしてブラシを選択します

2 クリックします

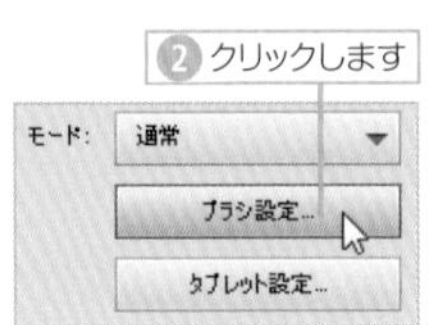

2 ブラシ設定を行なう

「ブラシ設定」ダイアログボックスで各項目のスライダー値を設定します。

カラーのジッター

散布

間隔

ブラシをフェードアウトさせます。数値を小さくするほど、フェードアウトする距離が短くなります。

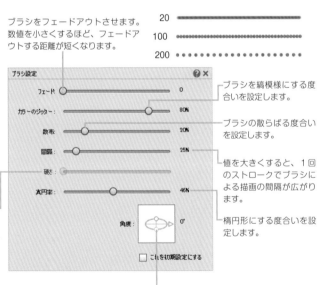

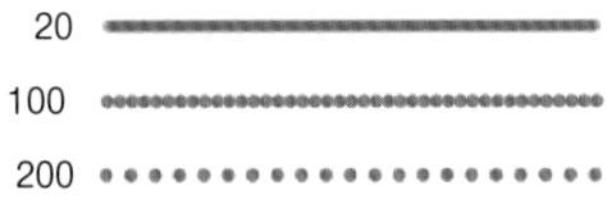

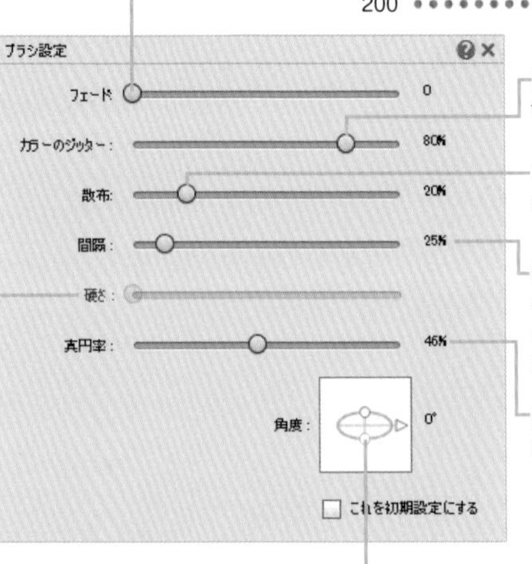

ブラシを縞模様にする度合いを設定します。

ブラシの散らばる度合いを設定します。

値を大きくすると、1回のストロークでブラシによる描画の間隔が広がります。

楕円形にする度合いを設定します。

ぼかしのあるブラシにします。値を小さくするほど、ぼけが大きくなります。

ブラシの角度を設定します。真円率を99%以下にして楕円のブラシに設定した際に、有効になります。

サイズ5　サイズ15　サイズ45

(硬さはすべて100)

(サイズはすべて45)

硬さ0　硬さ50　硬さ85

カスタマイズしたブラシを新規に保存する

カスタマイズしたブラシは、名前を付けて保存しておくとブラシの種類に登録されます。

① 「新規ブラシ」を選択する

カスタマイズしたブラシを選択し、ブラシのオプションメニューから「新規ブラシ」を選択します。

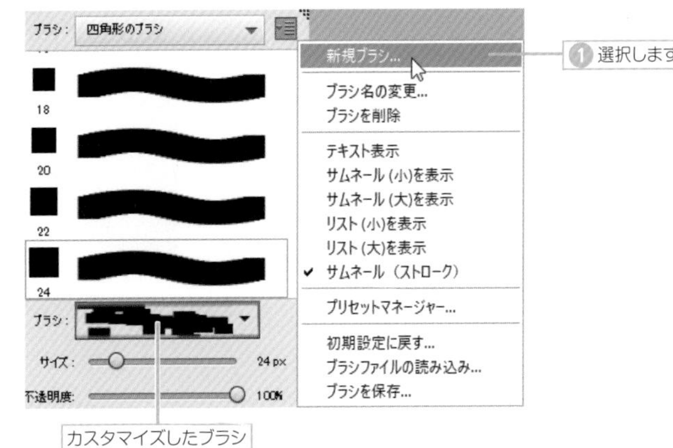

POINT

選択中のブラシは、不要な場合オプションメニューの「ブラシを削除」を選択して削除できます。

② ブラシ名を付ける

「ブラシ名」ダイアログボックスで**ブラシ名を入力**し「OK」ボタンをクリックすると、現在のブラシセットに登録されます。

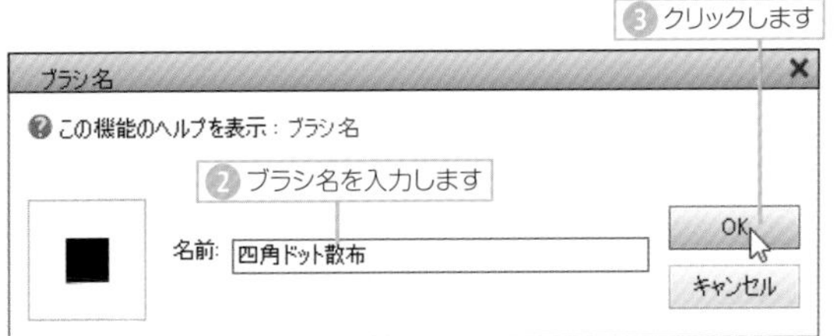

TIPS 円を均等に並べて描けるブラシをつくる

円状のブラシ（ここでは「基本ブラシ」の「ハードメカニカル　38pixel」）を選びます。
「ブラシ設定」で「間隔」を100%にすると、ブラシがネックレスのように100%の間隔で並んで描けます。
「カラーのジッター」を100%にすると、色が描画色と背景色の間で色が変化する状態で描画できます。

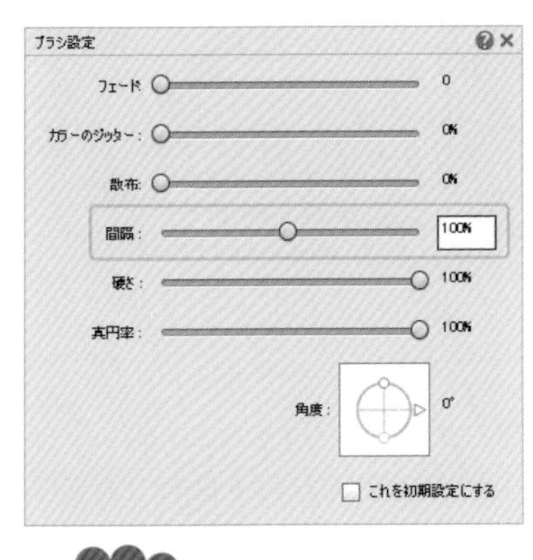

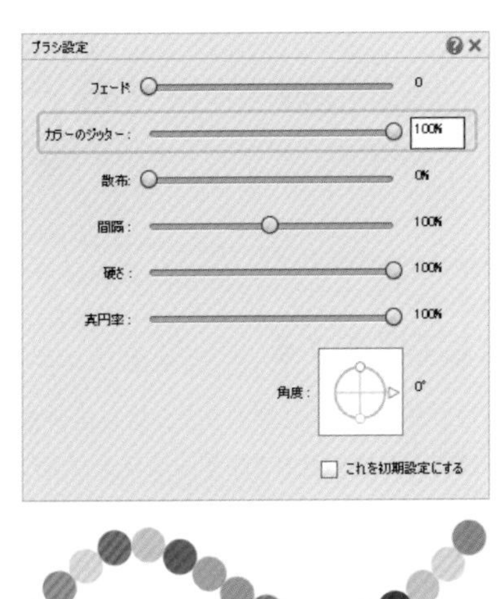

作成した画像をブラシとして定義する

自分で作成したイメージを、ブラシとして定義して使用することができます。

① 選択範囲を作成する

ブラシにする画像を背景以外のレイヤーで描画し、選択範囲を作成します。

② 「ブラシを定義」を選択する

「編集」メニューの「選択範囲からブラシを定義」を選択します。

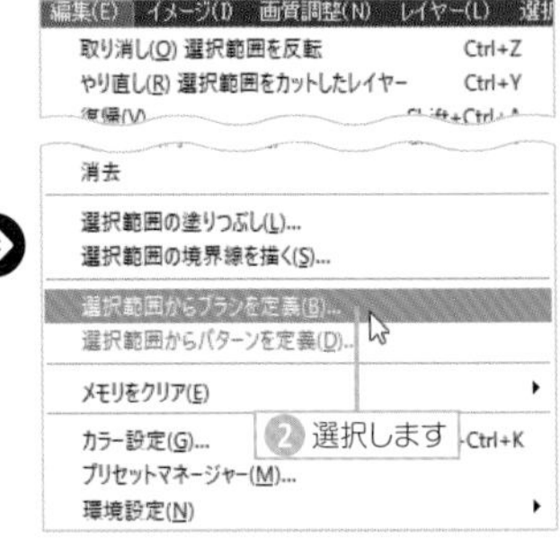

③ ブラシ名を入力する

「ブラシ名」ダイアログボックスにブラシの名前を入力し「OK」ボタンをクリックします。

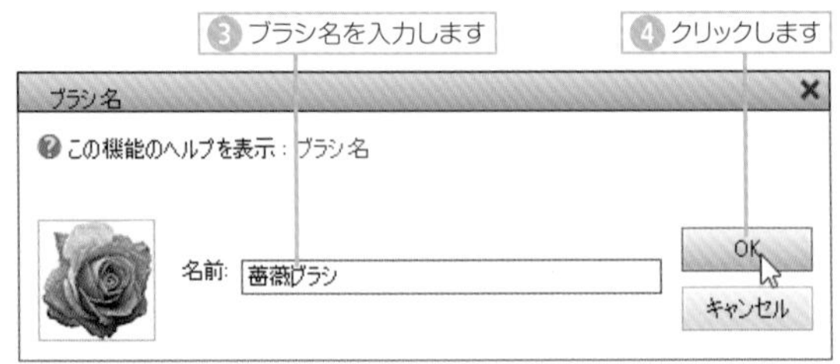

④ ブラシが登録された

ブラシパネルにブラシが追加されるので、他のブラシと同じように利用してください。

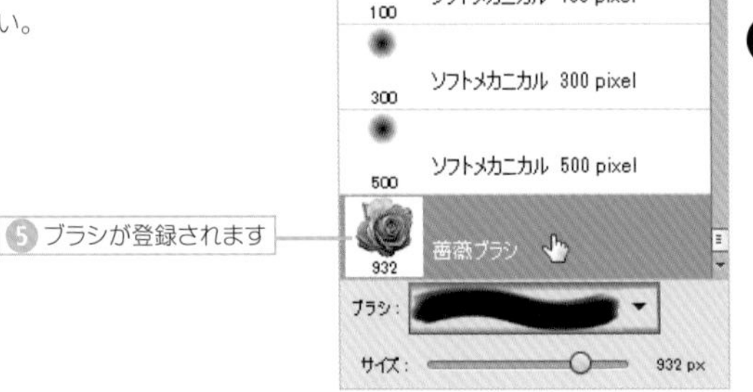

カラーのジッターを設定、間隔100%にして描画するとバラが隣接して並びます。

ブラシセットとして保存する

新しく作成、定義したブラシや頻度の高いブラシは、自分専用のブラシセットファイルとして保存できます。

保存したブラシは、読み込んで利用できます。ブラシパネルのオプションメニューから「ブラシを保存」を選択し、「保存」ダイアログボックスでブラシの名称を入力して保存します。

ブラシセットの読み込み・置き換え

保存したブラシセットファイルを読み込んで、利用することができます。

1 ブラシセットを選択する

「ブラシを保存」コマンドでオリジナルのブラシを保存している場合は、ブラシパネルのオプションメニューから「**ブラシファイルの読み込み**」を選択します。

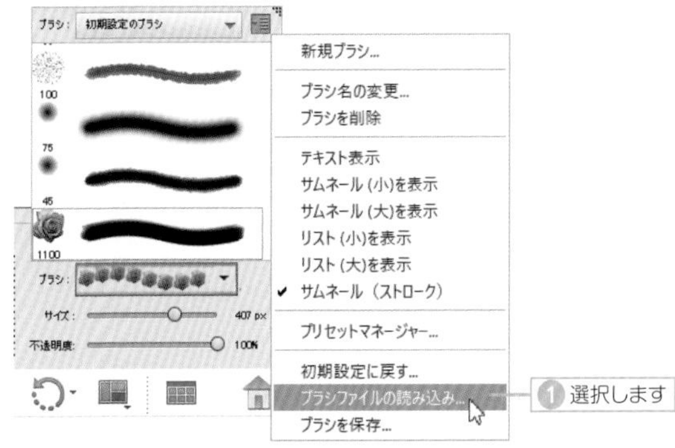

2 ブラシを選択する

ダイアログボックスでブラシファイルを選択して「読み込み」ボタンをクリックします。

3 ブラシが読み込まれた

選択したブラシセットが読み込まれます。

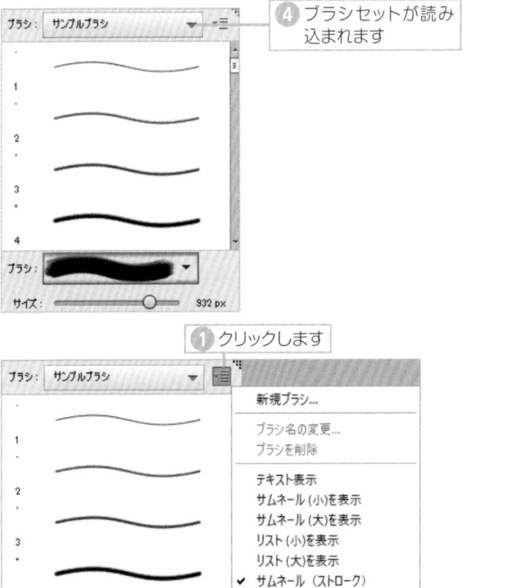

▶ 初期設定に戻す

ブラシリストの状態を初期設定に戻すには、ブラシパネルのプルダウンメニューから「初期設定のブラシ」を選択するか、ブラシパネルのオプションメニューから「**初期設定に戻す**」を選択します。

SECTION 7.6

使用頻度

印象派ブラシ、ツールオプション

印象派ブラシで描画しよう

ブラシツールのブラシオプションにある印象派ブラシツールは、アーティスティックなタッチで描画できるツールです。ブラシをドラッグして描画することができます。

印象派ブラシで描画する

印象派ブラシは元の画像を絵画の**印象派のタッチで描画**することができます。ツールオプションでブラシのスタイルを選択して、範囲や許容値を設定しながら描画します。

オリジナル画像

「しっかり（短く）」で描画

▶ ツールオプションの設定

印象派ブラシツールのツールオプションは、次のようになっています。ストロークの形状やブラシ、描画モードなどを指定します。

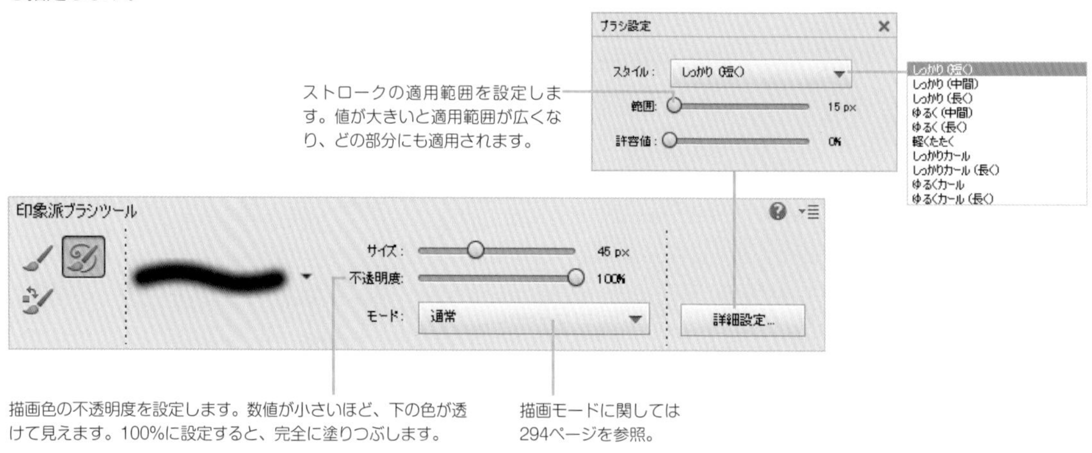

ストロークの適用範囲を設定します。値が大きいと適用範囲が広くなり、どの部分にも適用されます。

描画色の不透明度を設定します。数値が小さいほど、下の色が透けて見えます。100%に設定すると、完全に塗りつぶします。

描画モードに関しては294ページを参照。

SECTION
7.7
使用頻度

コピースタンプツール、色の置き換えツール、ぼかしツール、シャープツール、修復ブラシツール

画像をレタッチして修正しよう

Photoshop Elementsには、描画ツール以外に画像をレタッチして編集するツールがあります。細部の調整には欠かせないツール類です。

コピースタンプツール

画像の特定の場所を、ブラシツールと同じストロークで**別の場所にコピーして描画するツール**です。同じ画像が並んでいるような特殊な効果や、スキャン画像のゴミ削除処理に使用します。

1 コピー元をクリックする

Alt（Macはoption）キーを押してカーソルを⊕にし、コピー元の基準となる場所をクリックします。

2 ブラシが読み込まれた

Altキー（Macはoption）キーを離して別の場所でドラッグすると、指定した場所の画像が描画できます。

▶ ツールオプションの設定

コピースタンプツールは、ツールオプションで「調整あり」「コピーオーバーレイ」などを設定します。

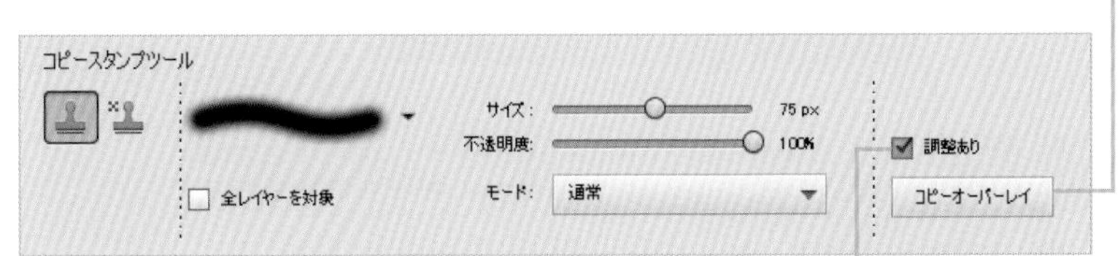

一度ドラッグして描画し、次回に描く際の基準点と描画位置の関係を設定します。オンにすると、2度目以降も基準点と描画位置の距離、角度は一定に保たれます。オフの場合には、画像内のどの位置で描画しても、基準点は同じ場所に保たれます。

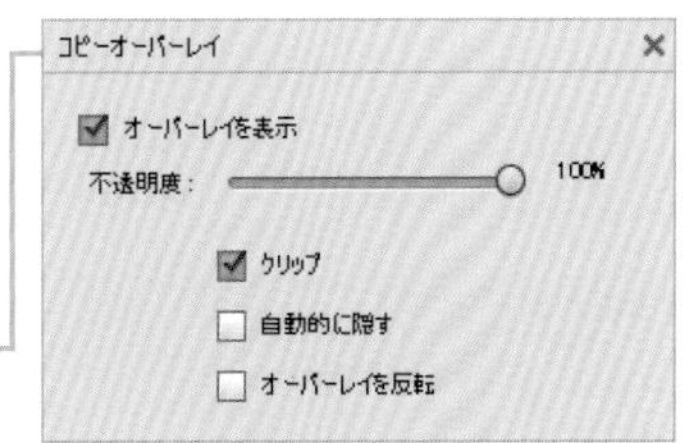

「コピーオーバーレイ」ではスタンプでコピーする元画像のイメージをブラシとして表示させる場合の設定ができます。

色の置き換えツール

ブラシツールのオプションにある色の置き換えツールは、ブラシの中心が通過した部分を認識し、同じテクスチャのブラシ範囲を画像のテクスチャとハイライトを保持しつつ描画色で塗ります。描画部分をカラーフィルターをかけるように塗りつぶします。

1 色の置き換えツールの設定を行う

ブラシツールのオプションで色の置き換えツールを選択し、塗りつぶす色を選択します。ツールオプションでオプションを設定します。

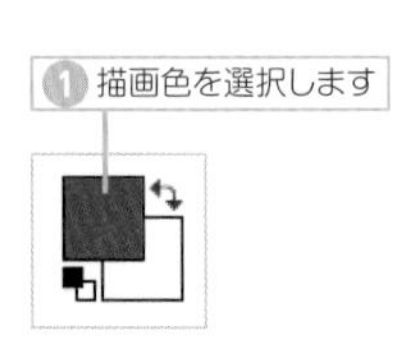

描画色の「色相」「彩度」「カラー」「輝度」を選択し、描画します。

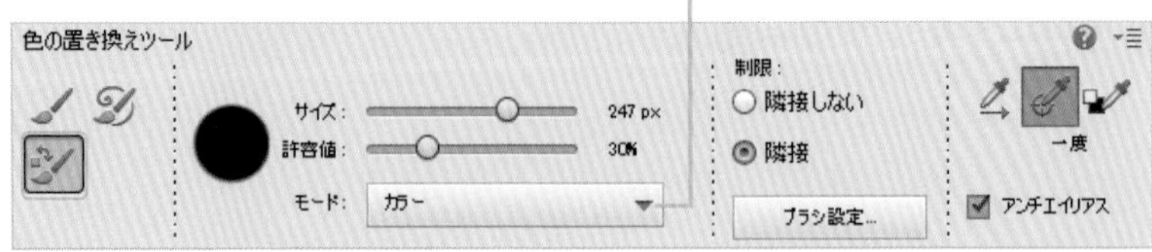

2 ドラッグして色を置き換える

色を置き換えたい画像をドラッグします。
ブラシの中央部分のピクセルをサンプリングし、そのブラシで置き換えるブラシ内のカラー範囲を判断し、ツールオプションの設定に基づいて塗りつぶされます。

指先ツール

乾いていない絵の具を指先で擦ったような効果を出すツールです。

▶ ツールオプションの設定

指先ツールのオプションは、ツールオプションで設定します。

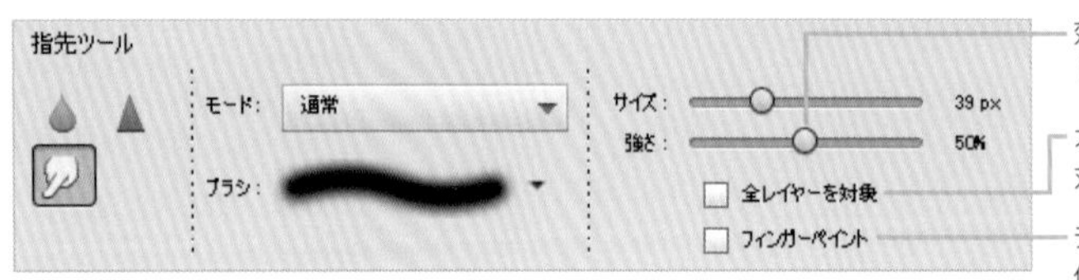

効果の強さを設定します。数値が大きいほど、ドラッグを開始した場所の色が強くなります。

オンにすると、すべてのレイヤーに対して効果を適用します。

チェックすると、描画色を指でこすり付けるように描画できます。

ぼかしツール

ドラッグした部分をぼかすツールです。

▶ツールオプションの設定

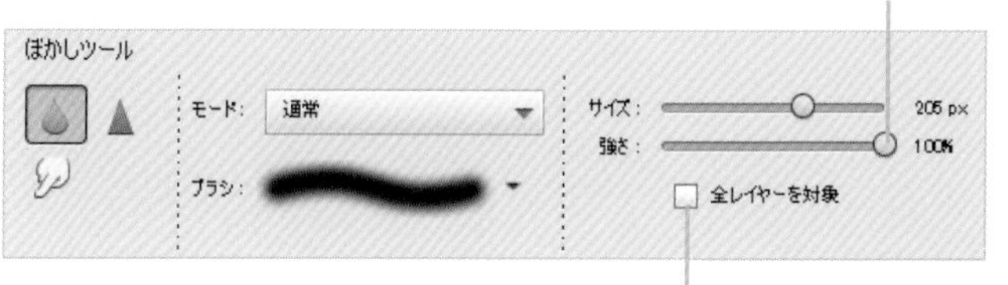

効果の強さを設定します。数値が大きいほど、ぼかし具合が強くなります。

オンにすると、すべてのレイヤーに対して効果を適用します。

シャープツール

ドラッグした部分を鮮明にするツールです。

▶ツールオプションの設定

シャープツールのブラシ、サイズ、強さなどは、ツールオプションで設定します。

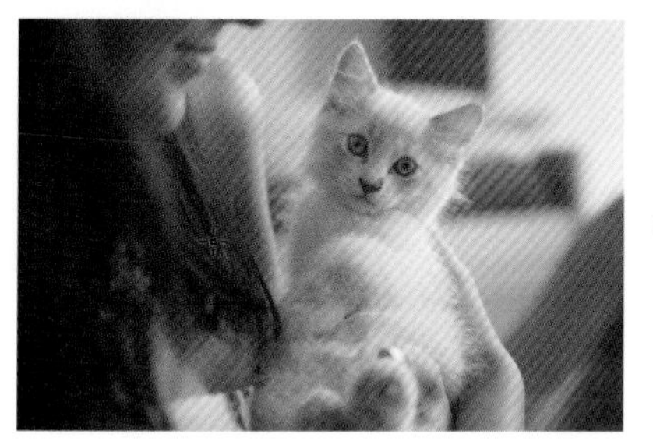

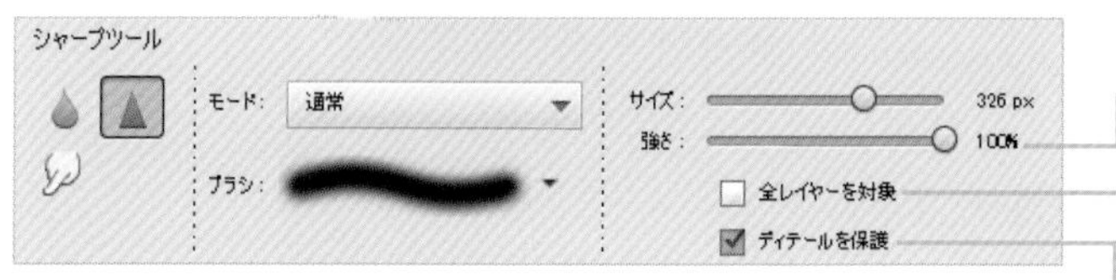

効果の強さを設定します。数値が大きいほど、シャープが強くなります。

オンにすると、すべてのレイヤーに対して効果を適用します。

ディテール部分を保護しながらピクセレートを最小化します。

覆い焼きツール

覆い焼きツールは、ドラッグした部分の画像の明度を上げ明るくします。

ドラッグして明るくします

TIPS　覆い焼きツールのショートカット

欧文モードでOキーを押すごとに、覆い焼き、焼き込み、スポンジツールのローテーション選択が行えます。

▶ツールオプションの設定

覆い焼きツールのレタッチ範囲、サイズ、露光量の設定は、ツールオプションで行ないます。

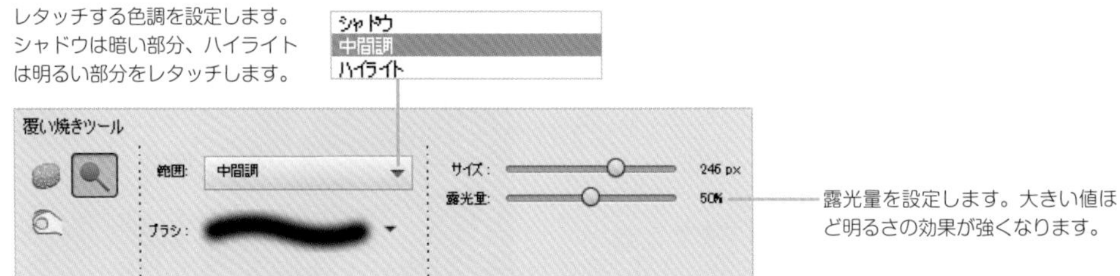

焼き込みツール

焼き込みツールは、ドラッグした部分の画像の明度を下げ暗くします。

▶ツールオプションの設定

焼き込みツールのオプションは、ツールオプションで設定します。

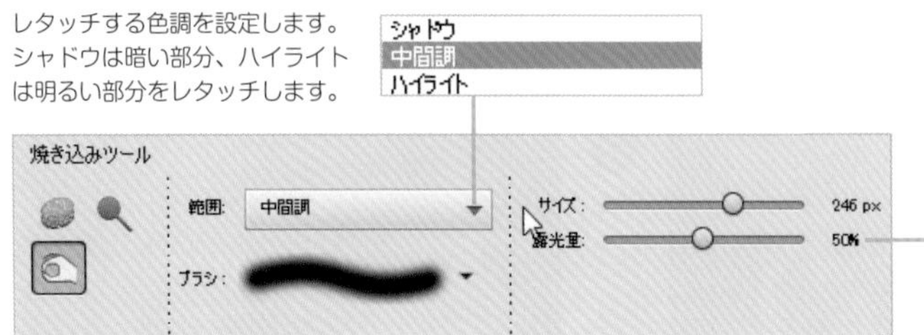

スポンジツール

スポンジツールは彩度（色の鮮やかさ）を修正します。

▶ツールオプションの設定

スポンジツールのオプションで彩度の上げ下げ、ブラシ、サイズ、流量を設定します。

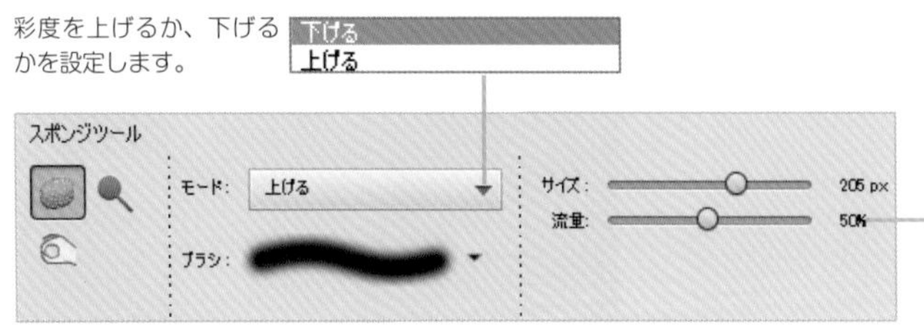

スポット修復ブラシツール

スポット修復ブラシツールは、クリックまたは**ドラッグした箇所を周囲の色から分析した色で塗りつぶし**画像の修復ができます。

1 ブラシサイズ等オプションを設定します
2 ドラッグします
3 修復されます

▶ツールオプションの設定

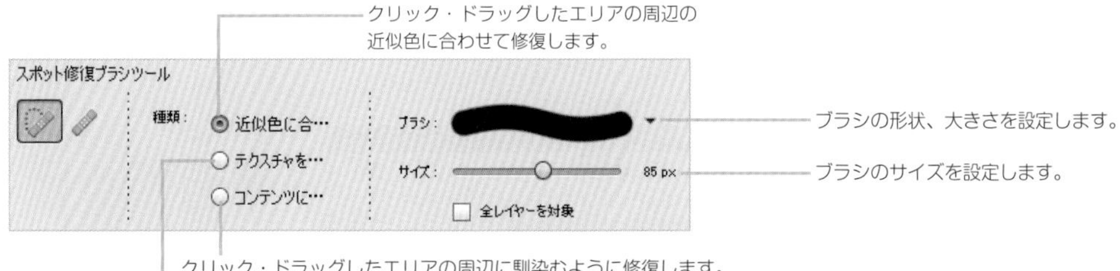

クリック・ドラッグしたエリアの周辺の近似色に合わせて修復します。
スポット修復ブラシツール
種類：
近似色に合…
テクスチャを…
コンテンツに…
ブラシ：
サイズ：
85 px
全レイヤーを対象
ブラシの形状、大きさを設定します。
ブラシのサイズを設定します。
クリック・ドラッグしたエリアの周辺に馴染むように修復します。
クリック・ドラッグしたエリアの周辺から作成されたテクスチャで修復します。

修復ブラシツール

修復ブラシツールは、コピースタンプツールと同様に、**画像の特定の場所を別の場所にブラシストロークでコピー**しながら描画します。修復ブラシツールでは、コピーした画像がコピー先の色のトーンに合わせて自動的に周囲となじむので、画像の修復に最適です。

1 Alt +クリックします
2 ドラッグします
3 修復されます

▶ツールオプションの設定

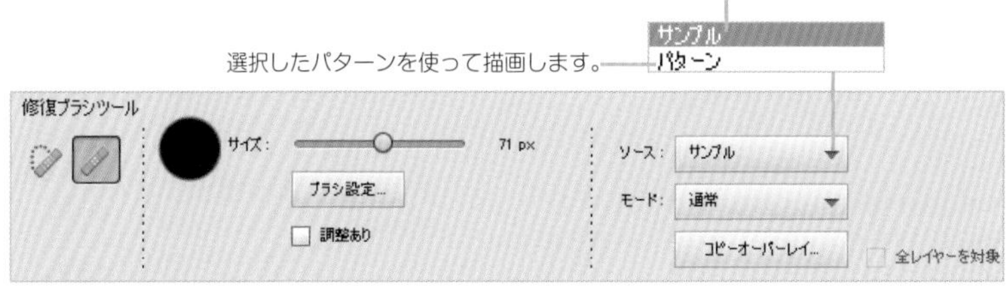

Alt +クリックした箇所を元に描画します。
サンプル
パターン
選択したパターンを使って描画します。
修復ブラシツール
サイズ：
71 px
ブラシ設定...
調整あり
ソース：
サンプル
モード：
通常
コピーオーバーレイ...
全レイヤーを対象

> **TIPS 赤目修正ツール**
>
> 赤目修正（アイ）ツールは、フラッシュをたいて撮影した際に、光が網膜に映ってできる赤目の部分を修正します。赤目修正ツールのオプションは、ツールオプションで設定します。

SECTION

7.8

使用頻度

スマートブラシツール、詳細スマートブラシツール

スマートブラシツールで加工しよう

スマートブラシツールは、ブラシでなぞるだけで写真の特定の範囲を自動的に選択し、色の変更、光補正や色表現、描画効果などを加えることができます。詳細スマートブラシツールは、選択範囲が自動的に作成されず、より詳細にブラシのサイズを設定しながら、部分ごとに効果を適用します。

スマートブラシツール

効果を適用したいレイヤーを選択するか、ツールオプションの「新規選択」を選択しブラシで画像上をドラッグすると、新しいレイヤーに選択した効果のスマートブラシが適用されます。

適用したブラシ効果は、レイヤーパネルの調整レイヤーサムネールや効果マーカーをダブルクリックして再設定することができます。

③ドラッグして適用します
ダブルクリックすると効果を適用したダイアログボックスが開きます。
②効果を選択します
①選択します
新規選択
ブラシを適用する元の画像のレイヤーを選択して、新しいブラシを適用すると、ブラシに対応したレイヤーが作成されます。レイヤーは自動的に選択されたマスクが作成されており、不透明度やブレンドモードで効果を調整することができます。

▶ツールオプションの設定

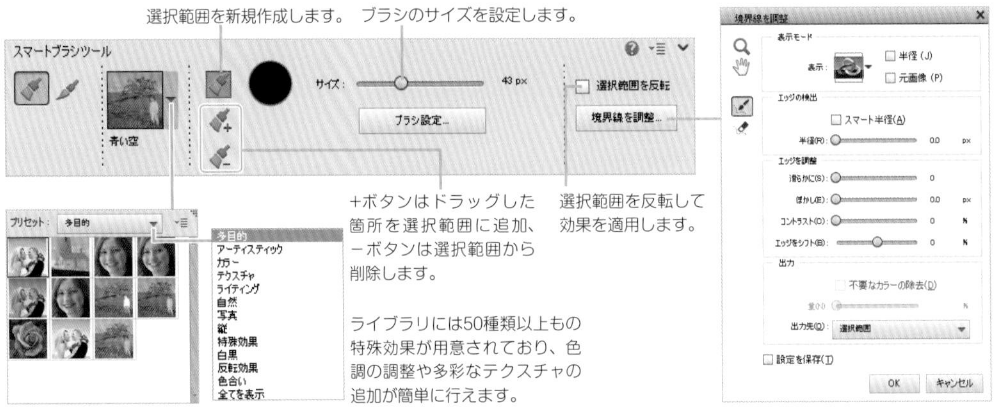

詳細スマートブラシツール

詳細スマートブラシツールは、選択範囲が自動的に作成されず、より詳細にブラシのサイズを設定しながら、部分ごとに効果を適用します。スマートブラシツールとの違いは、自動的に選択範囲が作成されないことです。

ツールオプションの設定

詳細スマートブラシツールのオプションは、ツールオプションで設定します。

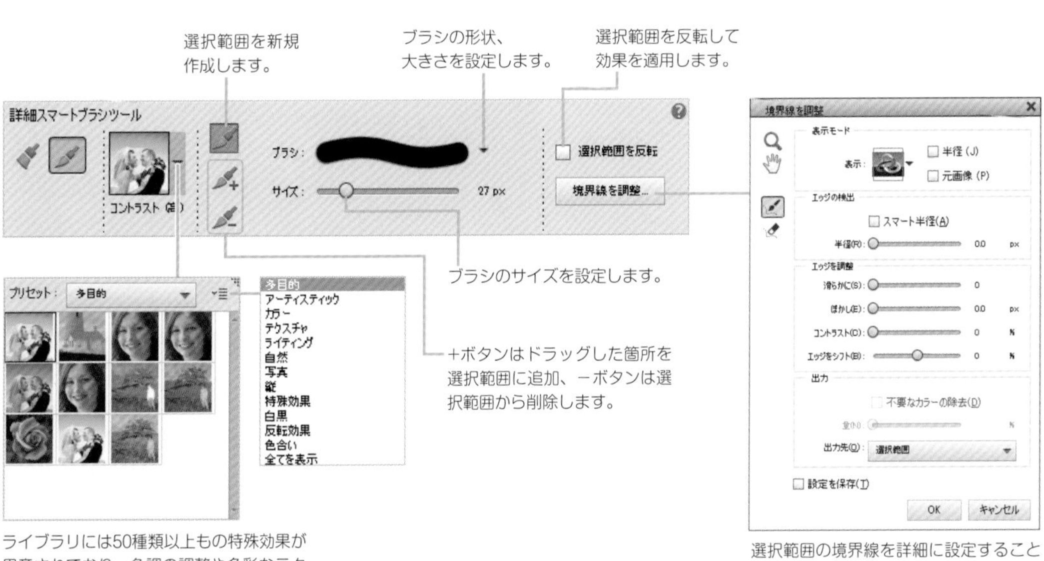

ライブラリには50種類以上もの特殊効果が用意されており、色調の調整や多彩なテクスチャの追加が簡単に行えます。

選択範囲の境界線を詳細に設定することができます。

SECTION
7.9

再構成ツール

画像の特定部分を削除しよう

使用頻度

再構成ツール は、画像内の特定部分の大きさを保ったまま、全体のサイズを変更することができます。

画像の特定部分を残して、特定部分を削除する

サイズを保護したい場所と削除してもかまわない領域をブラシでハイライトしてから、バウンディングボックスをドラッグして画像サイズを変更します。

1 保護する対象を指定する

画像を開き再構成ツール を選択します。
ツールオプションの「保護対象として設定」 を選択し、画像サイズを変えてもサイズを変えたくない部分をドラッグして塗ります。

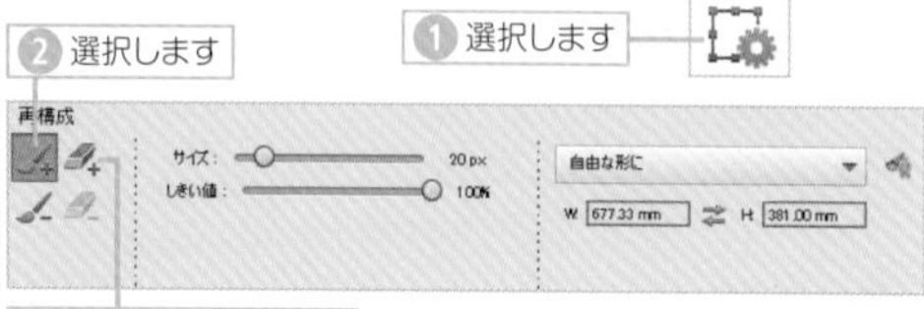

2 削除対象を指定する

画像内の削除する部分を「削除対象として設定」 ボタンを選択して塗りつぶします。

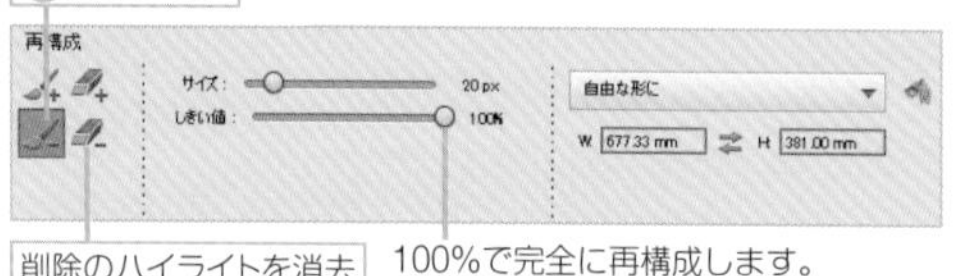

3 画像を変形する

プリセットでサイズを選択するか「自由な形に」を選択し、バウンディングボックスをドラッグします。
画像サイズが決まったら、確定ボタン をクリックして、変更を確定します。
保護対象が残り、削除対象がなくなり、画像が再構成されました。

SECTION 7.10

使用頻度

グラデーションツール

グラデーションで描画しよう

Photoshop Elementsでグラデーションを使って描画するには、グラデーションツールを使います。グラデーションの色やパターンは、自由にカスタマイズすることが可能です。

グラデーションツール

グラデーションでペイントするには、グラデーションツールを使います。

Photoshop Elementsでは異なる形状の**5つのタイプのグラデーションが用意**されており、ツールオプションで選択できます。

これらのグラデーションは形状が異なるだけで、ペイント方法やオプションの設定は同じです。

また、グラデーションエディターを使うと、グラデーションの色が変化する箇所のカラーを設定し、好みのグラデーションを作成して塗りつぶすことができます。

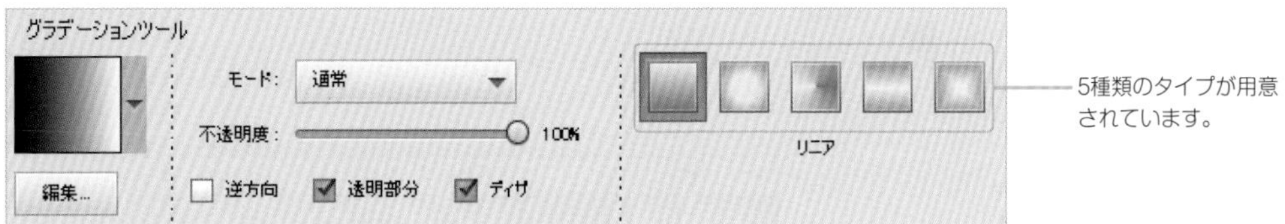

5種類のタイプが用意されています。

線形グラデーション

一般的な線形のグラデーションでペイントします。

円形グラデーション

始点が円の中心、終点が円の外周となってペイントします。

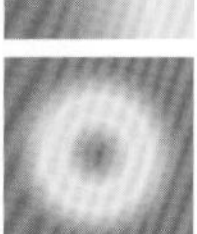

円錐形グラデーション

始点と終点を結んだ線を、始点を中心に回転させたグラデーションでペイントします。

始点と終点の色が同じグラデーションでペイントすると、円錐の特徴が出せます。

反射形グラデーション

始点から終点への線形グラデーションを、始点を中心に終点の反対側にも作成してペイントします。

菱形グラデーション

始点が中心、終点が正方形の外周の角となって、菱形にペイントします。

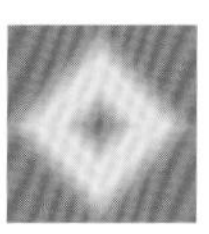

グラデーションツールでペイントを行う

グラデーションでペイントしてみます。

最初に、適用する部分の選択範囲を作成します。選択範囲がない場合は、選択しているレイヤー全体が描画対象になります。

1 選択範囲を作成する

適用する部分の選択範囲を作成します。
選択範囲がない場合は、選択しているレイヤー全体が描画対象になります。

2 ドラッグして方向を指定する

ツールボックスからグラデーションツール■を選択します。
ツールオプションで、**グラデーションピッカー**でグラデーションを選択し、モード、不透明度、種類を選択します。
必要に応じて、「編集」ボタンをクリックしてグラデーションエディターで適用するグラデーションを編集します。
グラデーションの方向にドラッグします。

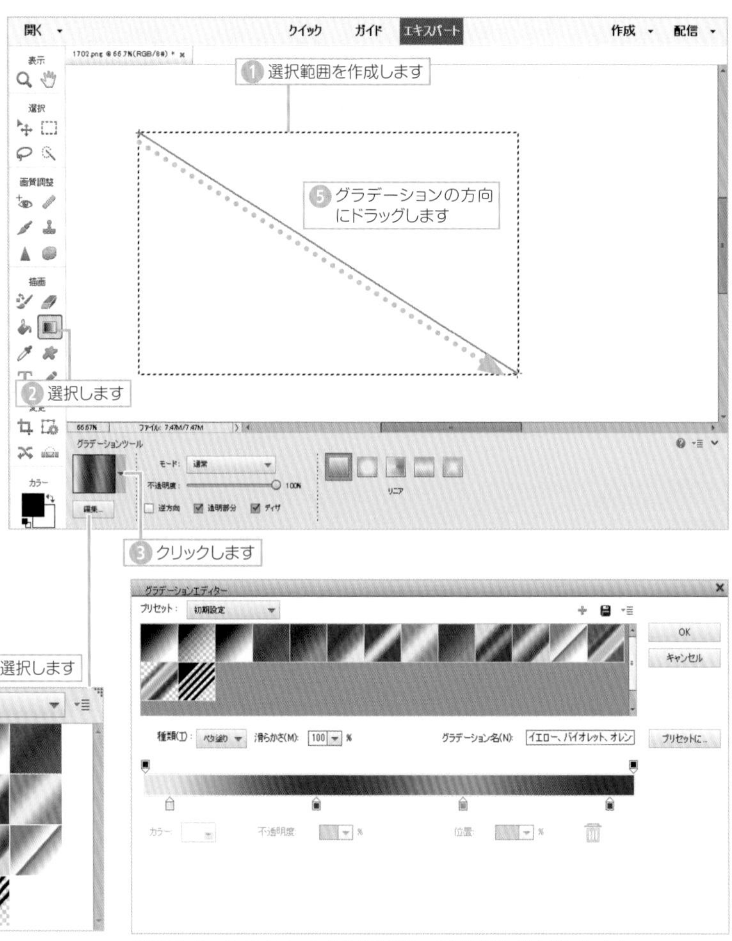

グラデーションのカラーや分岐点の追加、不透明度などを設定します。

3 グラデーションが描画された

選択範囲がグラデーションでペイントされました。

▶ツールオプションの設定

グラデーションを適用する前に、ツールオプションでグラデーションの描画モード、不透明度、種類などを設定することができます。

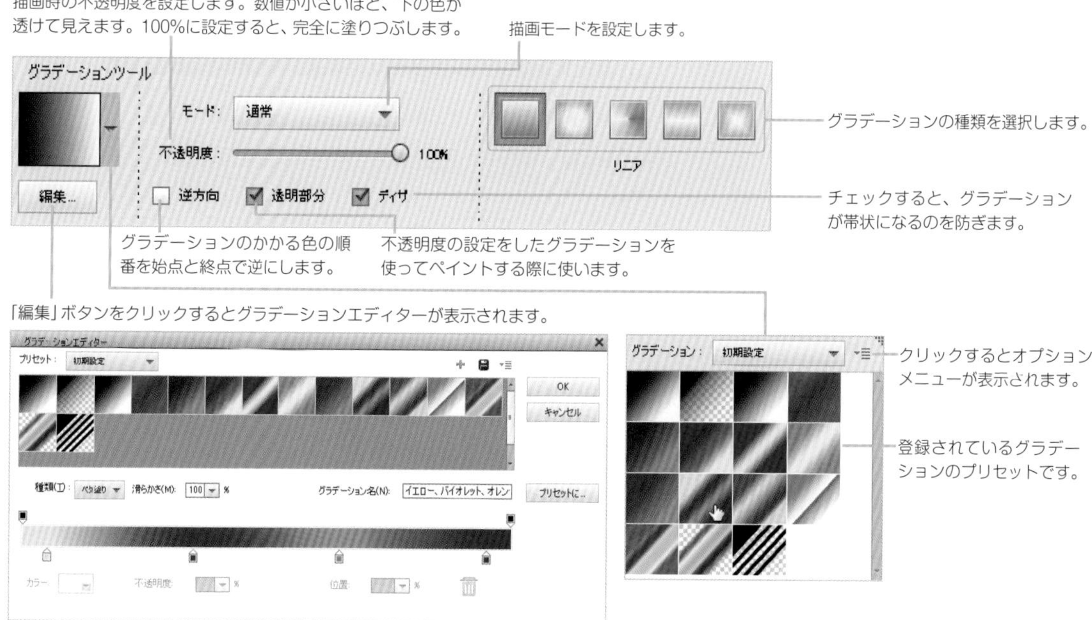

グラデーションを作成・編集する

グラデーションはあらかじめプリセットとして用意されているもののほか、自由に作成することができます。

① グラデーションエディターを開く

ツールオプションの「編集」ボタンかグラデーション部分をクリックし、「**グラデーションエディター**」ダイアログボックスを開きます。
グラデーションエディターには現在選択しているグラデーションが表示されています。
最初に左の**カラー分岐点**をクリックし、カラーポップアップからカラーを選びます。
または、カラー分岐点をダブルクリックするか、カラーボックスをクリックすると、カラー選択のダイアログボックスが開くのでカラーを指定します。

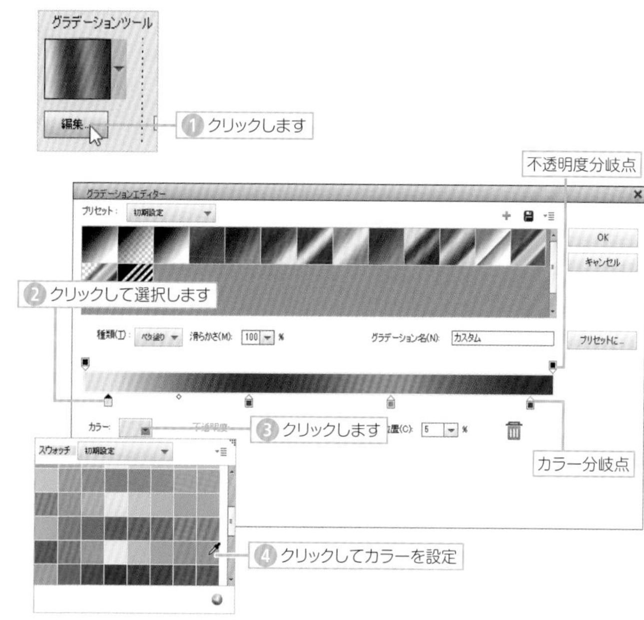

② グラデーションを設定する

さらに、中間点、右側のカラー分岐点の色を設定し、分岐点の位置を左右にドラッグして調整します。
グラデーション名が「カスタム」になっているので、名前を入力します。
「プリセットに追加」をクリックすると、プリセットに追加されます。
よければ「OK」ボタンをクリックします。

⑪ クリックします
カラー中間点
⑨ 名前を入力します
⑩ クリックします
⑥ クリックします
⑤ クリックしてカラーを選択します

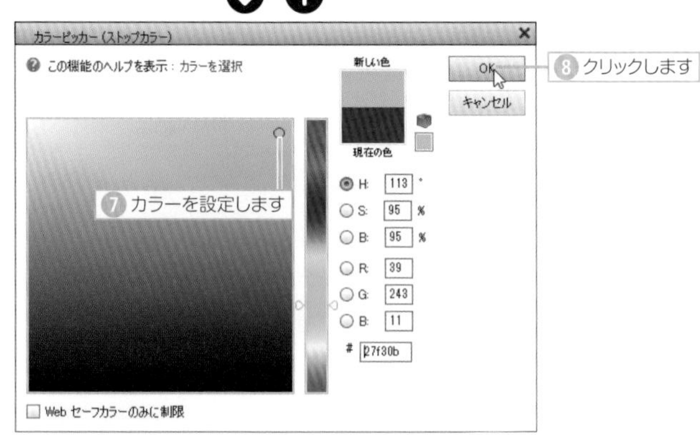
⑧ クリックします
⑦ カラーを設定します

TIPS カラーピッカーを簡単に開く

開始点や終了点をダブルクリックしても、カラーピッカーを開けます。

③ グラデーションが登録される

「新規グラデーション」ボタンをクリックし、「OK」ボタンをクリックするとプリセットに追加されます。

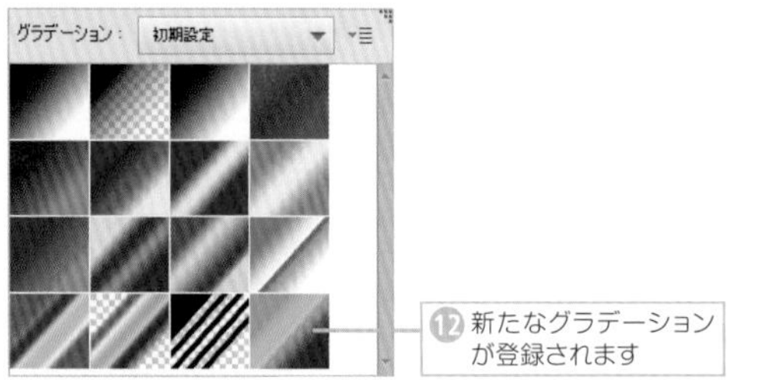
⑫ 新たなグラデーション
が登録されます

▶開始点、終了点、中間点の設定

開始点、終了点、中間点（グラデーションバーの下側にある菱形）はスライドして移動でき、グラデーションの色の変わり方に変化を付けられます。

位置ボックスの数値は、選択している開始点、終了点、中間点が、グラデーションバーのどこにあるかを示しています。

中間点も移動できます
開始色や終了色の位置は端でなくてもかまいません

複数色のグラデーションの作成

開始色と終了色の間に中間色を追加すると、複数色のグラデーションを作成できます。

グラデーションバーの下側をクリックすると新しく中間色ができるので、開始色・終了色と同様に色を設定してください。

中間色をつくると、そのカラーの分岐点の間に菱形の中間点ができます。中間点も分岐点と同様にドラッグして移動したり、%で数値指定が可能です。

中間点の位置を表す%表示は、隣り合った2つの色の間隔を100%として表示されます。

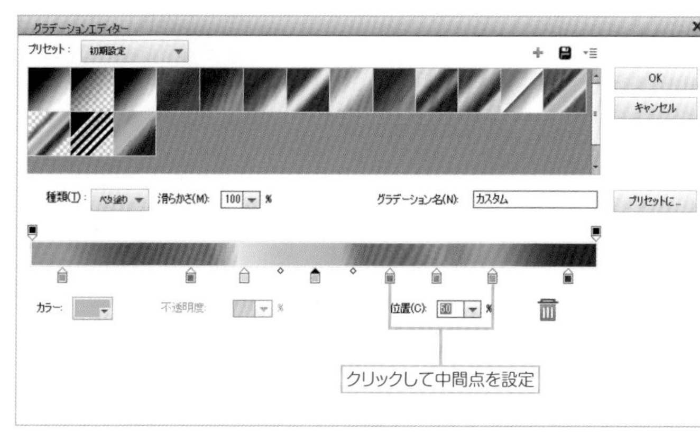

中間色を完全に重ねたグラデーション

2つの中間色を同じ位置に指定して完全に重ねると、階調が急変するグラデーションを作成できます。

グラデーションの不透明度の設定

グラデーションの色には、不透明度の階調も設定できます。

グラデーションバーの上側にある**不透明度の分岐点をクリック**して選択し、ダイアログボックス下部の「不透明度」で数値を指定します。

不透明度分岐点の扱い方は、グラデーションのカラー分岐点と同じです。不透明度を設定するとグラデーションバーに実際の色がプレビュー表示されるので、参照しながら設定してください。

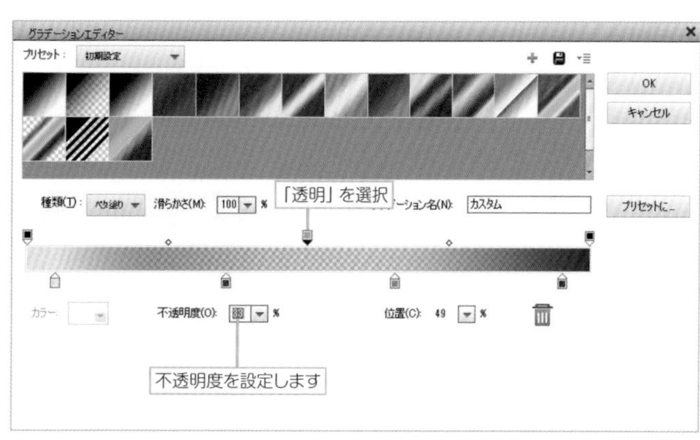

POINT

ツールオプションの「透明部分」をチェックしておかないと、不透明度を設定したグラデーションでのペイントはできません。

ノイズの入ったグラデーション

グラデーションエディターで新しいグラデーションを作成する際に、「種類」で「ノイズ」を選択すると、滑らかな階調ではない、ノイズの入ったグラデーションを作成することもできます。

グラデーションファイルの保存と読み込み

登録したグラデーションは、Photoshop Elementsを終了しても保存されています。

Photoshop Elementsでは、グラデーションの設定をファイルに保存できるようになっています。保存しておけば、Photoshop Elementsを再インストールした場合も読み込んで利用できます。

グラデーションを保存するには、グラデーションピッカーのオプションメニューの「グラデーションを保存」を選択し、ファイル名を指定して保存してください。

グラデーションを読み込むには、「グラデーションの読み込み」でグラデーションファイルを選択してください。

また、グラデーションエディターでは、保存ボタンでグラデーションの保存、＋ボタンでグラデーションのプリセットへの読み込みを行なえます。

TIPS グラデーションマップを使う

「フィルター」メニューの「色調補正」の「グラデーションマップ」を使うと、ダイアログボックスで選択したグラデーションのカラートーンによって、画像が変換されます。

SECTION 7.11

パターンを定義、パターンブラシ、パターンで塗りつぶし

パターンで塗りつぶそう

使用頻度 ●●●

Photoshop Elementsでは、指定した選択範囲をパターンに定義して、「塗りつぶし」コマンドなど塗りつぶしの描画ソースとして利用できます。

パターンを定義する

長方形に作成した選択範囲内の画像を「パターン」として定義すると、パターンを並べて塗りつぶしたり、描画できます。

1 パターンの選択範囲を作成

長方形選択ツールで、パターンとして定義する画像の選択範囲を作成します。

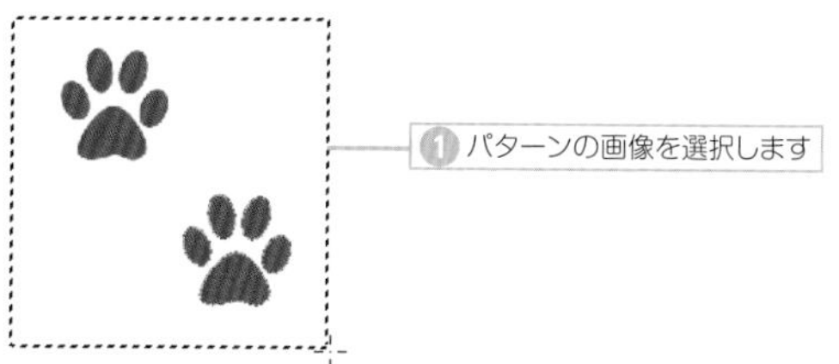

2 「パターンを定義」を選択する

「編集」メニューから「選択範囲からパターンを定義」を選択します。
選択範囲がない場合は「パターンを定義」を選択します。

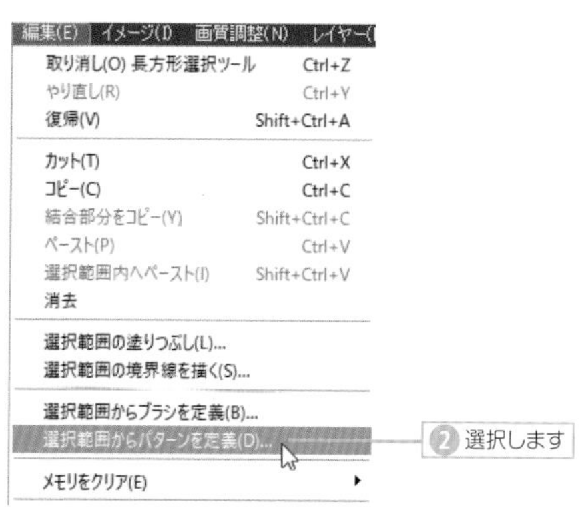

3 パターン名を入力する

「パターン名」ダイアログボックスでパターン名を入力し、「OK」ボタンをクリックするとパターンが定義されます。

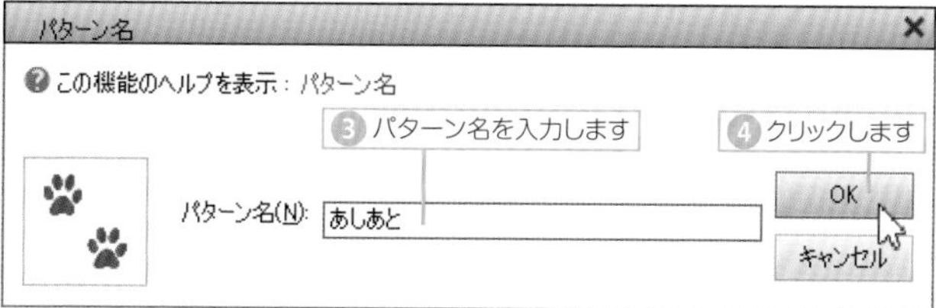

TIPS パターンの有効期限

一度定義したパターンは、新しいパターンを定義するまで利用できます。

TIPS プリセットマネージャーにも登録される

登録したパターンは「編集」メニューの「プリセットマネージャー」にも登録され、管理することができます。

パターンを使った塗りつぶし

パターンを定義すると、「レイヤーの塗りつぶし」コマンドや「塗りつぶし」調整レイヤー、パターンスタンプツールなどで、描画ソースとして利用できるようになります。塗りつぶし方法は、各コマンドの説明を参照してください。

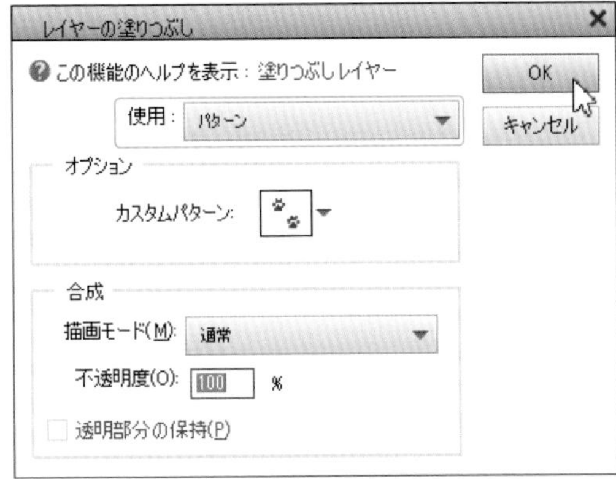

TIPS パターンの並ぶ規則

パターンは、塗りつぶす画像の左上から順番に並びます。これは選択範囲内を塗りつぶす場合でも同じです。

パターンスタンプツール

コピースタンプツールのサブメニューには、定義したパターンを使って描画できるパターンスタンプツールがあります。ドラッグすると選択したパターンで描画できます。

▶ブラシサイズの設定

パターンスタンプツールの太さは、ツールオプションの「サイズ」で選択します。

▶ツールオプションの設定

ツールオプションでパターンの描画モードや不透明度などを設定します。

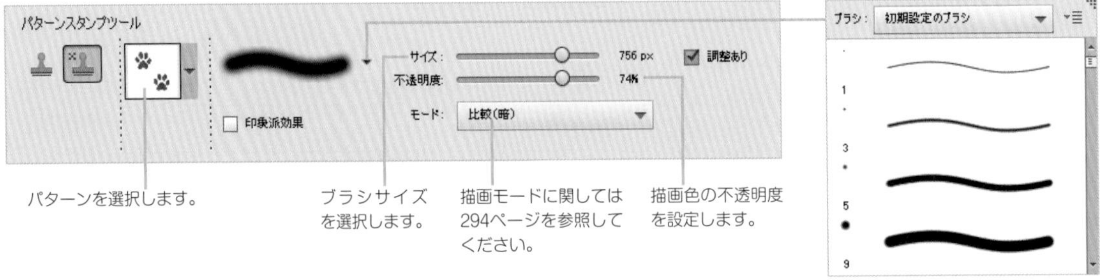

パターンを選択します。

ブラシサイズを選択します。

描画モードに関しては294ページを参照してください。

描画色の不透明度を設定します。

CHAPTER

写真の色味や明暗を補正しよう

Elements Editorには効果を見ながら画像を簡単に補正できるクイックモードがあります。また、さまざまな補正ツールを使って明るさ・色味などの補正が行なえる、エキスパートモードでの補正もすべて解説します。

SECTION 8.1

クイックモード、「効果」「テクスチャ」「フレーム」パネル

クイックモードで色調補正しよう

使用頻度

Photoshop ElementsのElements Editorには、明暗、色味などの画像の変化するパネルを選ぶだけで簡単に撮影した写真の明るさや色味を補正できるクイックモードがあります。

クイックモードの概要

Elements Editorには、**クイックモード**と、PhotoshopやPhotoshop Elementsの色調補正を踏襲した**エキスパートモード**、ガイドを参照しながら操作できる**ガイドモード**の3つのワークスペースがあります。

クイックモードにしてから右下の「調整」ボタンをクリックします。

開いている画像をそれぞれの補正項目の「自動」ボタンや補正プレビューをクリックするだけで、暗すぎる画像は明るく、明るすぎる画像は暗めに補正することができます。

画像の左上の「表示」メニューでは、開いている画像の補正前、補正後を両方表示して見比べることができます。

クイックモードで補正を行う

▶「スマート補正」オプション

「スマート補正」オプションでは「自動」ボタンをクリックすると、全体的な**カラーバランスとシャドウ・ハイライトの調整**が行われます。

補正の程度は「適用量」スライダや、それと連動する補正のプレビューをクリックして調整することができます。

補正前に戻すには、パネル右上のボタンをクリックします。

クリックすると補正前に戻ります

適用量のアイコンをクリックします

POINT

ツールボックスの「赤目修正（アイ）ツール」は、フラッシュ撮影した際に光が網膜に映ってできる赤目の部分を修正します。「歯を白くする」ツールは歯をより白くします。ボタンをクリックして画像上で修正したい部分をドラッグするとそれぞれの効果が適用されます。

▶「露光量」オプション

「露光量」オプションには、**照明（露出）をコントロール**して画像を暗く、または明るくします。スライダかプレビューを選んで補正します。

画像を全体的に明るく、または暗くコントロールします。

▶「ライティング」オプション

「ライティング」では「シャドウ」「中間調」「ハイライト」の画像の**明暗部ごとに明るさを調整**します。「自動レベル補正」は自動的にレベル補正をしダイナミックレンジを広げます。「自動コントラスト」はコントラストを最適化します。

シャドウを補正

中間調を補正

ハイライトを補正

▶「カラー」オプション

「カラー」オプションでは**「彩度」「色相」「自然な彩度」**ごとに画像の色味を調整できます。「自動」をクリックして最適な彩度、色相、自然な彩度の画像に調整します。

「色相」スライダでは、色相環に従いすべての色を変化させます。

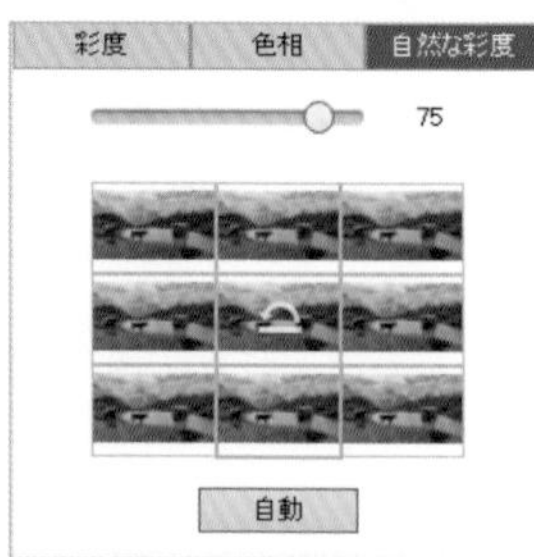

「自然な彩度」では、過度な彩度の適用を抑え、すべてのカラーの彩度が高くなるほどクリッピングが最小化されるよう調整します。

▶「バランス」オプション

「バランス」オプションの「**色温度**」では光の色温度による変化を調整します。

「**色合い**」では色調をグリーン、マゼンタ系への変化をコントロールします。「色温度」で調節した画像の微調整として使用します。

▶「シャープ」オプション

「自動」ボタンをクリックすると、Photoshop Elementsで設定された量の**シャープネスが適用**されます。スライダかプレビューを使うと、シャープの度合いを調節して効果を適用できます。

「効果」「テクスチャ」「フレーム」パネル

クイックモードでは、クイック調整のほかに、「効果」「テクスチャ」「フレーム」のパネルがあり、各パネルのサムネールをクリックするだけで簡単に効果を適用できます。

POINT

各パネルの効果は、重ねて効果を適用することはできません。
効果を適用後にツールバーのテキストツールやスポット修復ツールを使用することはできます。

「効果」パネル

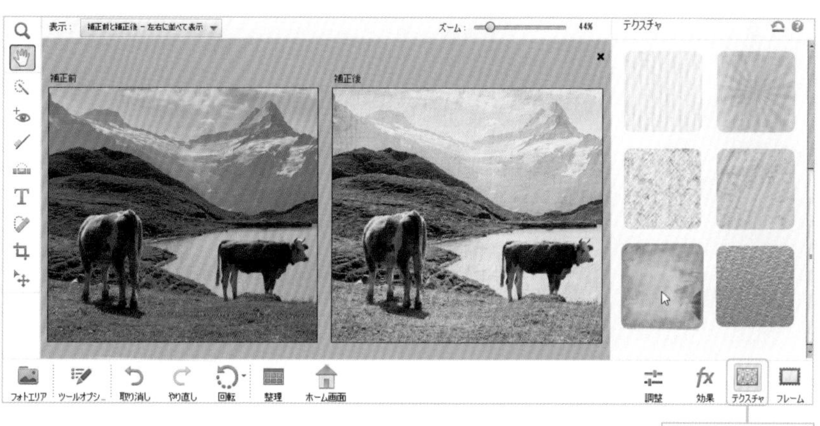

「テクスチャ」パネル

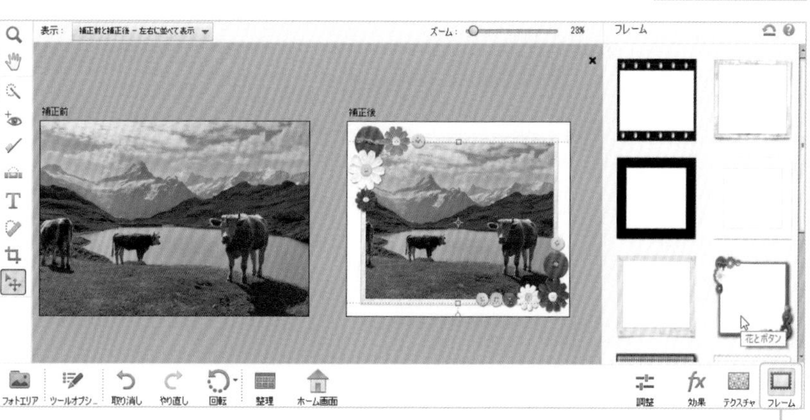

「フレーム」パネル

SECTION
8.2

使用頻度

調整レイヤー、マスク

調整レイヤーを使って補正しよう

画質調整・色調補正は、レイヤーや選択範囲に対して行った場合にその効果を後から変更できませんが、調整レイヤーを使って補正の効果だけをレイヤーとして保持することができます。

調整レイヤーを使った画質調整・色調補正

Elements Editorのエキスパートモードでは、画像の色味を調整してイメージを明るくしたり、コントラストの強弱を加えることができます。調整レイヤーを使うと、画質調整・色調補正の効果だけをレイヤーとしてもたせることができます。

調整レイヤーのメリットは、各レイヤー画像のピクセル自体に変更を加えずに効果をレイヤーとして保持するので、補正効果の表示・非表示や後から補正の変更を行うことが簡単なほか、レイヤーの重なりの順序を変更して補正効果を特定のレイヤーにのみ及ぼすことができます。

調整レイヤーを非表示

調整レイヤー（色相・彩度）適用

調整レイヤーは、下のレイヤーに対して効果を適用します。よって上のテキストレイヤーには効果は適用されません。調整レイヤーアイコンをダブルクリックすると、調整が可能です。

調整レイヤーの作成

調整レイヤーは、選択されているレイヤーの1つ上にできます。

① 新規調整レイヤーの作成

調整レイヤーは選択されているレイヤーの1つ上にできるので、適用したいレイヤーを選択し、パネルのボタンをクリックして調整項目を選択します。

また、「レイヤー」メニューの「新規調整レイヤー」のサブメニューからも選択できます。
この場合、レイヤー名、カラー等を指定して「OK」ボタンをクリックします。

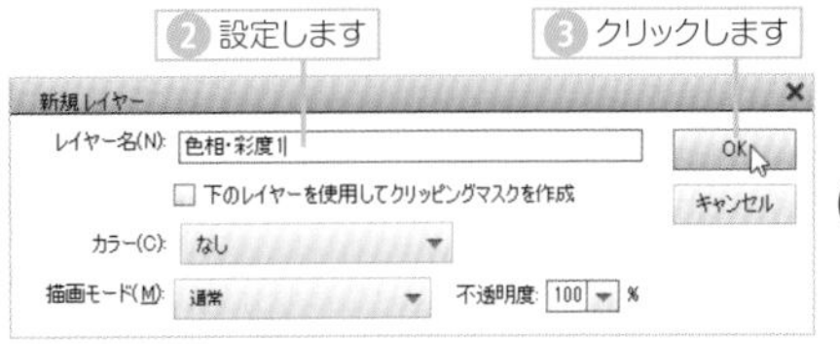

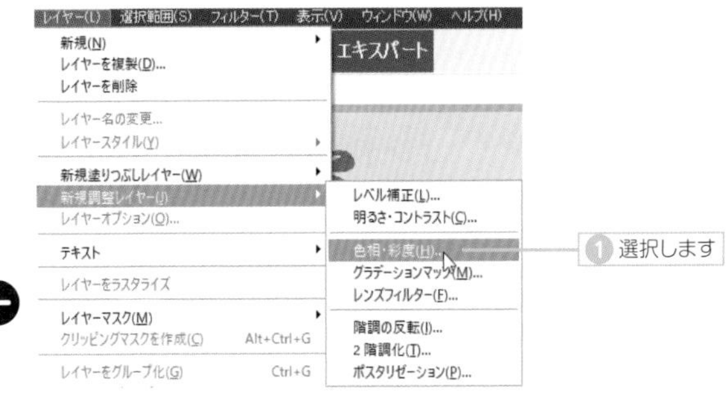

2 色相・彩度の調整をする

色調補正用のパネル（ここでは「色相・彩度」パネル）が表示されるので、色調の補正を行います。

POINT

調整パネルを表示した状態で、調整レイヤーを選択していれば、いつでも効果を編集することができます。

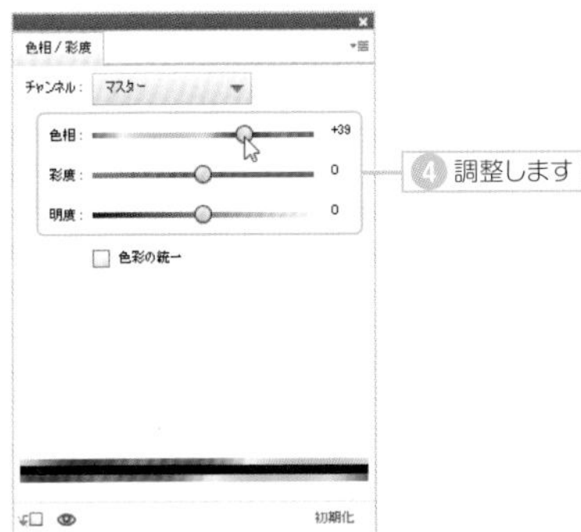

3 色調補正レイヤーができる

調整レイヤーができ、調整レイヤーよりも下のすべてのレイヤーに対して色調補正（ここでは「色相・彩度」）が適用されます。

TIPS 複数の画質調整を適用したい

調整レイヤーには画質調整や色調補正のさまざまな効果を適用できますが、１つの調整レイヤーには１つの効果しか与えられないので、複数の色調補正をレイヤーとして適用させる場合は複数の調整レイヤーが必要になります。

▶選択範囲に調整レイヤーを適用する

調整レイヤー（ここでは「レベル補正」）は、選択範囲を作成しないで行うとレイヤー全体に適用されますが、選択範囲でマスクを作成してから行うと、選択範囲内（ここではリス）にだけ適用することができます。

SECTION 8.3

使用頻度

レベル補正、ヒストグラム、自動スマートトーン補正

レベル補正で明るさを調整しよう

レベル補正は、画像内の色情報をピクセル値の分布ヒストグラムによって表示し、グラフの分布を変更しながら明るさや色合いを調整します。

レベル補正の原理（ヒストグラムとは）

画像ウィンドウを表示して、「画質調整」メニューの「ライティング」から「**レベル補正**」（Ctrl +L）を選択すると、「レベル補正」ダイアログボックスが表示されます。

「チャンネル」プルダウンでは、RGB画像の場合、レッド、グリーン、ブルーそれぞれのチャンネルと、全体のコンポジットチャンネルのヒストグラムごとに調整できます。

グレースケールの画像の場合は、グレーのチャンネルが表示されます。

全体のコンポジットチャンネル

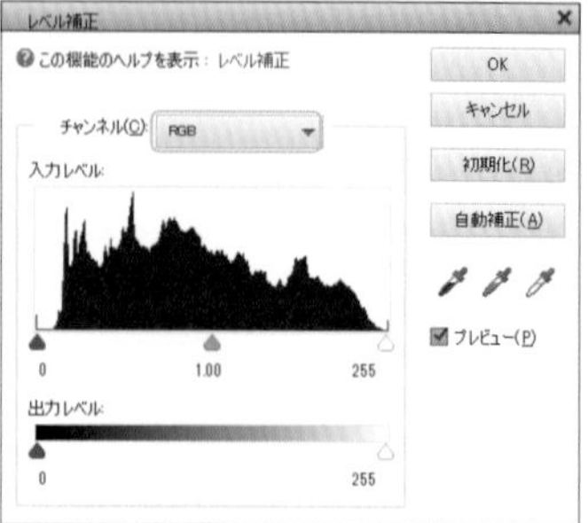

レッドチャンネル

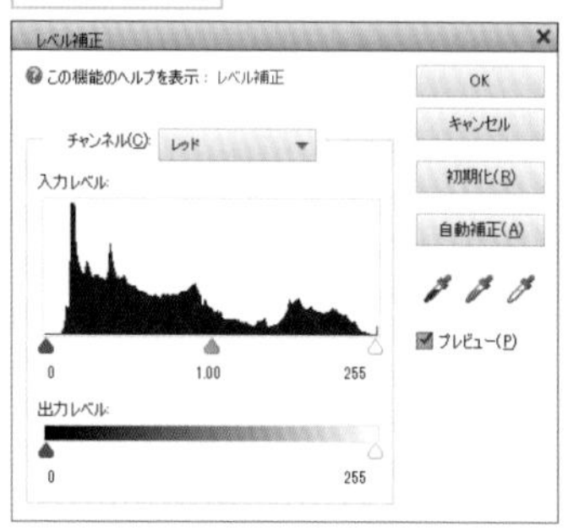

グリーンチャンネル

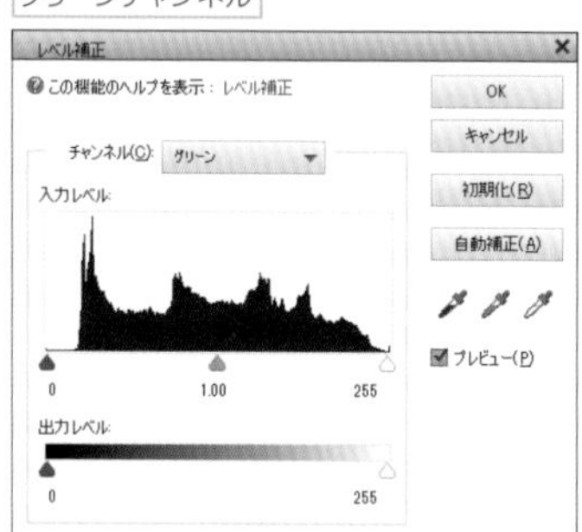

ブルーチャンネル

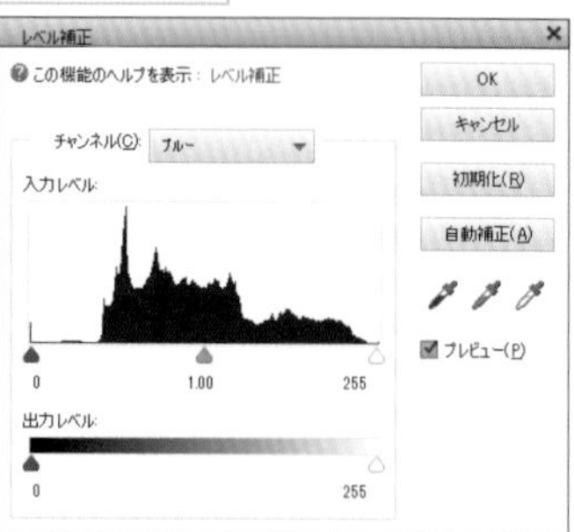

ヒストグラムは、各チャンネルと全体の画像について、暗い色から明るい色へと変化する256階調に分け、それぞれの**階調のピクセル数を縦に積み上げたグラフ**です。

縦軸にピクセルの数、横軸は左が黒、右へ行くほど白い階調のピクセルとなります。左に山があれば黒が多く、右に山があれば明るい画像と判断できます。

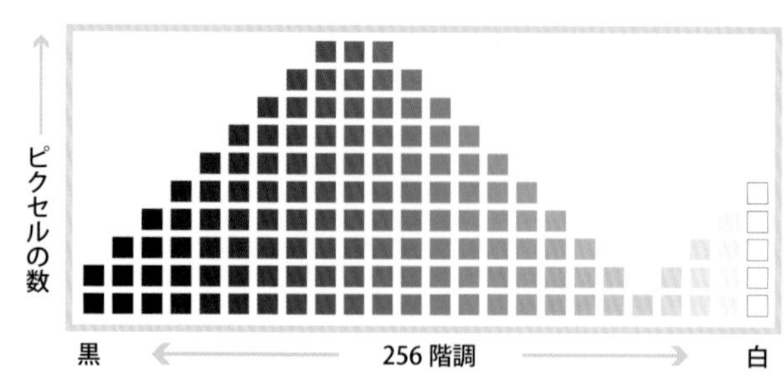

TIPS ガイドモードで行なう

ガイドモードの「レベル補正」では、操作方法を読みながらレベル補正を行なうことができます。

TIPS チャンネル切り替えショートカット

Ctrl＋~　コンポジットチャンネル
Ctrl＋1　レッドチャンネル
Ctrl＋2　グリーンチャンネル
Ctrl＋3　ブルーチャンネル

TIPS ダイナミックレンジ

ヒストグラムの横方向の幅を、ダイナミックレンジと呼びます。このダイナミックレンジが広い、狭い、どのように広がっているかで、画像の特性が分かります。

レベル補正の方法

ヒストグラムの下には、黒、白、グレーの3つのスライダがあり、左右にドラッグして位置を変更し、各階調のピクセル数を変更しながら調整します。

▶ ▲スライダでシャドウ部を調整する

1 シャドウ部分を調整する

▲を右にドラッグして40に設定すると、40の階調位置が黒のポイントとなります。

▲より左の部分は黒になるので、画像のトーンを保ったまま黒の範囲が広くなり、全体が暗くなります。

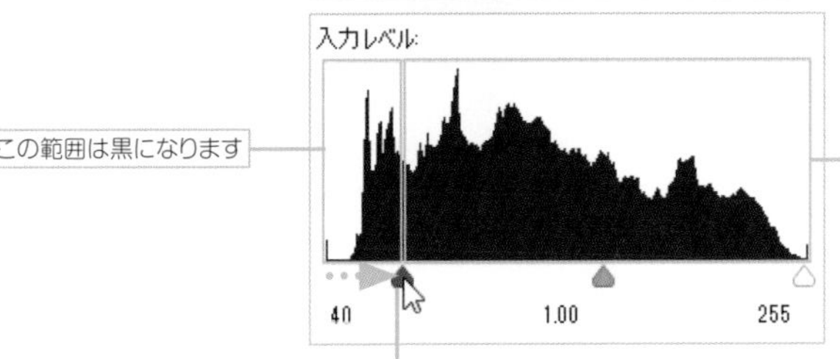

入力レベル:
この範囲は黒になります
この範囲が引き延ばされます
40
1.00
255
ドラッグまたは数値を入力します

2 ヒストグラムを確認する

「OK」ボタンをクリックして確定後にもう一度ヒストグラムを見ると、40～255の範囲が0～255に引き延ばされています。

黒のピクセルが増加し、中間調も暗くなり、全体的に暗い画像になります。

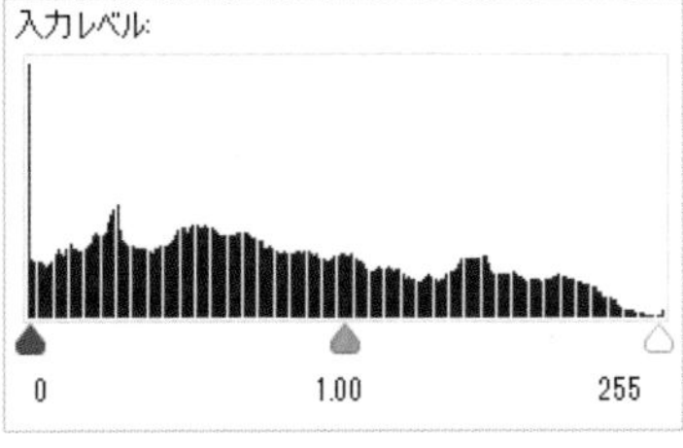

POINT

選択範囲を作成してから行うと、選択範囲だけにレベル補正の効果が適用されます。

▶ △スライダでハイライト部を調整する

① ハイライト部分を調整する

△スライダを左にドラッグして200に設定すると、200より右にあるピクセルが白になり、画像のトーンを保ちながら全体が明るくなります。

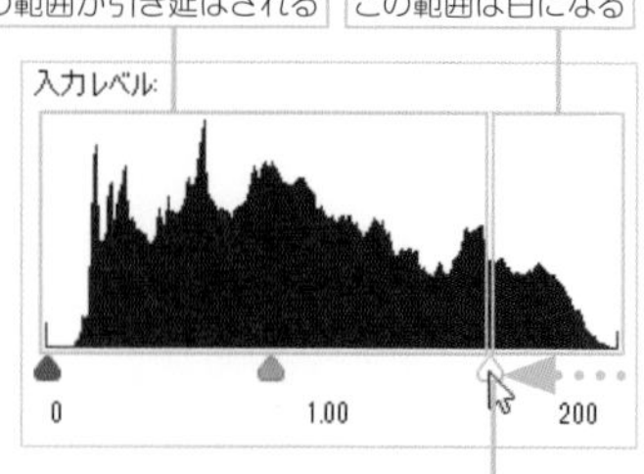

② ヒストグラムを確認する

「OK」ボタンをクリックして確定後にもう一度ヒストグラムを見ると、0〜200の範囲が0〜255に引き延ばされ、ヒストグラムが間延びした状態になっています。

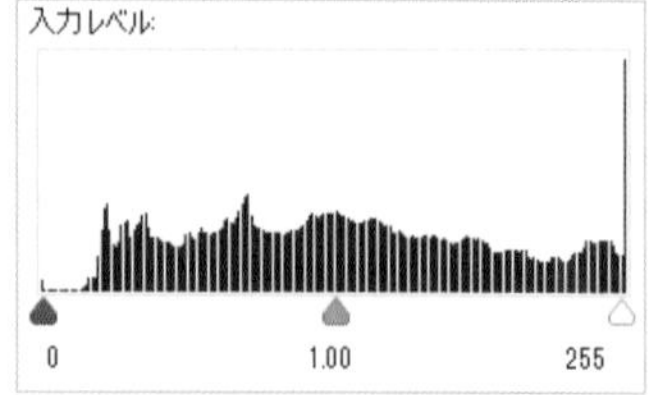

白のピクセルが増加し、中間調も明るくなり、全体的に明るい画像になります。

▶ ▲スライダで中間調を調整する

① 中間色（ガンマ）を大きくする

ガンマ値を表す▲スライダを左の方へ動かすと、画像が明るくなります。

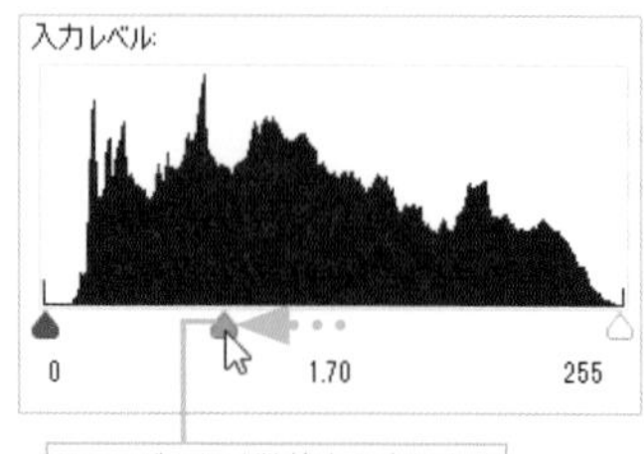

② ヒストグラムと画像を確認する

１より大きい（左にある）と、暗い画像の多い部分の山が右に移動して、画像が明るくなります。

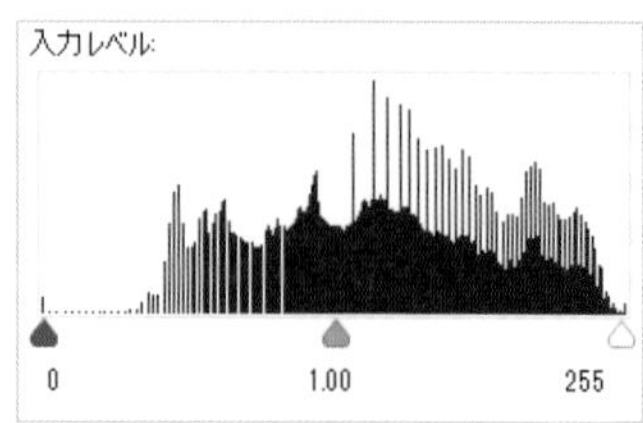

上の適用前のヒストグラムよりも左の山が右に移動して、暗い部分のピクセルが明るくなっています。

自動補正ボタン

「レベル補正」ダイアログボックスの「**自動補正**」ボタンをクリックするか、「画質調整」メニューの「**自動レベル補正**」（Shift+Ctrl+L）を選択すると、画像の最も明るいピクセルが255に、最も暗いピクセルが0に設定されます。

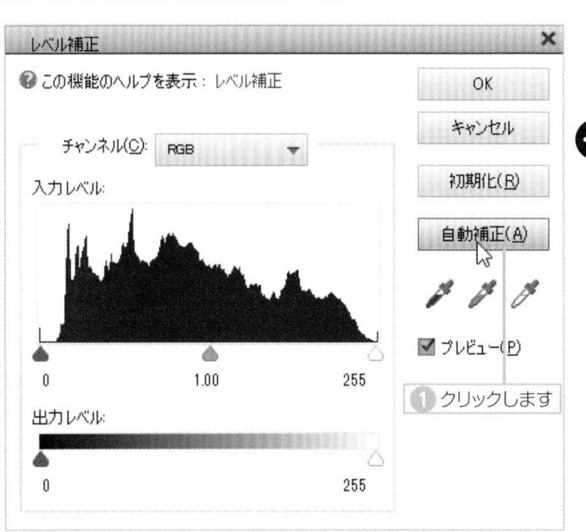

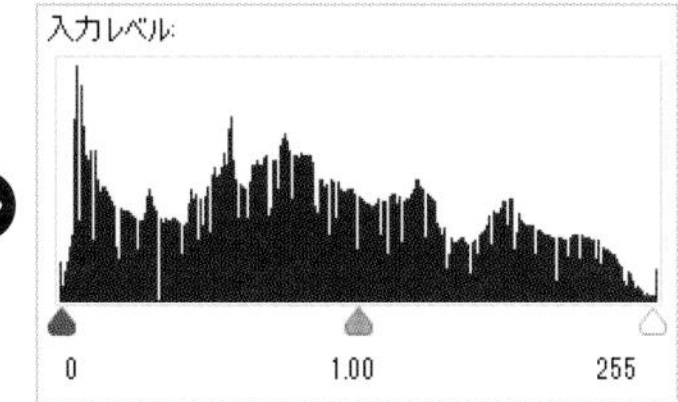

2 自動でレベル補正されます

POINT

自動補正はあくまでPhotoshop Elements内のアルゴリズムに従い設定されるだけなので、必ずしもベストの補正ができるとは限りません。

黒点、白色点、グレー点を特定する

「レベル補正」ダイアログボックス内には「黒点を設定」ツール、「グレー点を設定」ツール、「白色点を設定」ツールがあります。

「黒点を設定」ツールで画像内の最も暗くしたい部分をクリックすると、その部分がシャドウポイントになります。

「白色点を設定」ツールで最も白くしたい部分をクリックすると、その部分が最も白い階調に補正されます。

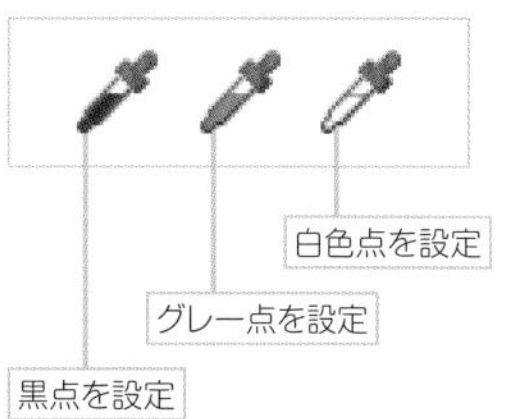

元画像

黒にしたい部分でクリック

白にしたい部分でクリック

自動スマートトーン補正

「画質調整」メニューの「自動スマートトーン補正」（Alt + Ctrl +T）は、画像上に表示されるジョイスティックコントロールをドラッグして補正後の画像を見ながら画像のトーンを補正することができます。

1 初期設定の補正画面

画像を開いてから**「画質調整」メニューの「自動スマートトーン補正」を選択**します。
四隅に補正後のプレビューと中央にジョイスティックコントロールが表示されたダイアログボックスが表示されます。

2 補正を行なう

ジョイスティックコントロールを四方、斜めにドラッグして画質のプレビューを確認しながら調整を行ないます。
左右が明暗、上下がコントラストのマトリクスになっています。

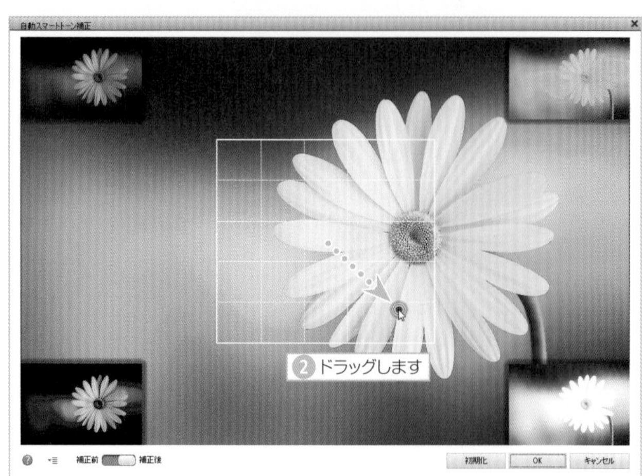

POINT

ダイアログ左下のメニューで「この補正の結果を記憶する」がチェックされていると、再びダイアログボックスを表示したときに、コントロールの位置が記憶されています。コントロールの位置をリセットするには、「環境設定」の「一般」で「自動スマートトーン補正の結果をリセット」をクリックします。

この補正の結果を記憶する
コーナーサムネールを表示

TIPS 自動スマート補正とスマート補正を調整

エキスパートモードの「画質調整」メニューの「自動スマート補正」では、写真を分析して、露出不足、コントラスト、カラーバランス、彩度を補正し、シャドウとハイライトがより鮮明になり、最も簡単に画像の補正を行なえます。
ただし、この操作では、補正量を指定することができません。そのときは、「画質調整」メニューの「スマート補正を調整」を使用し、ダイアログボックスで補正量を設定します。

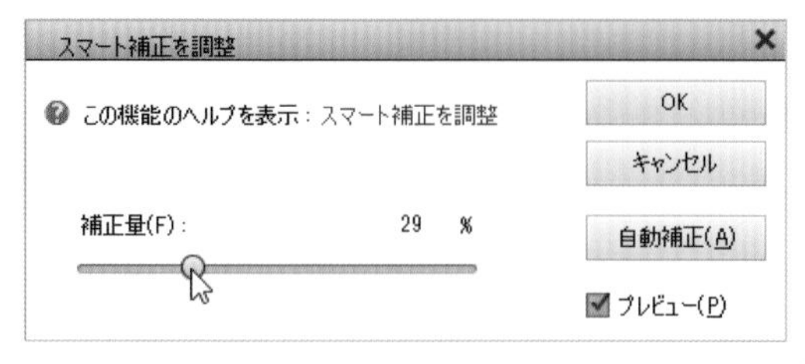

> **TIPS 自動コントラスト**
>
> 「画質調整」メニューの「自動コントラスト」は、画像のカラーの全体的なコントラストと混合率を自動調整します。各カラーチャンネルを個別に調整しないので、色合いが削除されたり不要な色合いが発生することはありません。最も明るい部分を白に、最も暗い部分を黒に自動的にマッピングします。

ヒストグラムを調べる

「ウィンドウ」メニューから「ヒストグラム」を選択すると、ヒストグラムパネルが表示されます。

「レベル補正」ダイアログボックスと同様、プルダウンメニューから各チャンネルごとにヒストグラムを表示できます。パネルを表示しておき、レベル補正などの途中にこのパネルでヒストグラムの状態を確認しながら補正が行えます。

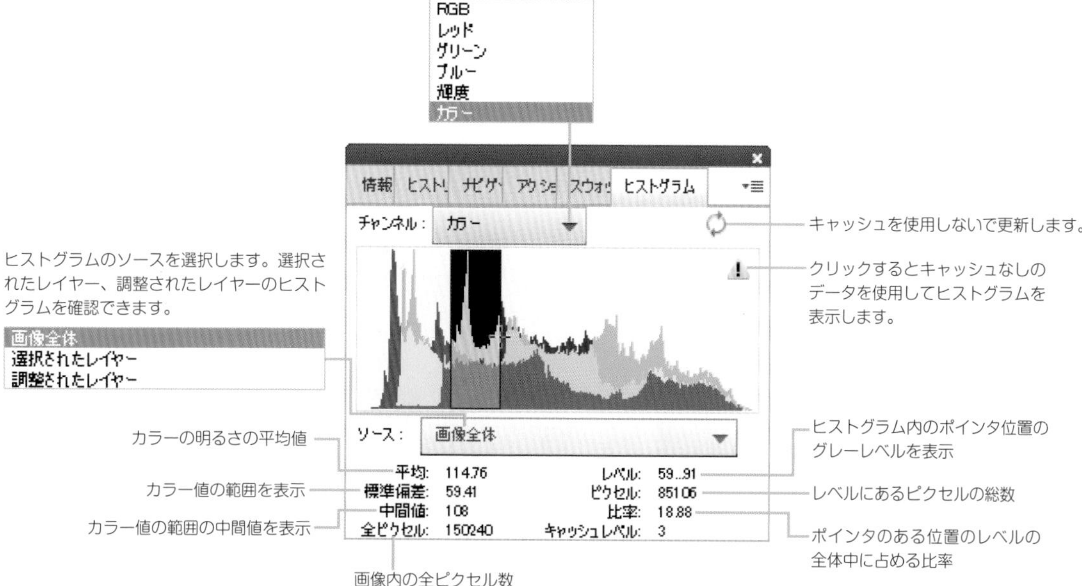

SECTION 8.4

カラーバランスを補正

カラーバランスを補正しよう

使用頻度

カラーバランスは、画像の明るさを保ったまま色の方向を修正します。スキャン時の色かぶりの削除や元原稿に近い色を出すための修正に使います。

カラーバランスを補正

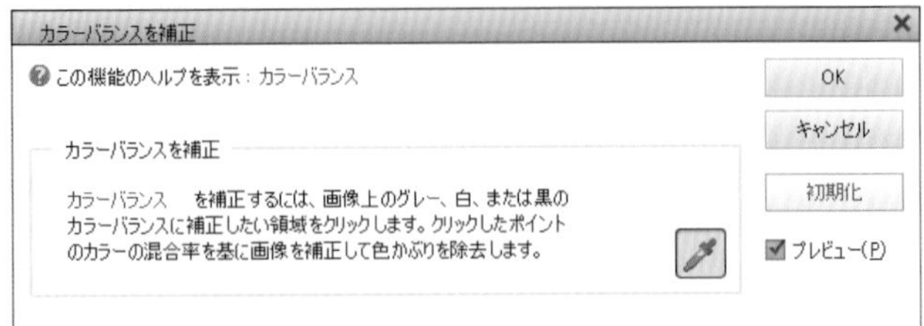
カラーバランスを補正

この機能のヘルプを表示：カラーバランス

カラーバランスを補正

カラーバランス　を補正するには、画像上のグレー、白、または黒のカラーバランスに補正したい領域をクリックします。クリックしたポイントのカラーの混合率を基に画像を補正して色かぶりを除去します。

OK

キャンセル

初期化

プレビュー(P)

「画質調整」メニューの「カラー」から「**カラーバランスを補正**」を選択すると、「カラーバランスを補正」ダイアログボックスが表示されます。

ガイドモードの「カラーバランスを補正」でも同様の補正が行なえます。

画像内の白い部分、黒い部分、グレーの部分をクリックすると、その部分のカラーの混合率を基準に画像全体のカラーバランスや色かぶりが補正されます。

うまく補正されない場合には「初期化」ボタンをクリックして元に戻し、違うポイントをクリックして調整します。

補正したい場所をクリック

補正したい赤い場所をクリック

SECTION 8.5

使用頻度

明るさ・コントラスト

明るさやコントラストを調整しよう

「画質調整」の「明るさ・コントラスト」は、画像全体の明るさやコントラストを変更します。

明るさを変更する

1 「明るさ・コントラスト」を選択

画像を開きます。
「画質調整」メニューの「ライティング」から「**明るさ・コントラスト**」を選択すると「明るさ・コントラスト」ダイアログボックスが表示されます。
ガイドモードの「明るさとコントラスト」でも同様の補正を行なえます。

2 「明るさ」スライダをドラッグ

「明るさ」スライダ◯を右方向にドラッグすると画像が明るくなり、左にドラッグすると暗くなります。
「コントラスト」スライダを右にドラッグすると、画像がシャープになります。

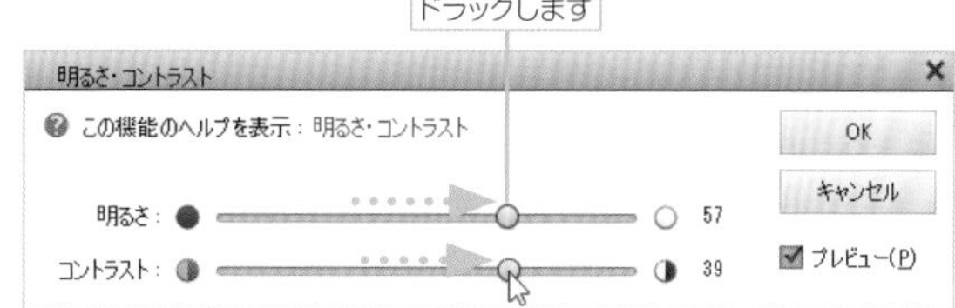

3 画像の明るさが変わる

「OK」ボタンをクリックすると画像の明るさが変更されます。

TIPS 明るさとコントラストの関係

画像を明るくするほどコントラストは弱まっていくので、明るくした画像は、コントラストも強くしておくとよいでしょう。

TIPS 自動コントラスト

「画質調整」から「自動コントラスト」を実行すると、画像中の最も暗いピクセルを黒に、最も明るいピクセルを白にして、自動的にシャドウとハイライトの調整を行います。

SECTION

8.6

使用頻度

シャドウ・ハイライト

シャドウ・ハイライトを補正しよう

「シャドウ・ハイライト」は、単に画像に明暗を付けるのではなく、逆光の影の部分だけを補正する場合や、光が強すぎてハイライトが強い部分だけを補正するのに役立ちます。

シャドウ・ハイライトを使う

① 画像を開く

「シャドウ・ハイライト」を適用する画像を開きます。

元画像

② ダイアログボックスを開く

「画質調整」メニューの「ライティング」から「シャドウ・ハイライト」を選択すると、「シャドウ・ハイライト」ダイアログボックスが表示されます（調整レイヤーは使用できません）。
それぞれのスライダ をドラッグし、適用量を調整します。

シャドウ部を補正

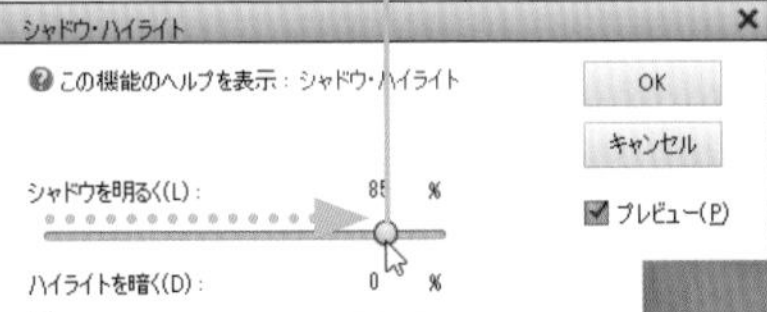

シャドウ部分だけが明るく補正されます。

③ シャドウとハイライトが補正される

中間調に影響を与えることなくシャドウ部とハイライト部の補正ができます。

ハイライト部を補正

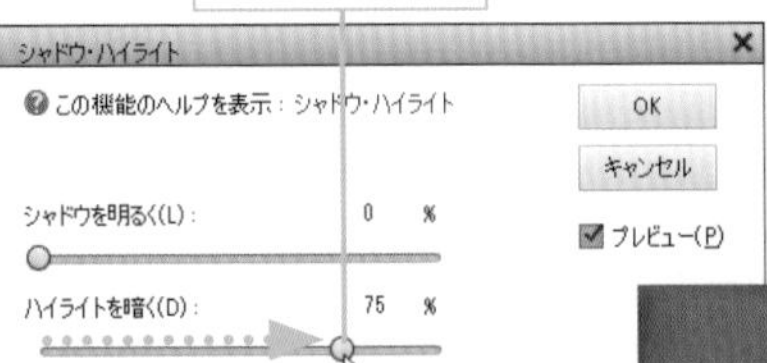

ハイライト部分だけが暗く補正されます。

SECTION 8.7

使用頻度

色相・彩度、カラーを削除

色相・彩度を補正しよう

画像の特定色や画像全体の色相・明度・彩度の変更は、「色相/彩度」ダイアログボックスで行います。

色相を変更する

「画質調整」メニューの「カラー」から「色相・彩度」（Ctrl +U）を選択すると、「色相/彩度」ダイアログボックスが表示されます。

プルダウンメニューから、変更したい系統色を選択します。

「マスター」は画像全体の色を変更します。

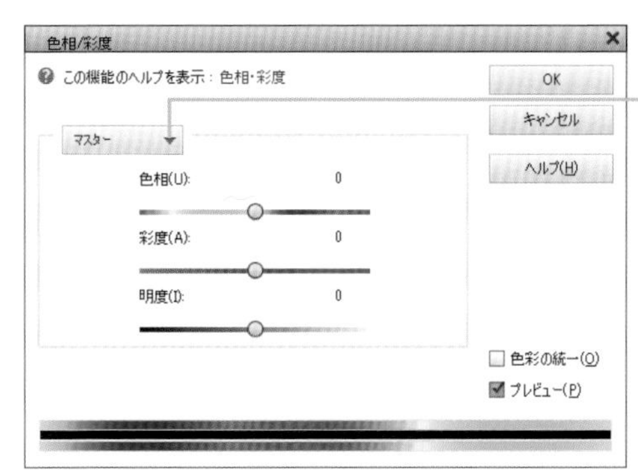

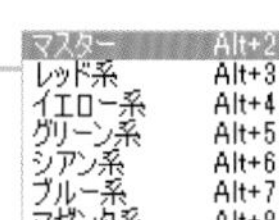

色相とは

色相とは、図のようにシアン→ブルー→マゼンタ→レッド→イエロー→グリーン→シアンと変化する色あいです。色相を変化させると、上記の順に色が変化していきます。

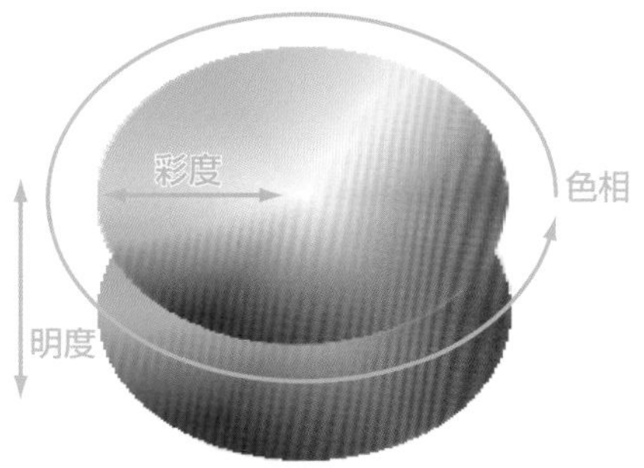

マスターの色相を変更する

「マスター」を選択した状態で**色相スライダをドラッグ**すると、**画像全体の色相が変化**します。

元画像

色相を+100に設定

色相を−30に設定

▶特定色の色相を変更する

メニューから色の系統、たとえば「イエロー系」を選択して色相を変更すると、画像内の黄色と認識される部分の色相が変化します。

元画像

イエロー系：色相を+30に設定

▶カラーバーを操作する

メニューから選択した系統色は、カラーバーを操作して対象とする色を変更したり、調整の度合いを徐々に減らしていく領域を変更することができます。

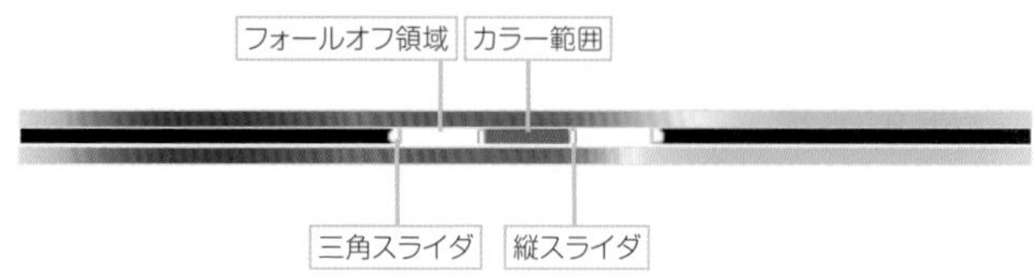

フォールオフ領域
カラー範囲
三角スライダ
縦スライダ

① 対象とするカラー範囲を変更する

カラーバーの濃いグレー部分をドラッグすると、スライダ全体を移動してカラー範囲を変更できます。

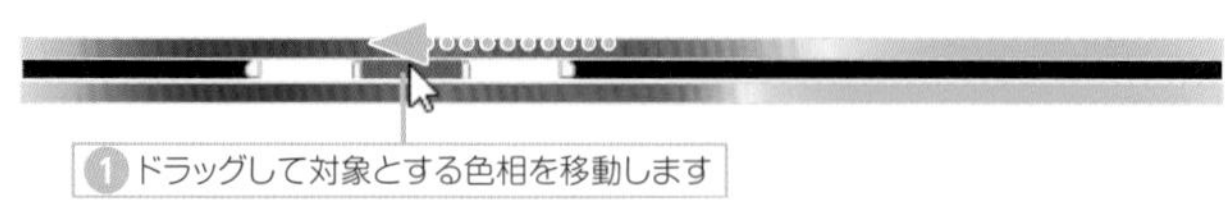

❶ドラッグして対象とする色相を移動します

② カラー範囲を拡大・縮小する

薄いグレーの部分をドラッグすると、フォールオフ領域はそのままで、拾うカラー範囲を調整できます。

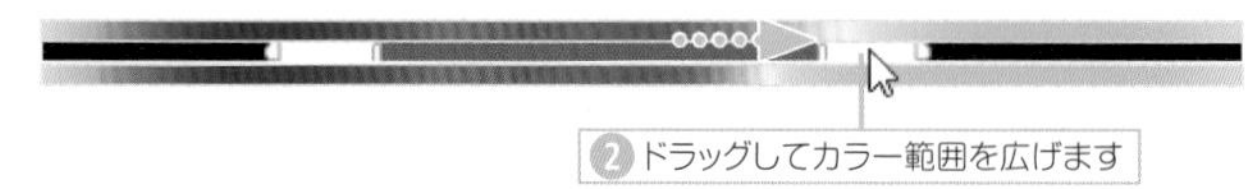

❷ドラッグしてカラー範囲を広げます

③ フォールオフ領域を変更する

薄いグレーの部分はフォールオフ領域と呼ばれ、拾う色相が薄まっていく部分です。
三角スライダをドラッグすると、フォールオフ領域を調整できます。

❸ドラッグしてフォールオフ領域を広げます

TIPS ガイドモードの「カラーを調整」

ガイドモードの「カラーを調整」でも「色相」「彩度」「明度」の調整を行なえます。

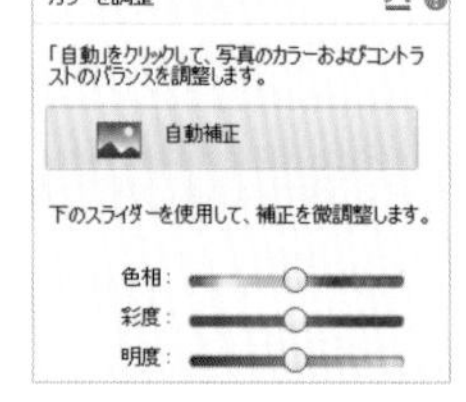

カラーを調整
「自動」をクリックして、写真のカラーおよびコントラストのバランスを調整します。
自動補正
下のスライダーを使用して、補正を微調整します。
色相：
彩度：
明度：

TIPS 色を追加する

色範囲のメニューでカラーを選ぶと、スポイトツールが表示されます。変更する色範囲を微調整したい場合には、スポイトツールで画像上をクリックして系統色を選択します。「サンプルに追加」ツールでクリックした箇所を色の範囲に追加、「サンプルから削除」ツールでクリックした箇所を色の範囲から削除できます。

彩度を変更する

彩度は色の鮮やかさです。彩度スライダをドラッグすると、色の鮮やかさが変化します。
彩度スライダを一番左にドラッグすると、画像はグレースケールになります。

元画像

彩度を-50に設定

「レッド系」彩度を-100に設定

明度を変更する

明度は色の明るさを表し、RGBそれぞれ255で最も明るい状態になります。明度スライダをドラッグすると、同じ色相・彩度の状態で明るさだけが変化します。

元画像

明度を+25に設定

明度「レッド系」を-80に設定

色彩の統一

「色彩の統一」をオンにすると、画像全体が単色系の色になり、色相、彩度、明度を変更することができます。

2 色彩が統一された

「カラーを削除」で無彩色にする

「画質調整」メニューの「カラー」の「**カラーを削除**」（Shift+Ctrl+U）を選択すると、画像の彩度がなくなり無彩色の画像になります。カラーモードを「グレースケール」にする場合とは画質が異なります。

無彩色の画像

SECTION
8.8

使用頻度

色の置き換え

特定の色を変更してみよう

設定した特定の色を別の色に置き換えることができます。「色相・彩度」の調整と同じような効果を与えますが、より微調整が可能です。

色の置き換えを行う

「画質調整」メニューの「カラー」の「色の置き換え」は、ダイアログボックスの「許容量」で設定した色の範囲を特定の色に変更することができます。

1 画像を開き「色の置き換え」を実行

色の置き換えを行う画像を開きます。
「画質調整」メニューの「カラー」の「色の置き換え」を選択し、「色の置き換え」ダイアログボックスを開きます。

元画像

2 置き換える色域を選択する

スポイトツールで置き換えたい色の部分をクリックします。
さらに「サンプルに追加」ツールで色範囲を追加、「サンプルから削除」ツールで色範囲を削除しながら選択範囲を調整します。選択範囲はサムネールに白く表示されます。
「置き換え」の色相、彩度、明度スライダをドラッグして置き換える色を設定すると、ライブプレビューによって画像が変化します。
最後に許容量スライダをドラッグして、選択範囲の微調整を行います。

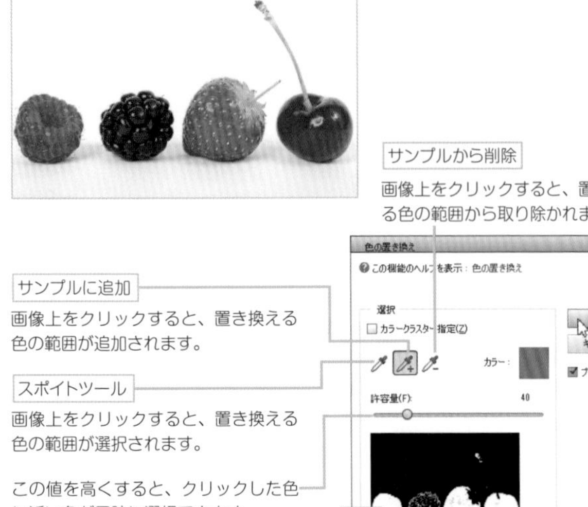

サンプルから削除
画像上をクリックすると、置き換える色の範囲から取り除かれます。
サンプルに追加
画像上をクリックすると、置き換える色の範囲が追加されます。
スポイトツール
画像上をクリックすると、置き換える色の範囲が選択されます。
この値を高くすると、クリックした色に近い色が同時に選択できます。
指定された色の範囲が白で表示されます。
これらをドラッグして、選択範囲の色彩を変更します。
クリックした色が表示されます。
色の置き換え
この機能のヘルプを表示：色の置き換え
選択
カラークラスター指定(Z)
カラー：
OK
キャンセル
プレビュー(P)
許容量(F):
40
選択範囲(C)
画像を表示(M)
置き換え
色相(H):
+33
彩度(A):
+22
明度(G):
0
結果

3 色が置き換えられた

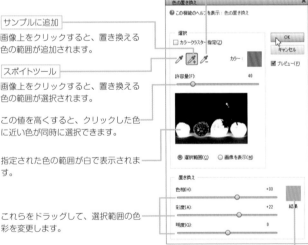

色が置き換えられました。
ここでは写真の赤系の色をオレンジ系に置き換えています。

SECTION 8.9

使用頻度

肌色補正、肌を滑らかにする

肌色や粗れを修正しよう

「肌色補正」コマンドを使用すると、人物の肌をより自然なカラーリングに補正することができます。また、肌色だけでなく「肌を滑らかにする」で肌の粗れも修正できます。

肌色補正を行う

「画質調整」メニューの「カラー」の「**肌色補正**」を選択すると、「肌色補正」ダイアログボックスが表示されます。このダイアログボックスには、肌色と環境光の設定項目があります。この状態では、設定項目にスライダが表示されていません。

最初に画像上にカーソルをもっていくとスポイトツールが表示されるので、基準にしたい肌の色の部分をクリックします。ダイアログボックスにスライダが表示されるので、スライダを調整してプレビューを見ながら好みの肌の色に仕上げます。

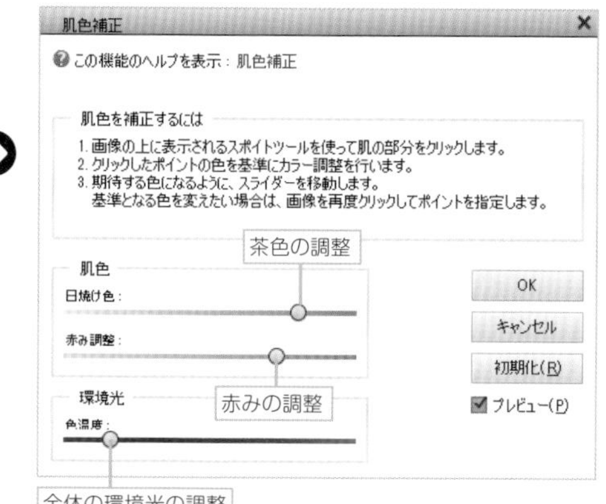

肌を滑らかにする

「画質調整」メニューの「**肌を滑らかにする**」では、度合いを指定して粗れた肌を滑らかにすることができます。

SECTION

8.10

使用頻度

顔立ちを調整、閉じた目を調整

顔立ちを調整、閉じた目を調整しよう

「画質調整」メニューの「顔立ちを調整」を利用すると、目、鼻、唇、顔のパーツごとに幅や高さを調整することができます。

顔立ちを調整を行う

「画質調整」メニューの「**顔立ちを調整**」を選ぶとダイアログボックスが表示され、顔が円で認識されます。右に「唇」「目」「鼻」「顔の形」「顔の傾き」をクリックしてそれぞれのパーツの調整を写真の変化を見ながら設定します。

1 唇を調整します
2 目、鼻、顔の形、傾きを調整します
3 クリックします
補正後

TIPS 閉じた目を調整

「画質調整」メニューの「閉じた目を調整」を使用すると、目をつむった写真を開いた写真に補正することができます。
目を開いた同人物の写真を指定することできれいに補正することができます。

補正前

補正後

SECTION 8.11

画像の反転、平均化

画像の反転、平均化してみよう

使用頻度

画像の階調を反転させたり、画像の調子を平均化することができます。階調の反転は、ネガ画像などで頻繁に使う手法です。

階調の反転

「フィルター」メニューの「色調補正」から「**階調の反転**」（Ctrl +I）を選択すると、画像の階調が反転します。ネガ画像をポジ画像のようにスキャンした場合などに有効です。

元画像

反転した状態

TIPS ショートカット

階調の反転のショートカットはCtrl +Iです。よく使うコマンドですから、覚えておくとよいでしょう。

平均化（イコライズ）

「フィルター」メニューの「色調補正」から「**平均化（イコライズ）**」を選択すると、画像内のピクセルの明るさが全体的に均等になるように分布します。コントラストが強すぎる画像や、暗い部分を明るくしたい画像などに適用すると効果的です。

元画像

入力レベル:

イコライズ

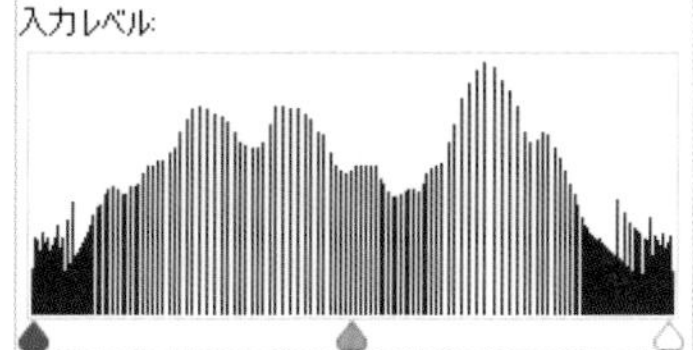

TIPS ヒストグラムで比較する

ヒストグラムを見ると、全体にわたり平均的に分散されているのが分かります。

SECTION 8.12

使用頻度

2階調化、ポスタリゼーション

画像の階調を落としてみよう

画像をしきい値で設定して白と黒の2階調にしたり、ポスタリゼーション(指定した段階の階調で描画)効果を付けることができます。

2階調化

「フィルター」メニューの「色調補正」から「**2階調化**」を選択すると、「2階調化」ダイアログボックスが表示されます。画像のヒストグラムが表示され、下のしきい値スライダ◯をドラッグして白と黒の境界を設定します。

元画像

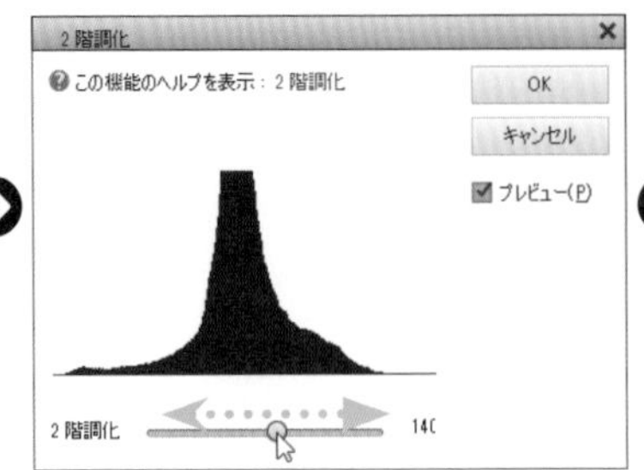

ポスタリゼーション

「フィルター」メニューの「色調補正」から「**ポスタリゼーション**」を選択すると、「ポスタリゼーション」ダイアログボックスが表示されます。

ポスタリゼーションの階調数を入力すると、**指定した階調で画像が描画**されます。

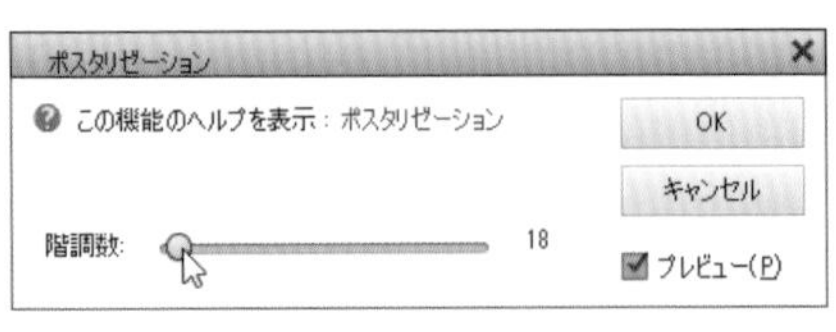

元画像

階調数：4

階調数：8

SECTION 8.13

カラーカーブ、モノクロバリエーション

カラーカーブとモノクロバリエーション

使用頻度

「カラーカーブ」では、スタイルから選択したり、スライダー調整でカラー調整を簡単に行うことができます。「モノクロバリエーション」では、カラーカーブと同じ要領でモノクロ画像のトーンを調整することができます。

カラーカーブで補正する

「画質調整」メニューの「カラー」から「**カラーカーブ**」を選択すると「カラーカーブを補正」ダイアログボックスが表示されます。

「スタイルを選択」で用意されたカーブのスタイルで修正するか、それぞれの修正用スライダ◯をドラッグしてカーブを見ながら画像を補正することができます。

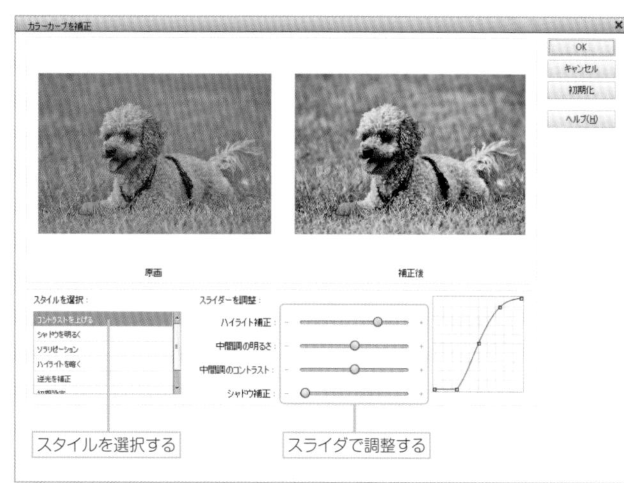

モノクロバリエーションで補正する

「画質調整」メニューから「**モノクロバリエーション**」を選択すると「モノクロバリエーション」ダイアログボックスが表示されます。

「スタイルを選択」で用意されたカーブのスタイルで修正するか、適用量の調整スライダ◯をドラッグしてカーブを見ながらモノクロ画像を補正することができます。

TIPS 写真をカラーにする

モノクロ写真の画像を認識して、自動的に写真を彩色することができます。
「画質調整」メニューの「写真をカラーにする」を選ぶと、ダイアログボックスが表示されます。自動の場合は、彩色の候補から選びます。手動の場合は、彩色箇所を選択・マークして色を適用します。

SECTION 8.14

使用頻度

レンズフィルター

レンズのフィルター効果を適用しよう

「レンズフィルター」は、カメラのレンズに装着するフィルターのような効果を演出できます。

レンズフィルターを使う

① フィルターを設定する

「フィルター」メニューの「色調補正」から「**レンズフィルター**」を選択し、「レンズフィルター」ダイアログボックスを表示させます。
レイヤーパネルの調整レイヤーとして効果を与えることも可能です。
「フィルターオプション」の「フィルター」プルダウンメニューから使用したいフィルターを選択し、「適用量」で強弱をつけます。

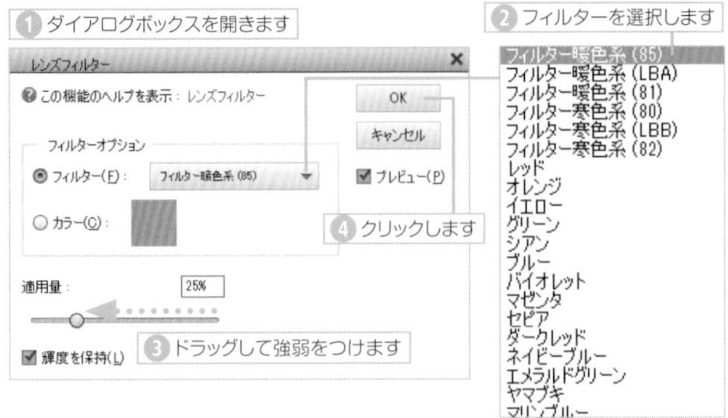

② カスタムカラーの指定

メニューに適用したいカラーがない場合には、「カラー」のカラーボックスをクリックしてカラーピッカーから色を選択し、フィルターを適用することもできます。
設定が終わったら「OK」ボタンをクリックします。

⑤メニューにないカラーを選択します ⑥クリックします

③ レンズフィルターが適用される

レンズフィルターが適用されました。

元画像

フィルター暖色系(85)
適用量：25

フィルター寒色系(80)
適用量：40

イエロー
適用量：40

ネイビーブルー
適用量：25

SECTION 8.15

グレースケールモード、カラーの強調

モノクロ画像を作成しよう

使用頻度

カラー画像をモノクロにしたい場合、グレースケールに変換します。モノクロ2階調は、一度グレースケールにした画像から変換を行います。

画像をモノクロにする

カラー画像をモノクロにするためには、カラーを削除して無彩色にするか、グレースケールへの変換を行います。

▶グレースケールへの変換

グレースケールに変換したい画像を開き、「イメージ」メニューの「モード」から「グレースケール」を選択します。ダイアログボックスで「OK」ボタンをクリックすると、カラー画像がグレースケールに変換されます。

1 カラー画像を開きます

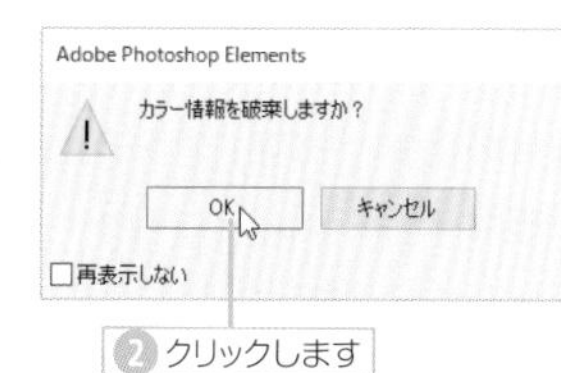

2 クリックします

3 モノクロ画像になります

POINT

「画質調整」メニューの「カラー」から「カラーを削除」を選択すると、彩度が0の画像になります。
「画質調整」メニューの「モノクロバリエーション」を選択すると「モノクロバリエーション」ダイアログボックスが表示され、さまざまな効果のモノクロ写真を作成することができます。

POINT

「画質調整」メニューの「写真をカラーにする」では、グレースケール画像（RGBモードの必要あり）を判断して、ダイアログの候補から彩色案を選び彩色することができます。

ガイドモードで白黒画像を作成する

ガイドモードでは「白黒」「白黒：カラーの強調」「白黒：選択」など、グレースケール画像をアレンジしながら作成することができます。

「白黒」では明るめ、暗めなどのプリセットから選択して白黒画像を作成します。

「白黒：カラーの強調」では、特定色を残してカラー画像を作成します。「白黒：選択」では選択した部分だけを白黒に変換して作成することができます。

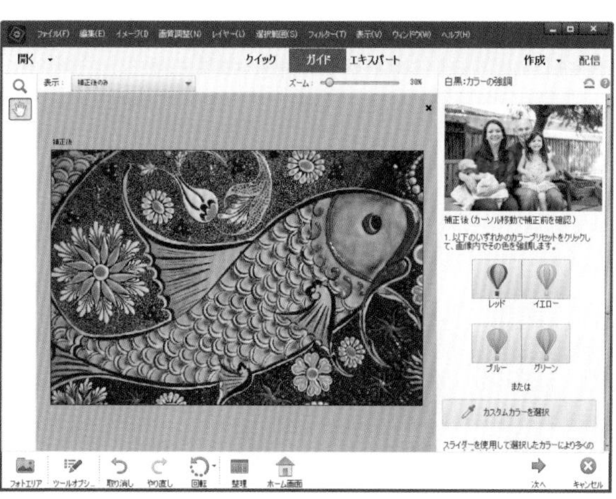

「白黒：カラーの強調」でイエロー方向の色を残して白黒に。

SECTION 8.16

かすみの除去

かすみを除去しクリアにしよう

使用頻度

かすみがかった写真、薄曇りの彩度の低い写真を簡単に補正して、よりクリアな写真に仕上げることができます。

かすみの除去を実行する

クイック、エキスパートモードの「画質調整」メニューの「**かすみの除去**」を使うと、かすみがかった写真をよりクリアにすることができます。

実行すると、「かすみの除去」ダイアログボックスの「かすみの除去」スライダでかすみの除去の程度を、「感度」スライダでかすみを検知する感度を設定します。

実行前の画像

かすみを除去する程度を設定します。

かすみを検知する感度を設定します。

補正前と補正後を切り替えます。

自動かすみ除去

「画質調整」メニューの「**自動かすみ除去**」を実行すると、Photoshop Elementsが自動的に写真を感知してかすみの除去を行い、画像をクリアにします。

➔

SECTION 8.17

使用頻度

ガイドモード

ガイドモードで写真を補正しよう

Elements Editorのガイドモードでは、操作のガイドに従って設定を行いながら、明るさ、色調、モノクロ、写真効果などの補正を簡単に行うことができます。

ガイドモードの「基本」で明るさを調整する

ガイドモードには、「基本」「カラー」「白黒」「楽しい編集」「特殊編集」とカテゴリーごとに補正前、補正後の効果が表示されています。補正項目を選択すると右にパネルが表示され、指示に従って補正を行うことができます。

▶明るさとコントラスト

「明るさ」「コントラスト」のスライダで露出を補正することができます。

「次へ」をクリックして保存、配信などの操作を行います。

▶レベル補正

基本の「レベル」で「レベル補正を作成」をクリックすると「新規レイヤー」ダイアログボックスが表示されるので、名前を付けて「OK」ボタンをクリックします。「レベル補正」ダイアログボックスが表示され、ここでレベル補正を行います(220ページ参照)。「次へ」をクリックして保存、配信などの操作を行います。

▶明るさを調整

「自動補正」をクリックすると写真の露出を自動的に最適化して補正します。
下の「シャドウ」「ハイライト」「中間調」スライダでは暗い部分、明るい部分、中間調の部分ごとに露出を補正できます。

「カラー」で色調を補正する

「カラー」カテゴリーには色調、カラーバランスやロモカメラ効果、高彩度フィルム効果などの項目があります。

▶カラーを調整

「色相」「彩度」「明度」でカラーを調整します（229ページ参照）。

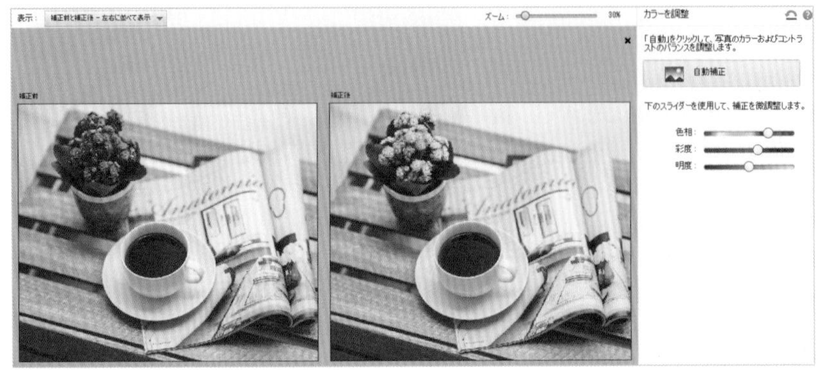

▶ロモカメラ効果

ロモカメラで撮影したような独特の彩度の強い効果が得られます。

「楽しい編集」で写真に効果を与える

「楽しい編集」カテゴリーにはフィルターのように写真を昔風やポップアートのようにしたり、スタック、パズル、スピード、露光間ズームのような効果を与える項目があります。

▶昔風の写真

最初に白黒のプリセットを「新聞」「郊外」「ビビッド」から選び白黒にします。「階調を調整」と「テクスチャを追加」をクリックして、階調、テクスチャ効果を調整します。

「色相/彩度を追加」をクリックし、ダイアログボックスで写真を昔風の色調に調整します。

▶絵画風

写真に絵画風のエフェクトを与えます。絵のように仕上げる部分をブラシでペイントし、背景、絵のエフェクトを選択します。

▶ポップアート

画像をポップアート風に仕上げます。画像を白黒に変換し、塗りカラーの調整レイヤーを作成し、4つの画像を複製し並べるという工程をボタンクリックで簡単に行えます。

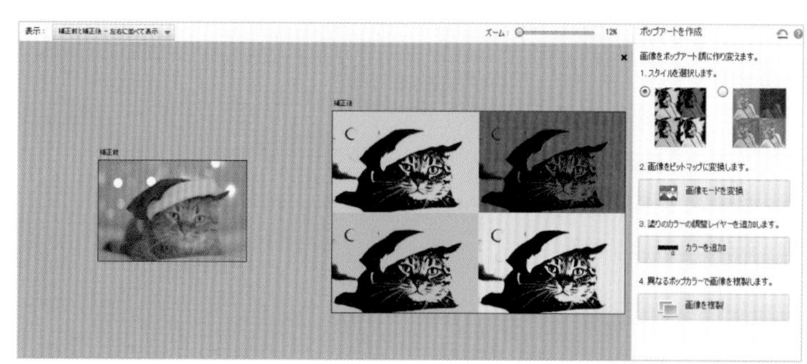

▶露光間ズーム効果

被ズームの中心となる被写体を切り抜きツールで切り抜き、露光間ズームの効果を追加します。次に、焦点領域とビネットを追加します。

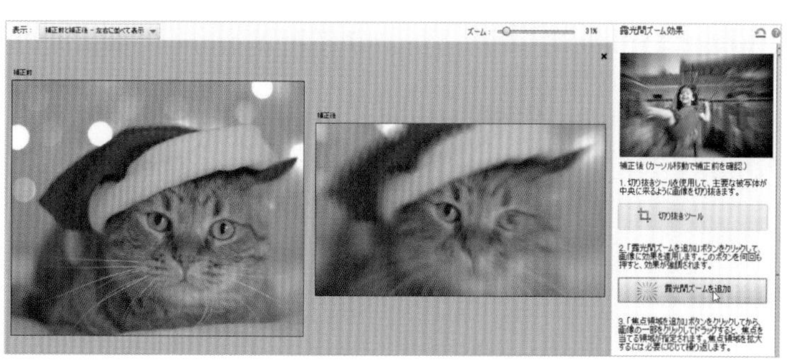

「特殊編集」で写真をぼかす、修正する、きれいにする

「特殊編集」には「被写界深度」「チルトシフト」(258、260ページ参照)、「オートン効果」で写真をぼかして特定の効果を与えたり、「顔写真をきれいに」「古い写真の復元」「傷や汚れ」「水彩図効果」で写真を修復する項目があります。

▶被写界深度

一眼レフで撮影したようにポートレートなどの背景をぼかします。

ぼかす領域と焦点領域を指定して、ぼける部分、明瞭な焦点が合った部分を指定します。ぼかしツールの強さはスライダーで制御できます。

▶オートン効果の作成

オートン効果では写真をぼかして柔らかい雰囲気にします。「オートン効果を追加」をクリックすると自動的に効果が追加されます。「ぼかしツール」「ノイズ」「明るさ」スライダでさらに効果を調整します。

▶背景を置き換え

メインの被写体の背景を別の背景画像で置き換えます。残したい被写体をいずれかの選択ツールで選択します。さらに背景画像を選択し、移動、エッジを調整、カラートーンの自動一致などを実行します。

▶水彩画効果

写真に、水彩で描いたような効果を出します。最初に効果を選び、次に水彩画用紙、カンバスのテクスチャ、「効果を調整ブラシ」を使用して部分的にレタッチすることができます。

必要に応じて文字を追加することも可能です。

CHAPTER

フィルターを使いこなそう

Photoshop Elementsには、あかじめテーマに沿って画像にエフェクトをかけるフィルターが用意されています。画像をシャープにしたりぼかしたり、モザイクをかけるなど、さまざまなフィルターがあります。

SECTION 9.1

「フィルター」メニュー、ゆがみフィルター、レンズ補正フィルター

フィルターを使ってみよう

使用頻度 ●●●

Photoshop Elementsには、画像をぼかしたりシャープにするフィルターをはじめ、数多くの画像効果を適用するフィルターが用意されています。ここでは、全般的なフィルターの使い方とTipsなどを紹介します。

フィルターを適用する

Elements Editorの**「フィルター」メニュー**には、分類ごとのサブメニューに数多くの画像効果を適用するフィルターが用意されています。

サブメニューからフィルター名を選択し、ダイアログボックスで効果の強弱など変数の設定を行い、画像にフィルターを適用します。「ぼかし」「ぼかし（強）」「雲模様」のように、ダイアログボックスを表示せずに実行するフィルターもあります。

＊本書では「画質調整」メニューにある「アンシャープマスク」「シャープを調整」もここではフィルターとして扱い、解説します。

フィルター(T) 表示(V) ウィンドウ(W)
フィルターの再実行(F) Ctrl+F
フィルターギャラリー(G)...
レンズ補正...
色調補正(A)
アーティスティック
スケッチ
テクスチャ
ノイズ
ピクセレート
ブラシストローク
ぼかし
表現手法
描画
変形
その他
Digimarc

① フィルターを選択する

ここでは、「アーティスティック」の「**スポンジ**」フィルターを実行してみます。
適用したい画像を開き、レイヤーが複数ある場合はレイヤーを選択します。
「フィルター」メニューの「アーティスティック」から「スポンジ」を選択します。

元画像

② フィルターの設定を行う

「スポンジ」ダイアログボックスが開くので、プレビューを見ながらスライダをドラッグして設定します。なお、プレビュー内をドラッグして表示する位置を変更したり、⊟⊞ボタンをクリックしてプレビューの表示倍率を変更できます。

POINT

フィルターのダイアログボックスには、「スポンジ」フィルターのように、複数のフィルターを重ねられるギャラリータイプと、小さなダイアログのタイプがあります。

② クリックします
① 設定します
プレビュー倍率を設定
新しいエフェクトレイヤーをクリックして、複数のフィルターを1度に重ねて適用できます。
エフェクトレイヤー

3 フィルターが適用された

「OK」ボタンをクリックすると、フィルターが適用されます。

TIPS 前回の設定値でダイアログを表示

Ctrl+Alt+Fキーを押すと、前回行った設定値が入力されたフィルターのダイアログボックスが表示されます。

▶連続して同じ設定のフィルターを実行する

一度フィルターを実行すると、「フィルター」メニューの一番上には、直前に実行したフィルター名（Ctrl+F）が表示されます。違う画像ウィンドウを開いてCtrl+Fキーを押すと、前回実行したフィルターが同じ設定値で適用されます。

フィルター(T)　表示(V)　ウィン
スポンジ　Ctrl+F
フィルターギャラリー(G)...
レンズ補正...
色調補正(A)
アーティスティック
スケッチ
テクスチャ
ノイズ

「ゆがみ」フィルター

「フィルター」メニューの「変形」にある「ゆがみ」は、選択しているレイヤーに対してさまざまなツールを使用し、画像をゆがませることができます。

「ゆがみ」ダイアログボックスでは、ワープ、渦、縮小、膨張、ピクセル移動などのゆがみを適用するツールで、プレビュー画像上をドラッグしてさまざまに画像をゆがませます。

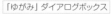

「ゆがみ」ダイアログボックス

▶ ワープツール

ドラッグに合わせてピクセルを前に押し出します。

▶ 膨張ツール

マウスをドラッグしたりクリックし続けて、ピクセルをブラシ領域の中心から外に移動します。

▶ 渦ツール - 右回転

▶ 渦ツール - 左回転

マウスをドラッグしたりクリックし続けて、ピクセルを右回転・左回転します。

▶ ピクセル移動ツール

ドラッグする方向に対して垂直にピクセルを移動します。ドラッグするとピクセルはカーソルの進行方向に対して左側に移動し、Alt (Mac は option) + ドラッグすると、ピクセルは右に移動します。

▶ 縮小ツール

マウスをドラッグしたりクリックし続けて、ピクセルをブラシ領域の中心に向かって移動します。

▶ 再構築ツール

再構築ツール でゆがみを適用した領域をドラッグすると、画像が再構築され、元の画像に戻ります。また、「復帰」ボタンはすべてを元の画像に戻します。

「レンズ補正」フィルター

「フィルター」メニューの「**レンズ補正**」では、広角レンズの端などに生じるレンズの補正を、ビネットや変形のパラメータを使用して修正することができます。グリッドを見ながら修正します。

レンズ補正 (43.3%)
OK
キャンセル
ヘルプ
プレビュー
ゆがみを補正
ビネット
適用量
中心点
変形
垂直方向の遠近法
水平方向の遠近法
角度
拡大・縮小
グリッドを表示
カラー：
Ⓐ 左側にドラッグすると糸巻き型、右側にすると樽型の歪みをそれぞれ補正します。
Ⓑ 画像の縁から明るく照らすか暗くするかの量を設定します。
Ⓒ 中心点を変更し、ビネットの適用量の範囲を設定します。
Ⓓ Ⓔ 遠近法を垂直・水平方向に設定します。
Ⓕ 画像に角度を設定します。
Ⓖ 画像の拡大・縮小を設定します。空白部分の調整に使用されます。
表示したグリッドのカラーを設定できます。

元画像

A:10 B:30 C:50 D:30
E:0 F:0 G:105

A:-15 B:-90 C:50 D:-20
E:20 F:15 G:95

SECTION
9.2
使用頻度

アーティスティックフィルター

さまざまなタッチで描画するフィルター

「アーティスティック」には、絵画調など芸術的な要素をもつフィルターが集められています。フィルターギャラリーで扱えるフィルターです。

エッジのポスタリゼーション
エッジを強調し、全体を絵の具で塗ったような画像にします。

カットアウト
画像の階調を少なくし、切り絵のように単純化された画像を作ります。

こする
筆や刷毛などで画像の暗い部分をこすったような画像を作ります。

スポンジ
画像を濡れたスポンジでこすって絵をにじませた画像を作ります。

ドライブラシ
ドライブラシで描いたような画像を作ります。

ネオン光彩
描画色と背景色を設定し、ネオン管が発光している画像を作ります。

パレットナイフ
パレットナイフで油絵を描いたような画像を作ります。

フレスコ
壁画等に用いられるフレスコ画法で描いたような画像を作ります。

ラップ
ラップフィルムをかけたような画像を作ります。

色鉛筆
色鉛筆で描いたような画像を作ります。

水彩画
水彩画で描いたような画像を作ります。

粗いパステル画
パステル画のような画像を作ります。

粗描き
色をにじませてラフスケッチで描いたような画像を作ります。

塗料
いろいろなタッチでペインティングしたような画像を作ります。

粒状フィルム
粒子の粗いフィルムで撮影した写真のような画像を作ります。

SECTION 9.3

シャープフィルター

画像をくっきりと鮮明にするフィルター

使用頻度

「画質調整」メニューには画像をシャープに見せるフィルターが用意されています。アンシャープマスクは最も頻繁に使用されます。手ぶれした画像などには「ぶれの軽減」でぶれを減少することができます。

アンシャープマスク

画像が鮮明でない場合に輪郭のコントラストを強調して画像の鮮明度を高めます。ぼけた画像をよりシャープにみせるために、Photoshop のシャープ系フィルターで最もよく使われます。

「量」では適用する強さの度合いを 1 ～ 500 で設定。数値が大きいほどより効果が高くなります。「半径」では適用する幅の範囲を 0.1 ～ 250.0 で設定。

「しきい値」では適用する階調範囲を 0 ～ 255 で設定。数値を小さくするほど適用範囲が広がり（0 で画像全体）、しきい値レベル以下の画像部分には適用されません。

適用前

適用後

シャープを調整

オブジェクトや人物の輪郭（エッジ）をはっきりさせてシャープな画像にします。「量」では適用する強さの度合いを 1 ～ 500 で設定。数値が大きいほどより効果が高くなります。「半径」では適用する幅の範囲を 0.1 ～ 64.0 で設定。「除去」では、シャープ処理を行うための除去する計算方法を指定します。「ぼかし（ガウス）」はアンシャープマスクで使用される方法、「ぼかし（レンズ）」は画像の絵柄をシャープにする方法、「ぼかし（移動）」はカメラのぶれ、被写体の移動によるぼかしを減らす方法です。「角度」は「ぼかし（移動）」での角度を設定します。「精細」ではぼかし効果をより正確に除去します。

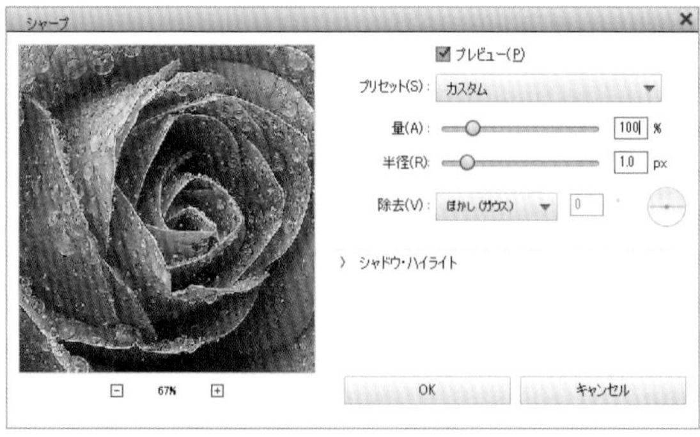

適用前

適用後

自動シャープ

輪郭をはっきりさせてシャープな画像にします。

自動シャープ：1 回実行

ぶれの軽減

手ぶれなどによりぶれが発生した画像のぶれを軽減します。ぶれを軽減させたい領域を決めると、その部分を基準に画像全体のぶれが軽減されます。ぶれの軽減の効果が大きすぎたり、小さすぎる場合には「感度」スライダーで軽減の量を調整します。感度を大きくすると領域が拡大される場合もあります。

ぶれ領域は⬚ツールをクリックするとさらに追加され、その部分を基準にさらにぶれが軽減されます。追加した領域は右上の⊗をクリックすると削除できます。

領域の中心の◉をクリックして●にするとぶれ領域から除外することができます。

🔍をクリックすると画像を拡大表示するルーペ（拡大鏡ウィンドウ）が表示されます。ルーペはドラッグして移動したり、上のバーで拡大率を調整することができます。

クリックして領域を削除

ハンドルをドラッグして領域を拡大・縮小

ぶれ軽減の感度調整

別のぶれ領域の追加

拡大鏡ウィンドウの表示

SECTION 9.4

使用頻度

スケッチフィルター

2色の絵画調にしてみよう

「スケッチ」フィルターは、テクスチャ、木炭画、クロムなど手書きや絵画調の処理を描画色と背景色を使って行ないます。

ウォーターペーパー
水でにじんだ水彩画のような画像を作ります。

ぎざぎざのエッジ
背景色と描画色でコントラストをつけてモノトーン風に加工します。

グラフィックペン
背景色と描画色で細いペン画で描いたような画像を作ります。

クレヨンのコンテ画
背景色と描画色でクレヨンで描いたような画像を作ります。

クロム
クロム合金のように加工した画像を作ります。

コピー
背景色と描画色で複写機でコピーしたようなモノクロ画像にします。

スタンプ
背景色と描画色により、スタンプのような画像を作ります。

チョーク・木炭画
背景色と描画色でチョークと木炭で描いたような画像を作ります。

ちりめんじわ
背景色と描画色で2色の点描画によって縮緬皺を作ります。

ノート用紙
背景色と描画色により、型押しした紙のような画像を作ります。

ハーフトーンパターン
背景色と描画色により、網点を用いてモノトーン風に表現します。

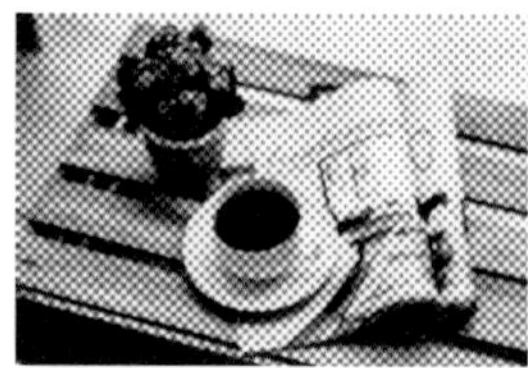

プラスター
背景色と描画色で画像に凹凸感を出して立体的な画像を作ります。

浅浮彫り
背景色と描画色でレリーフのような立体感のある画像を作ります。

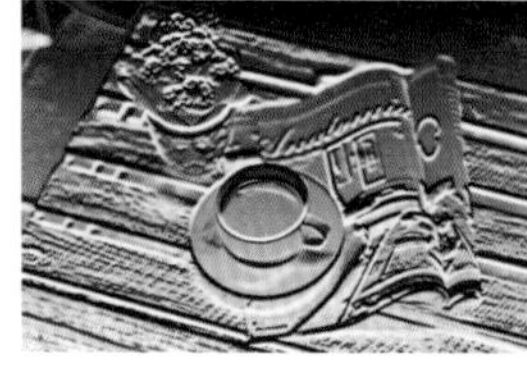

木炭画
背景色と描画色により、木炭画のような画像を作ります。

SECTION
9.5
使用頻度

テクスチャフィルター

壁紙やモザイクなどのテクスチャ効果

地紋、ひび割れ、ステンドグラスなどのテクスチャ効果を与えるフィルターが用意されています。

クラッキングフィルター

ひび割れを入れて壁画のような画像を作ります。「溝の間隔」ではひび割れの間隔を 2 ～ 100 で設定。数値を大きくするほど溝の間隔が広くなり、画像全体のひび割れは少なくなります。「溝の深さ」ではひび割れた部分の深さを 0 ～ 10 で設定。「溝の明るさ」では溝部分の明るさを 0 ～ 10 で設定。数値を小さくするほど溝が暗くなります。

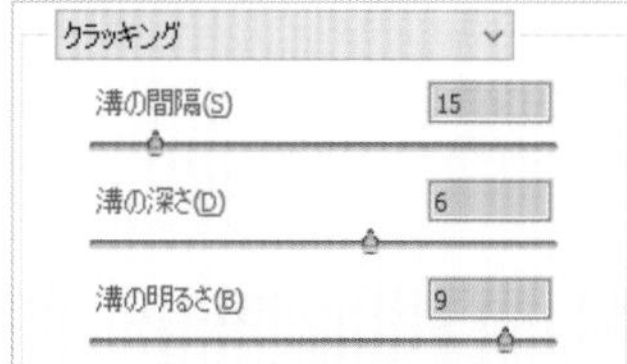

適用前

適用後

ステンドグラスフィルター

ステンドグラスに描かれるような画像を作ります。各セルの境界線は描画色を適用します。「セルの大きさ」では各セルを 2 ～ 50 で設定。「境界線の太さ」ではセルの境界線のつなぎめの太さを 1 ～ 20 で設定。「明るさの強さ」では背面中央から差し込む光の強さを 0 ～ 10 で設定。数値が大きくなるほど差し込む光量が増えます。

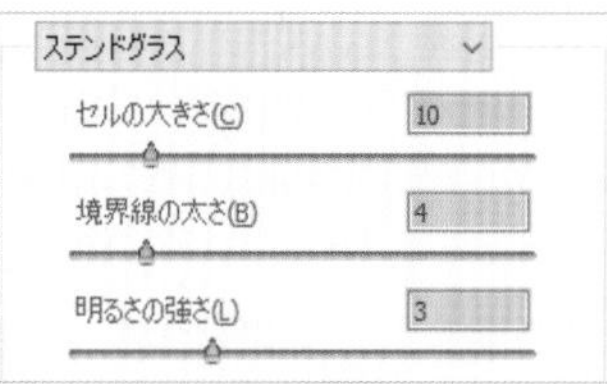

適用前

適用後

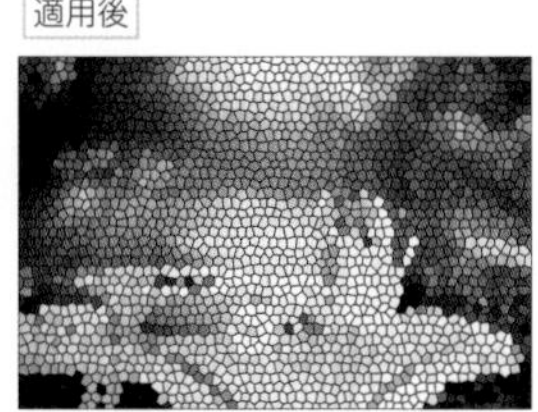

その他のフィルター

テクスチャライザー
素材感のある画像を作ります。

パッチワーク
パッチワークをほどこしたような画像を作ります

モザイクタイル
タイルのように分割して並べたような画像を作ります。

粒状
画像に粒子状のノイズを加えて画像にさまざまな質感を出します。

SECTION 9.6

使用頻度

ノイズフィルター

ノイズを増やしたり削除してみよう

「ノイズ」のフィルターにはノイズを増やしたり、軽減したりするフィルターがあります。

ダスト&スクラッチフィルター

画像のゴミなどのノイズをぼかして目立たないようにする効果があります。「半径」ではぼかし加減を1～16で設定。数値を大きくするほどぼかす範囲が大きくなります。「しきい値」ではノイズの鮮明度を0～255で設定します。

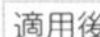

適用前

適用後

ノイズを低減フィルター

カメラセンサーやフィルム粒子をスキャンしノイズが発生したとき、画像のエッジ（ディテール）を保持しながらノイズを減らすことができます。「詳細」オプションでは、チャンネルごとにノイズ低減の量を調節することができます。

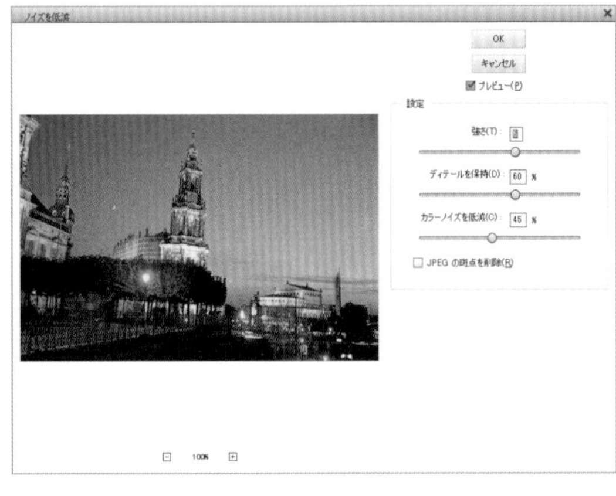

適用前

適用後

その他のフィルター

ノイズを加える
さまざまなノイズを加えて粗れた画像を作ります。

明るさの中間値
コントラストの強い色調部分を中和して、全体を滑らかな画像にします

輪郭以外をぼかす
画像のエッジを残し、エッジ部分以外をぼかしソフトにします。

SECTION 9.7

使用頻度

ピクセレートフィルター

モザイクや水晶などピクセル状にしてみよう

「ピクセレート」には、カラー値の近いピクセルを平均化してモザイク、点描、水晶などのフィルター処理を行ないます。

カラーハーフトーンフィルター

印刷に用いられる網点を画像に作ります。「最大半径」では網点の大きさを4～127で設定します。数値を大きくするほど網点が大きくなります。「ハーフトーンスクリーンの角度」では各色の水平位置からの角度で設定。RGB画像はチャンネル1～3に、CMYK画像はチャンネル1～4に適用します。

カラーハーフトーン
最大半径(R): 8 pixel
ハーフトーンスクリーンの角度:
チャンネル 1: 108
チャンネル 2: 162
チャンネル 3: 90
チャンネル 4: 45
OK
キャンセル

適用前

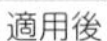

適用後

その他のフィルター

ぶれ
さまざまなノイズを加えて粗れた画像を作ります。

メゾティント
カメラセンサーのノイズでエッジを保持しながらノイズを減らします。

モザイク
コントラストの強い色調部分を中和して、全体を滑らかな画像にします。

水晶
画像のエッジを残し、エッジ部分以外をぼかしソフトにします。

点描
さまざまなノイズを加えて粗れた画像を作ります。

面を刻む
カメラセンサーのノイズでエッジを保持しながらノイズを減らします。

TIPS **ビデオ系フィルター**

「ビデオ」の「NTSCカラー」では、RGBカラーのままでは再生できない色領域を、TVモニタで再生可能な色領域に近くなるように変換し、過剰な彩度のカラーがテレビの走査線でにじむのを防ぎます。「インターレース解除」では、インターレース方式で撮影された映像を取り込んだ場合の、画像に入る横方向のラインを補正します。

SECTION 9.8

使用頻度

ブラシストロークフィルター

ブラシで描いた画像にしてみよう

画像をインク画、スプレー、墨絵などペイントストロークによるブラシの形状で模した画像を作ります。

インク画（外形）フィルター

エッジ部分と暗部にのみ黒インクで縁取りをしたような画像を作ります。「ストロークの長さ」ではエッジの範囲を1～50で設定します。数値を大きくするほどエッジの範囲が多くなります。「暗さの強さ」では暗部の範囲を0～50で設定します。数値を大きくするほど暗部の範囲が広くなります。「明るさの強さ」では明部の範囲を0～50で設定します。

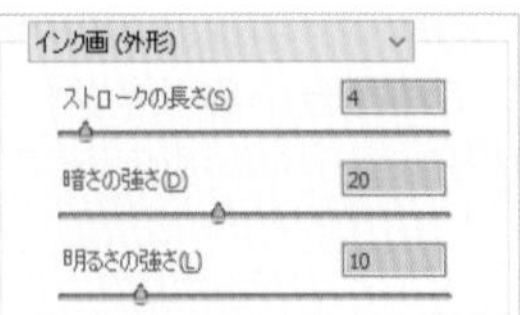

適用前

適用後

その他のフィルター

エッジの強調
輪郭部分を強調したり、エッジの滑らかさを調整します。

ストローク（暗）
明暗のコントラストを強調し筆でこすったような画像を作ります。

ストローク（斜め）
左右斜線で描いたような画像を作ります。

ストローク（スプレー）
スプレーを用いて描いたような画像を作ります。

はね
絵の具を飛び散らせたり、エアブラシで描いた画像を作ります。

墨絵
暗部を強調して墨絵で描いたような画像を作ります。

網目
左右斜線の網目をつけたような画像を作ります。

SECTION 9.9

ぼかしフィルター

画像をぼかしてみよう

使用頻度

「フィルター」メニューの「ぼかし」には画像をぼかしたり、レンズ効果のぼかしなどさまざまなフィルターが用意されています。「ぼかしギャラリー」では、プレビューを見ながら設定しぼかしのある写真に仕上げます。

ぼかし（ガウス）フィルター

画像全体や選択範囲内をガウス曲線というピクセルのトーンカーブにより、広範囲にぼかして効果を出します。「半径」ではぼかし具合を 0.1 ～ 250.0 で設定します。数値が大きいほど効果が高くなります。

適用前

適用後

ぼかし（レンズ）フィルター

レンズと同じように浅い被写界深度でのぼかし効果を適用します。「深度情報」ではどの部分を被写界深度にするかを指定します。「虹彩絞り」ではレンズの絞り、羽根の形状、円形度、回転させる設定ができます。「スペキュラハイライト」では、しきい値で明るさを制限する値を設定します。「ノイズ」では、量とノイズの分布方法を設定します。

適用前

適用後

その他のぼかしフィルター

ぼかし（移動）
ぶれや高速移動をスローシャッターでの効果が得られます。

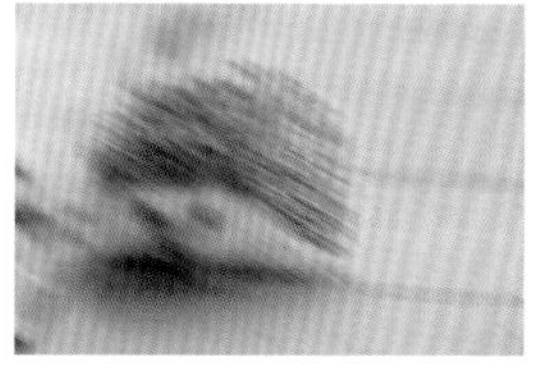

ぼかし（強）
「ぼかし」を３～４回実行したときと同様のぼかし効果があります。

ぼかし（詳細）
画像の輪郭以外をぼかします。

ぼかし（表面）
エッジを保持しながらぼかし効果を与えたいときに使用します。

ぼかし（放射状）
画像を放射線状に回転させたり、ズームアップさせた画像を作ります。

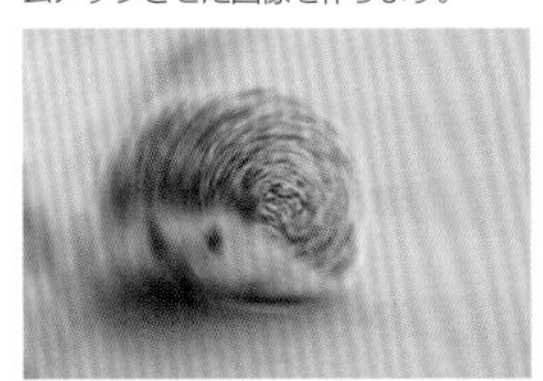

平均
平均値のカラーを探し出し、そのカラーで塗りつぶします。

TIPS ガイドモードで「被写界深度」を利用し背景・前景にぼかしをかける

一眼レフカメラのような撮像面積が大きなカメラでは、焦点領域以外がぼける特性があり、F値を小さくし開放するほど、ぼけの表現を強く出せます。一方、コンパクトデジタルカメラは撮像面積が小さいためぼけ効果が出にくいので、「被写界深度」を使ってソフト的にぼかし表現ができます。Elements Editorのガイドモードでは、「特殊編集」→「被写界深度」や「チルトシフト」（260ページ）を利用して、簡単に焦点領域以外をぼかす表現が可能です。「被写界深度」では、円形状の焦点領域をつくり、「チルトシフト」はジオラマ写真のように帯状の焦点領域をつくります。

ガイドモードで写真を開き、右側のパネルで「特殊効果」の「被写界深度」をクリックします。

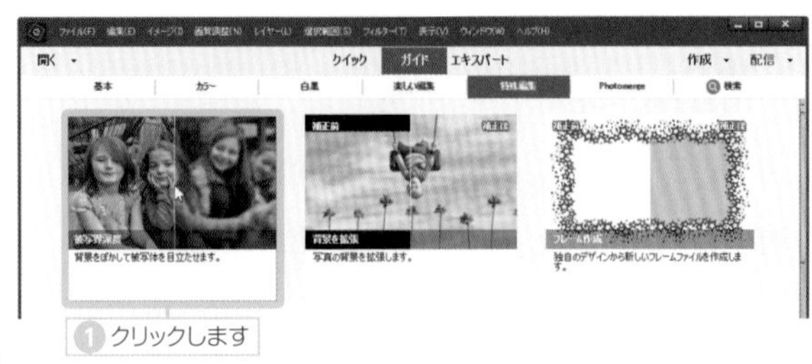

❶クリックします

ここでは「シンプル」をクリックします。
「カスタム」では焦点の合う領域をクイック選択ツールで選択して、焦点領域以外をぼかします。

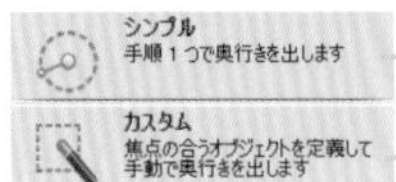

❷クリックします

ポートレートや花など焦点範囲が明確な場合、こちらを選びます

次の画面で「ぼかしを追加」をクリックすると写真全体にぼかしが適用されます。
ぼかし量は下の「ぼかし」スライダで調整できます。

❸クリックします

次に「焦点領域を追加」をクリックし、焦点領域の半径をドラッグします。
さらに焦点領域を追加したい場合には、追加したい場所でドラッグします。

❺クリックします

❻ドラッグします

❹必要に応じ調整します

SECTION 9.10

表現手法フィルター

輪郭を強調して表現しよう

使用頻度

「表現手法」には、ピクセルの置き換え、エンボス効果、輪郭検出、エッジの光彩など、輪郭を強調して表現するフィルターが集められています。

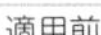

エッジの光彩フィルター（フィルターギャラリー）

画像の輪郭部分を検出してネオン管のように光らせる画像を作ります。「エッジの幅」ではネオン管の輪郭の太さを1～14で設定。「エッジの明るさ」では輪郭の明度を0～20で設定。「滑らかさ」では輪郭の滑らかさを1～15で設定。数値を大きくするほど輪郭部分があいまいになります。

エッジの光彩
エッジの幅(E) 2
エッジの明るさ(B) 6
滑らかさ(S) 5

適用前

適用後

その他のフィルター

エンボス
境界部分を浮き彫りにしたような画像を作ります。

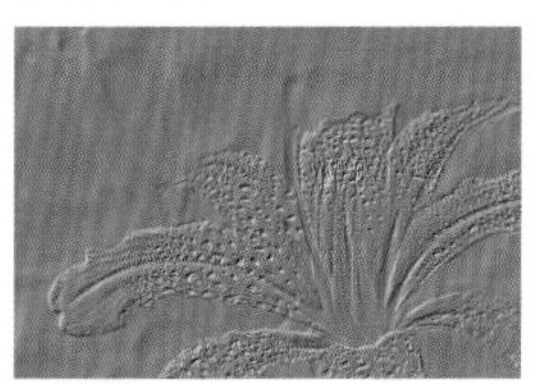

ソラリゼーション
中間値よりも明るい部分を反転させ、現像中のような画像を作ります。

タイル
画像をタイルのように分割して分散します。

押し出し
分割して後ろから押し出したような画像を作ります。

拡散
色をランダムに散らして拡散させたような画像を作ります。

風
左右から風があたって揺れているような画像を作ります。

輪郭のトレース
コントラストの強い画像の輪郭を検出し細いラインを描きます。

輪郭検出
輪郭のみを検出して、バックが白の背景に画像を表示します。

SECTION 9.11

描画フィルター

光の反射で表現してみよう

使用頻度

雲模様、ファイバー、逆光などの光の反射を利用したフィルターが用意されています。ファイバー、雲模様はレイヤー合成用のテクスチャとして使用するといいでしょう。

ファイバー
元画像とは関係なく描画色と背景色を使用し繊維のような模様を生成します。

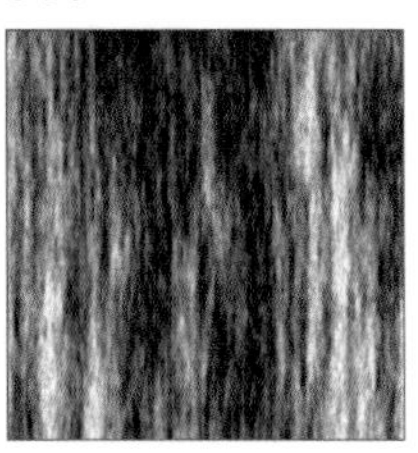

雲模様１２
描画色と背景色で雲模様のような画像を作ります。

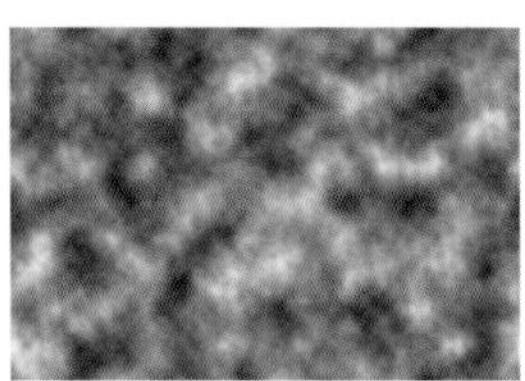

逆光
画面に太陽を入れたり、逆光で写真を撮ったような画像を作ります。

TIPS 「チルトシフト」でぼかしをかける

ガイドモードで「特殊編集」の「チルトシフト」をクリックします。
「チルトシフトを追加」をクリックすると、画面に帯状の焦点領域が作られ、上下がぼけます。

焦点領域を変更したい場合は「焦点領域の変更」をクリックし、画面上でドラッグします。ドラッグした上下の領域が鮮明になります。
さらに「効果を調整」をクリックし、ぼかし、コントラスト、彩度などを調整してください。
ジオラマ写真のような効果にするには、焦点領域を前景の部分にし、彩度を調整します。

SECTION 9.12

使用頻度

変形フィルター

波形、波紋、球面などでゆがめてみよう

「変形」フィルターは画像を波形、波紋、球面などでゆがめる効果を与えます。

ガラス
ガラス越しに画像を見るような効果を与えます。

シアー
直線・曲線に沿って自在に変形した画像を作ります。

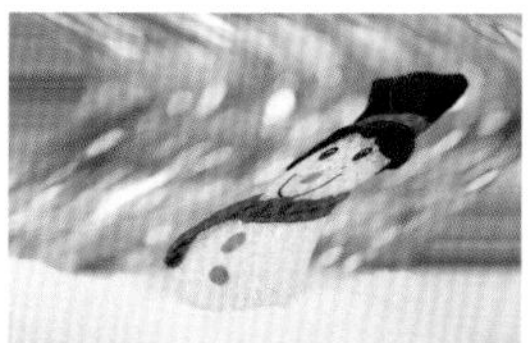

ジグザグ
水の中に物を投げ入れたときにできる波紋のような画像を作ります。

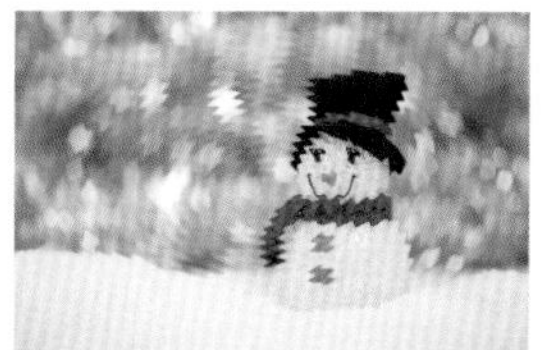

つまむ
手でつまんで引っ張り出したり押し込んだような画像を作ります。

ゆがみ
うずまき状や膨張などに変形させた画像を作ります（P247 参照）。

渦巻き
画像の中心を軸にして、うずまき状に変形させた画像を作ります。

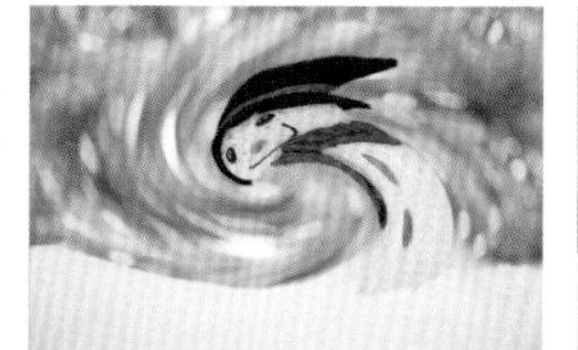

海の波紋
さざ波のような画像を作ります。

球面
立体に球体や円柱を貼り付けたような画像を作ります。

極座標
座標軸を変換して円柱の内側に画像を貼り込んだ効果を出します。

光彩拡散
明部が発光しているような画像を作ります。

置き換え
置き換えマップ（PSD ファイル）のカラー値で画像を変換します。

波形
水面の波模様を透して見たような画像を作ります。

波紋
波うつ水中を見たような画像を作ります。

SECTION 9.13

使用頻度

その他のフィルター

ピクセル値をずらした効果を与えてみよう

「カスタム」「スクロール」ではピクセル値をずらした効果を与えます。

カスタムフィルター

入力した数値と位置から、各ピクセルの輝度の数値設定によって画像をさまざまに変換するフィルターです。「スケール」ではコントラストを1～9,999で設定。数値を大きくするほど輝度値が下がります。「オフセット」では-9,999～9,999で設定。数値を大きくするほど輝度値が上がります。すべてのテキストボックスを埋める必要はありません。

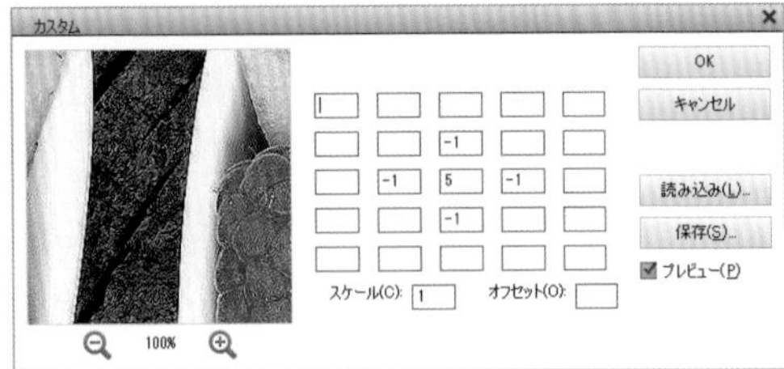

適用前

適用後

スクロールフィルター

選択範囲内で画像を水平・垂直方向に移動した画像を作ります。「水平方向」「垂直方向」では水平・垂直に移動する距離を－30,000～30,000で設定します。「未定義領域」では移動後の空白領域の処理を「背景に設定/端のピクセルを繰り返して埋める/ラップアラウンド（巻き戻す）」から選択。

スクロール
水平方向(H): 0 pixel 右へ
垂直方向(V): 0 pixel 下へ
OK
キャンセル
プレビュー(P)
未定義領域
背景に設定(B)
端のピクセルを繰り返して埋める(R)
ラップアラウンド（巻き戻す）(W)

適用前

適用後

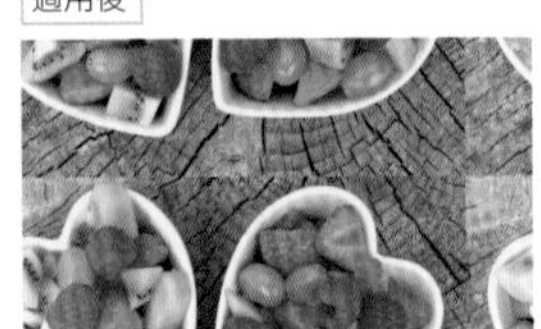

ハイパス

画像内の一定レベルより暗い部分をグレーで抑えて、ハイライト部分を強調した画像を作ります。

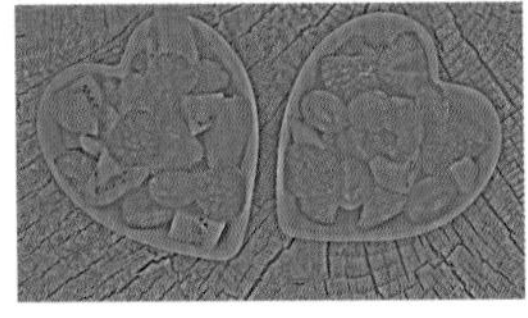

明るさの最小値

指定した範囲のピクセルの輝度値を最も暗いレベルに統一します。

明るさの最大値

指定した範囲のピクセルの輝度値を最も明るいレベルに統一します。

Digimarc

画像に著作権情報を「デジタル透かし」方式で埋め込み、読み出しをするためのフィルターです。32bitのみ。

CHAPTER

10

プロジェクトをつくって配信してみよう

Elements Organizerでは、複数の写真、ビデオからスライドショー、フォトブックなどさまざまなメディアを作成することができます。
また、電子メール、Twitter、YouTubeなどに手軽に配信することができます。

SECTION
10.1

使用頻度

プロジェクト、スライドショー、フォトコラージュ、フォトブック

プロジェクトを作成しよう

Photoshop Elementsでは、ウィザードに従って写真からスライドショー、フォトコラージュ、フォトプリント、フォトブック、グリーティングカードなどを作成することができます。

スライドショーを作成しよう

Elements Organizerで選択している複数の写真を、スライドショーとして表示し保存することができます。スライドショーにはテキストやオーディオを入れることができ、mp4形式のビデオファイルとして出力することができます。

①「スライドショー」を選択

Elements Organizerで作成したい複数の写真サムネールを選択します（Elements Editorからも可能です）。右上の「作成」ボタンをクリックし、「スライドショー」を選択します。
複数の写真を選択するには、サムネールをCtrl+クリックします。

POINT
フォルダー、人物、場所、イベントなどで写真を絞り込んでから選択するとよいでしょう。

POINT
サムネール写真を選択しない場合、ダイアログボックスが表示され、すべてのメディアかベストなメディアかを選択するダイアログボックスが表示されます。

② スライドショーが作成される

スライドショーのプレビューが作成され、スライドがはじまります。
設定されているテーマに沿って最初にタイトルページが表示され、次に選択した写真が切り替えの効果とともに表示されていきます。

POINT
スライドを途中でポーズしたい場合には、左下の⏸ボタンをクリックします。

③ 写真を追加する

スライドに写真などのメディアを追加したい場合には、左の「メディア」ボタンをクリックします。
パネルが表示されるので、右上の「**写真とビデオを追加**」をクリックしメニューから「Organizerから写真とビデオを追加」または「フォルダーから写真とビデオを追加」のいずれかを選びます。
ここでは「Organizerから写真とビデオを追加」を選択しました。

④ 写真を選択する

「メディアを追加」ダイアログボックスで追加する写真を選び、「選択したメディアを追加」ボタンをクリックします。
よければ「完了」をクリックします。

⑤ サムネールを並べ替える

メディアパネルで再生の順序を変更するには、サムネールをドラッグします。

CHAPTER 10 プロジェクトをつくって配信してみよう

⑥ テーマを変更する

左のテーマボタンをクリックするとパネルが表示されます。**適用したいテーマをクリック**して選択し「適用」ボタンをクリックします。

⑦ オーディオを設定する

左のオーディオボタンをクリックするとパネルが表示されます。
適用したい**サウンドをダブルクリック**するか**サウンド名右の+ボタンをクリック**します。
追加されているサウンドは上下にドラッグして入れ替えたり、−ボタンをクリックして削除できます。

POINT

好みのオリジナルサウンドなどパネルにないサウンドを追加したい場合には、右の「オーディオを追加」ボタンをクリックしてダイアログボックスで選択するとパネルに追加されます。

⑧ テキストスライドを追加する

テキストスライドは最初のタイトルページのようなテーマに沿ったテキストのスライドです。
メディアパネルの右上の「**テキストスライドを追加**」ボタンをクリックしてタイトルとサブタイトルのテキストを入力し「追加」ボタンをクリックします。

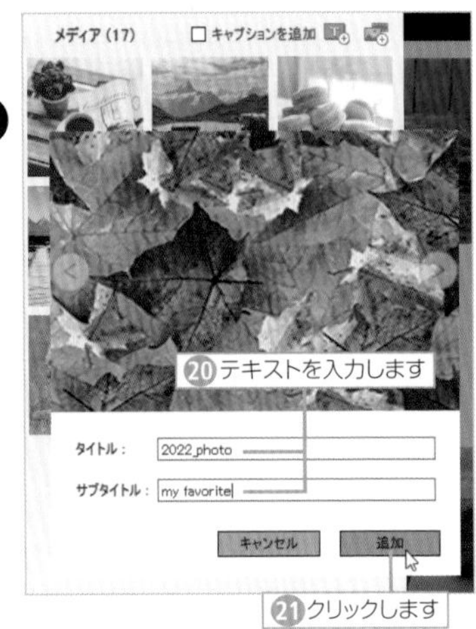

POINT

あらかじめ挿入したい位置の前のサムネールを選択しておくと、その位置にテキストスライドが追加されます。

9 スライドを保存する

スライドショーは、右上の「保存」ボタンをクリックするとダイアログボックスが表示されます。
ファイル名を入力し、「保存」ボタンをクリックして保存するとOrganizerにスライドのサムネールが追加されます。

10 スライドを書き出す

スライドショーは、**ビデオファイル（.mp4）としてパソコン内やYouTubeなどに書き出す**ことができます。
右上の「書き出し」をクリックし「ビデオをローカルディスクに書き出し」を選択すると、「書き出し」ダイアログボックスが表示されます。
ファイル名と保存場所、画質を設定し、「OK」ボタンをクリックします。
ビデオをElements Organizerに読み込む場合は、「はい」をクリックします。

フォトブックを作成しよう

好みの写真をフォトブックとして、きれいなデザインの本に配置してみましょう。フォトコラージュ、グリーティングカード、フォトカレンダーなども同様の方法で作成することができます。

1 フォトブックにする写真を選択

Elements Organizerでフォトブックにする写真を選択します。
Elements Editorでは、フォトエリアでフォトブックにする写真を選択しておきます。
「作成」ボタンをクリックし、「**フォトブック**」を選択します。

② サイズとテーマの選択

「フォトブック」ダイアログボックスが起動します。「サイズ」を選択し、プレビューに表示されるアートワークを参考にして、テーマやページ数などを設定します。
設定が完了したら「OK」ボタンをクリックします。

POINT

「OK」ボタンをクリックするとダイアログボックスが開くので、「互換性を優先」をチェックしたまま「OK」ボタンをクリックします。

プレビュー
④サイズを選択します
⑤テーマを選択します
ページ数を設定します
⑥クリックします

③ フォトブックに写真を配置

Elements Editor画面に切り替わり、フォトブックを作成する進行状況が表示されます。
終わると先ほど選択したデザインのフォトブックが開きます。
ツールバーのズームツールで画像の大きさを調整します。右のパネルでページを切り替えることができます。
写真の入っていないフレームは、クリックするか、右クリックしてメニューから「写真の置き換え」を選択し、ダイアログボックスで写真を指定します。

⑦ページを確認します
⑧右クリックします
⑨選択し写真を指定します

④ レイアウトとグラフィックの配置

右下には「レイアウト」ボタンと「グラフィック」ボタンがあり、レイアウトテンプレートの変更、グラフィックの配置を行います。
レイアウトのテンプレートを変更したり、写真を右クリックしてメニューから配置した写真のサイズ調整、差し替え、回転ができます。

TIPS 画像の差し換えや拡大・縮小

画像をクリックするとバウンディングボックスが表示されます。バウンディングボックスによって画像の回転、サイズ変更が可能となります。また、ダブルクリックするとフレームの中の画像の差し換えや拡大・縮小を行うことができます。

⑩テンプレートを選びます

⑤ フォトブックを保存する

タスクバーの「保存」ボタンをクリックして、「Photo Project形式（.PSE）」のファイル形式で保存します。

⑪クリックします

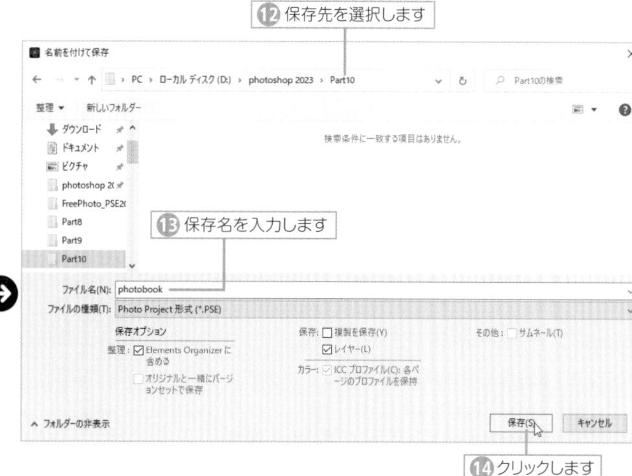

⑫保存先を選択します
⑬保存名を入力します
⑭クリックします

フォトカレンダーを作成しよう

フォトカレンダーは、年月日、テーマ、レイアウトを設定してカレンダーのプロジェクトファイルを作成します。

① Elements Editorで写真を選択

Elements Organizerでフォトカレンダーにする写真を選択します。
Elements Editorでは、フォトエリアでフォトカレンダーにする写真を選択しておきます。
「作成」ボタンをクリックし、「**フォトカレンダー**」を選択します。

①サムネールを選択します
②クリックします
③選択します

② 開始月、テーマの選択

ダイアログボックスで開始月で「年」「月」をメニューから選択します。
カレンダーのテーマを選択したら、「OK」ボタンをクリックします。

④設定します
⑤選択します
⑥クリックします

③ レイアウトを選ぶ

フォトブックと同じように、ページでレイアウトを設定するページを選択してから、右下の「レイアウト」ボタンをクリックしてレイアウトをダブルクリックで選びます。
写真がないフレームはクリックするとダイアログボックスが表示されるので、写真ファイルを選択して配置します。

> **TIPS 詳細設定モード**
> 左上の「詳細設定モード」ボタンをクリックすると、Elements Editorのエキスパートモードと同じツールパネルやレイヤーパネルを表示して編集を行うことができます。

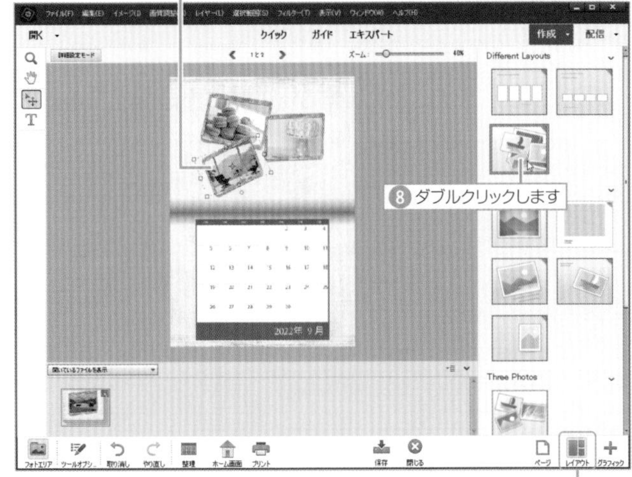

⑨クリックして画像を差し替えます
⑧ダブルクリックします
⑦クリックします

④ グラフィックを配置する

「グラフィック」ボタンをクリックすると、右パネルに背景、フレーム、グラフィックが表示されます。ドラッグして配置するか、ダブルクリックすると中央に配置されるので、大きさや位置を調整します。

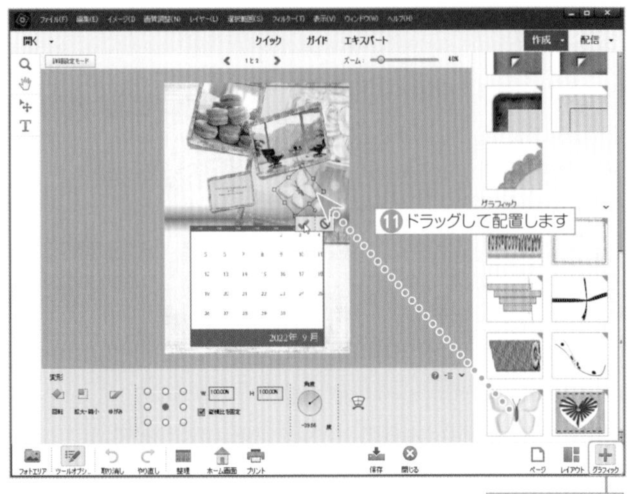

⑪ドラッグして配置します
⑩クリックします

⑤ プロジェクトを保存する

「保存」ボタンをクリックし、「Photo Project形式(.PSE)」のファイル形式で保存します。
「別名で保存」ダイアログボックスで「Elements Organizerに含める」をチェックして保存するとサムネールとして表示されます。

⑫Elements Organizerに追加されます

その他のフォトプロジェクト

ここまでで作成したフォトブックやフォトカレンダー以外にも、フォトコラージュ、グリーティングカード、CDジャケット、DVDジャケット、CD/DVDラベルなどを作成することができます。

フォトコラージュ

グリーティングカード

フォトカレンダー

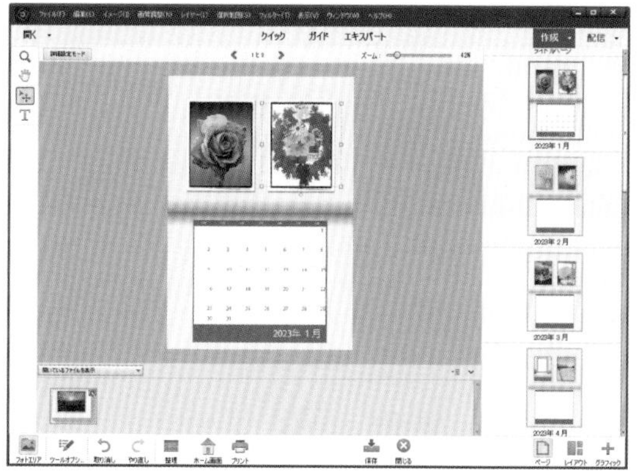

テキスト入り画像

TIPS Premiere Elementsが必要なプロジェクト

「ビデオストーリー」「ビデオコラージュ」はパソコンにPremiere Elementsがインストールされていないと作成できないので、注意が必要です。
Adobe社のサイトでは、30日間無料の体験版も配布されているので、必要な方はインストールしてください。

POINT

作成したプロジェクトは、エキスパートモードで背景やフレームを変更したり、クイックモード、ガイドモードでも編集することができます。

SECTION

10.2

使用頻度

配信ボタン、電子メール、Twitter

メールやTwitterで配信しよう

Elements Organizerの「配信」ボタンでは選択した写真をメールに添付して送信したり、TwitterやYouTube、Flickrなどにアルバムを作成することができます。

電子メールにファイルを添付して配信する

Elements Organizerの「配信」ボタンでは、電子メールやフォトメールで写真を配信することができます。

1 「配信」の「電子メール」を選択する

Elements Organizerで、電子メールで配信する写真を選択します。
「配信」ボタンをクリックし、「電子メール」をクリックします。

POINT

電子メールはOrganizerの「環境設定」の「電子メール」で初期設定のMicrosoft Outlookの他にGmailやYahoo!メールなどを選択することができます。

2 写真のサイズと画質の設定

宛先、件名、メッセージを指定し、「次へ」ボタンをクリックします。
添付する写真が表示され、写真をJPEGに変換するかどうか、最大サイズや画質を設定し「次へ」ボタンをクリックします。
宛先が登録されていない場合は、ボタンをクリックし、「アドレス帳」ダイアログボックスで新たに登録することができます。
電子メールのアカウントを設定していない場合は、設定の画面が表示されます。

POINT

「アドレス帳」ダイアログボックスでは、「新規連絡先」をクリックし、名前やメールアドレス等を入力して登録します。

③ メール送信画面が開く

Windowsでは環境設定の初期設定でOutlookが登録されています。
Outlookのアカウントを設定されている場合には、画像が添付されたメール送信画面が開くのでそのまま送信することができます。
Yahooメールでは、そのまま送信されます。

Twitterに写真をアップする

Photoshop Elementsの「配信」ボタンからTwitterやYouTube、Flickrなどに写真やビデオをアップすることができます。ここでは、Twitterにアップする方法を解説します。

① Elements Organizerで写真を選択

Elements Organizerで、電子メールで配信する写真を1枚選択します（Twitterに配信できるのは1枚だけです）。
「配信」ボタンをクリックし、「Twitter」を選択します。
ダイアログボックスで「認証」をクリックします。

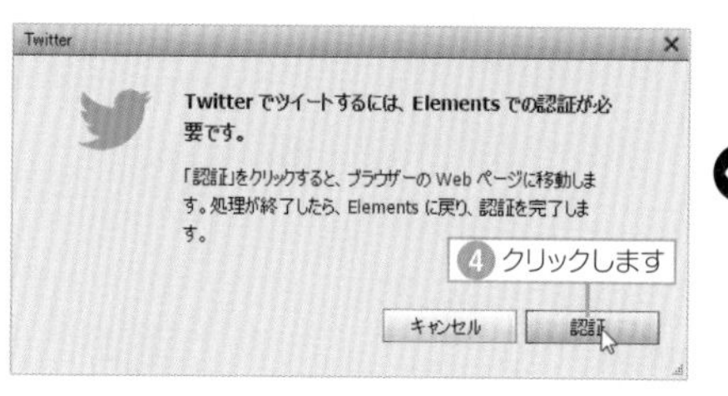

② 連携アプリを認証

Twitterに一度ログインできる状態にしてから、Webブラウザの画面に「Photoshop Elements Uploaderにアカウントの利用を許可しますか？」が表示されるので、「連携アプリを認証」をクリックします。

③ Twitterアカウントの認証

Photoshop ElementsからTwitterアカウントへの公開が認証されます。

④ ツイートの内容を設定

ダイアログボックスで、ツイートの内容を入力します。

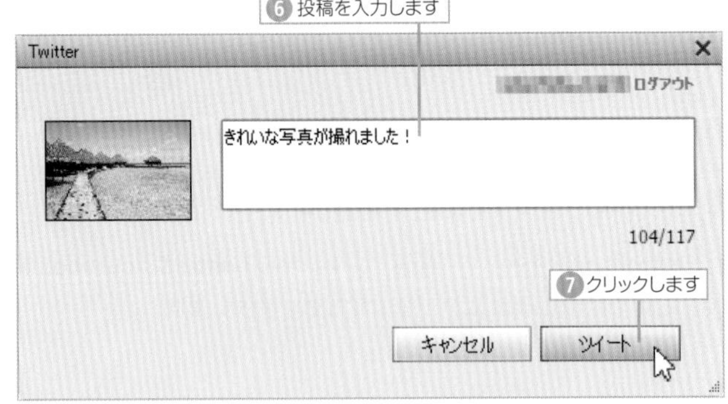

⑤ Twitterで確認する

さらにアップロードの完了の画面で「Twitterにアクセス」をクリックします。
「完了」をクリックしてTwitterを表示してもかまいません。
Twitterに投稿されているのを確認します。

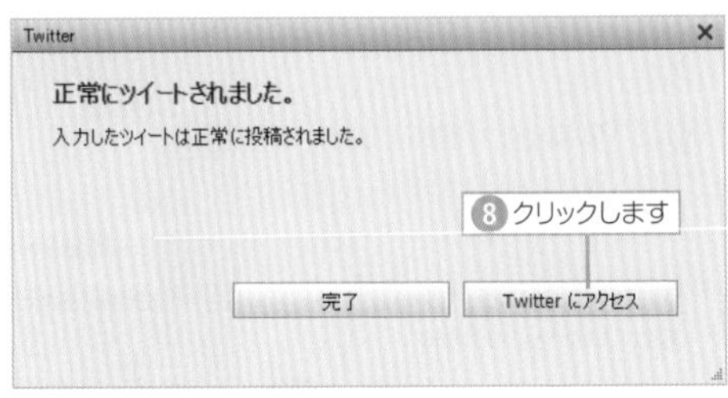

CHAPTER

11

プリントとバッチ処理を覚えよう

ここでは、用紙へのプリントと、複数の画像のサイズ、解像度、ファイル名などを一度に変更できるバッチ処理について解説します。

SECTION 11.1

使用頻度 ●●●

プリンタの設定、プリント、用紙設定

プリントしてみよう

Photoshop Elementsで補正や合成、リサイズなどを行った写真をプリントしてみましょう。プリントアウトする前に、プリンタの選択、用紙の設定をしましょう。

プリンタの選択

Windows 10では、「設定」の「デバイス」の「プリンターとスキャナー」で使用するプリンタを指定します。「既定に設定」をクリックすると、使用するプリンタの初期設定となります。

Windows11では「設定」-「Bluetoothとデバイス」で「プリンタとスキャナー」を選択し、リストに使用するプリンタ名があるかを確認します。

POINT

使用するプリンタがない場合には、ダイアログボックスの「プリンターの追加」「デバイスの追加」をクリックしてウィザードに従い、プリンタの設定を行ってください。または購入したプリンタ付属のCD-ROMやメーカーWebサイトからドライバをダウンロードし、インストールして設定します。

POINT

Macでは、「システム環境設定」の「プリンタとスキャナ」で使用するプリンタを選択しておきます。

プリントの実行

Photoshop Elementsで開いている画像ファイルをプリンタからプリントするには、次の手順で行います。

①「プリント」の実行

Elements Editorでは、プリントする写真を開いてから「ファイル」メニューの「プリント」（Ctrl+P）を選択します。

Elements Organizerでは、プレビューで印刷する写真を選択してから「ファイル」メニューの「プリント」（Ctrl+P）を選択します。

② 「プリント」ダイアログで設定する

「プリント」ダイアログボックスが表示されたら、プリンタを選択し、用紙サイズ、プリントする部数、画像の大きさ等を設定します。

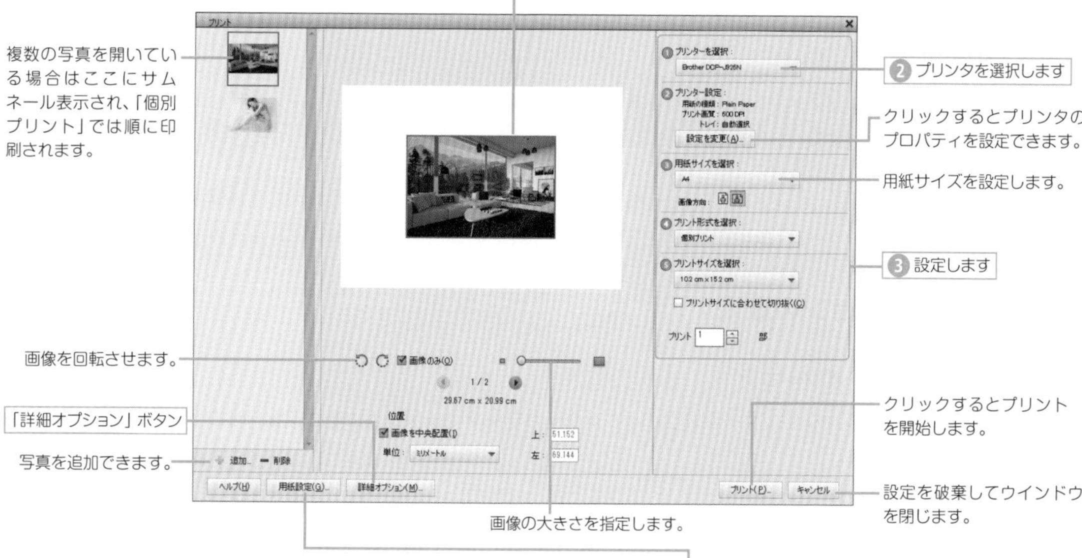

③ プリンタと用紙設定を行う

「プリント」ダイアログボックスの「**用紙設定**」ボタンをクリックすると、「プリンタ名のプロパティ」ダイアログボックスが表示されます。
このダイアログボックスはプリンタごとにタブや内容が異なります。

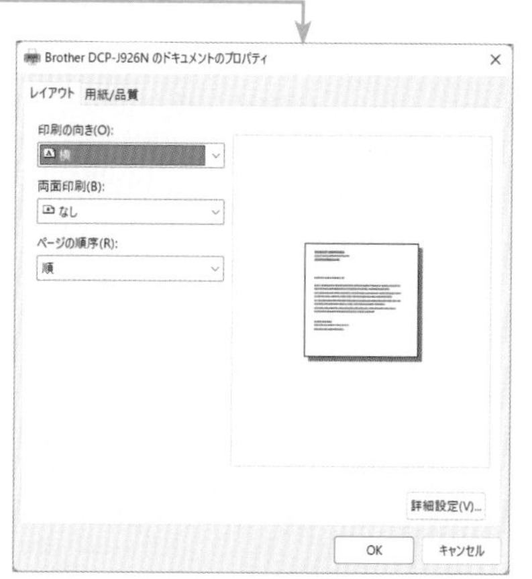

④ プリンタの設定

「**設定を変更**」ボタンをクリックし、ダイアログボックスで用紙の種類やプリント画質などを設定できます。
「詳細設定」ボタンをクリックすると、「プリンタのプロパティ」ダイアログボックスが表示されます。
ここで、プリンタ独自の印刷品質、色/濃度、独自の効果などを設定できます。

POINT

「プリンタのプロパティ」ダイアログボックスは、プリンタによって異なります。詳細はプリンタの説明書などをご覧ください。

⑤ プレビューの確認と印刷の実行

プレビューを見て、印刷される位置や状態を確認します。よければ「プリント」ボタンをクリックします。プリントが開始されます。

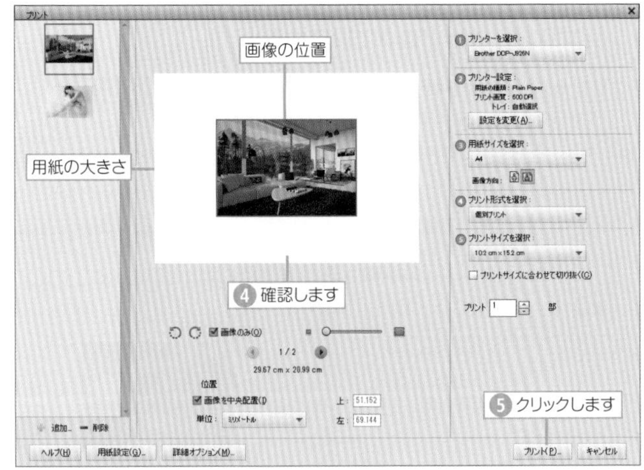

プリントのオプションの設定

▶「カラーマネジメント」オプション

「詳細オプション」をクリックし、ダイアログボックスの「カラーマネジメント」でプリント時のカラーマネジメントの設定を行います。

印刷する書類に設定されているプロファイルで定義された色で再現されます。

プリンタのカラースペースに一致したプロファイルを選択します。使用するプリンタに合致したプロファイルを使用することで、正確な色が再現できます。

画像の色を、プリンタのプロファイルに変換する際の変換方法を選択します。

▶「プリントの指定」オプション

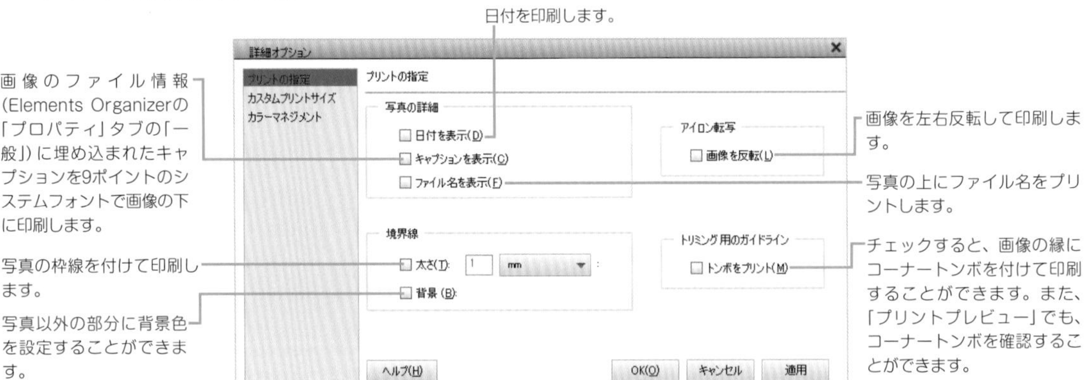

日付を印刷します。

画像のファイル情報(Elements Organizerの「プロパティ」タブの「一般」)に埋め込まれたキャプションを9ポイントのシステムフォントで画像の下に印刷します。

写真の枠線を付けて印刷します。

写真以外の部分に背景色を設定することができます。

画像を左右反転して印刷します。

写真の上にファイル名をプリントします。

チェックすると、画像の縁にコーナートンボを付けて印刷することができます。また、「プリントプレビュー」でも、コーナートンボを確認することができます。

▶「カスタムプリントサイズ」オプション

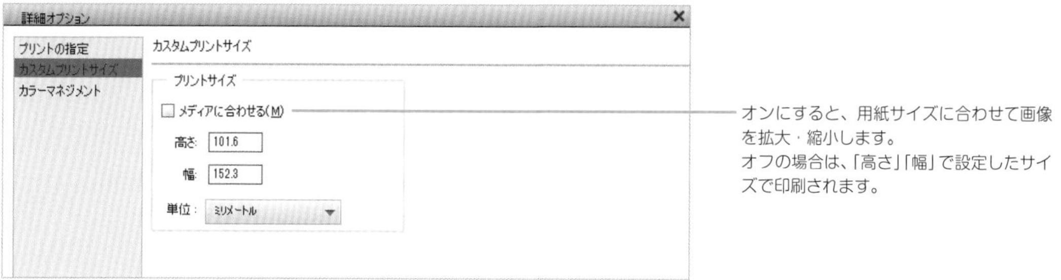

Elements Organizerで印刷する

Elements Organizerでは、**複数のサムネールを選択**し、「ファイル」メニューから「**プリント**」（Ctrl +P）を選択すると、複数の写真を1枚の用紙に印刷することができます。

左に複数のサムネールが並ぶダイアログボックスが表示されます。ここで、プリンタ、プリントの形式、プリントサイズなどを設定します。

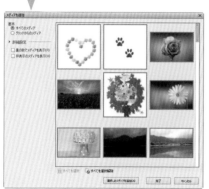

プリントする写真を追加できます。このダイアログボックスでは、キーワードタグや★の数、場所、人物などで写真を絞り込むことも可能です。

▶ プリント形式

プリント形式では「個別プリント」「インデックスプリント」「ピクチャパッケージ」を選択して印刷することができます。

Elements Organizerのフォトプリント

Elements Organizerでサムネールを選択し、**「作成」ボタンの「フォトプリント」**を選ぶと、「ローカルプリンター」「ピクチャパッケージ」「インデックスプリント」のいずれかを選択して印刷を行うことができます。

SECTION
11.2

使用頻度

バッチ処理、バッチの設定

複数ファイルを一括処理しよう

Photoshop Elementsでは、デジタルカメラで撮影した大量の画像ファイルを一括して、ファイル名、ファイル形式、ファイルサイズ、自動補正などの処理を行うことができます。
大量の写真の処理にはぜひ覚えたい機能の1つです。

バッチで画像を一括変換する

Elements Editorのエキスパートモードで「ファイル」メニューの「**複数ファイルをバッチ処理**」を選択すると、フォルダー内の画像や開いているファイル、ファイルブラウザの複数のファイルなどを指定して、ファイル名、画像解像度、画像サイズ、ファイル形式、クイック補正、ラベルの埋め込みといった処理を一括して行うことができます。

たとえば、次のような処理を行うことができます。

- **ファイル名を連番にする**
- **画像のサイズをすべて幅640ピクセルにしたい**
- **JPEG形式からすべてPSD形式にしたい**
- **すべての画像をシャープにしたい**
- **画像の左下にファイル名を入れたい**

といった処理も一括して行うことができます。

ファイル(F) 編集(E) イメージ(I) 画質調整(N)
新規(N)
開く(O)... Ctrl+O
Camera Raw で開く... Alt+Ctrl+O
最近編集したファイルを開く(T)
複製(D)...
閉じる(C) Ctrl+W
すべてを閉じる Alt+Ctrl+W
保存(S) Ctrl+S
別名で保存(A)... Shift+Ctrl+S
Web 用に保存(W)... Alt+Shift+Ctrl+S
ファイル情報(F)...
配置(L)...
開いているファイルを整理...
複数ファイルをバッチ処理...
読み込み(M)
書き出し(E)
自動処理(U)

▶ バッチの実行

「ファイル」メニューの「**複数ファイルをバッチ処理**」を選択すると、「複数ファイルをバッチ処理」ダイアログボックスが開きます。

ダイアログボックスの詳細は次のページを参照してください。

▶ バッチの対象の指定

処理を実行する対象となる画像ファイルのソースをフォルダー、読み込み、開いたファイルから指定します。

「読み込み」を選択すると、実行時に読み込むファイルを選択するダイアログボックスが表示されます。PDFファイルを選択すると、PDFファイル内の画像がダイアログボックスにリストアップされるので、バッチ処理したい画像を選択します。

▶ バッチ処理を強制中断するには

Escボタンをクリックすると、右のダイアログボックスが表示されます。「停止」ボタンをクリックすると、バッチ処理はキャンセルされます。

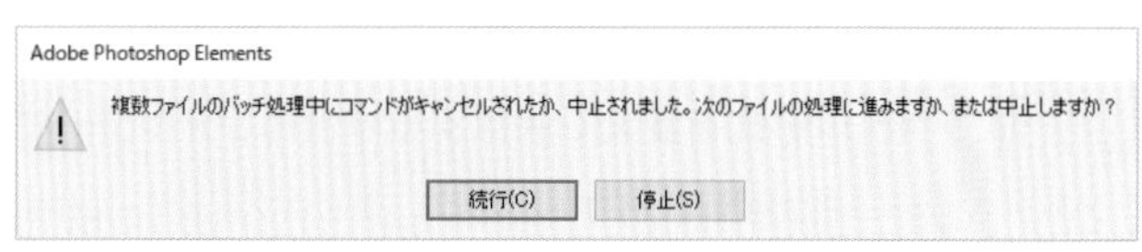

Adobe Photoshop Elements
複数ファイルのバッチ処理中にコマンドがキャンセルされたか、中止されました。次のファイルの処理に進みますか、または中止しますか？
続行(C)
停止(S)

ダイアログボックスの設定

「複数ファイルをバッチ処理」ダイアログボックスでは、次のような設定が行えます。

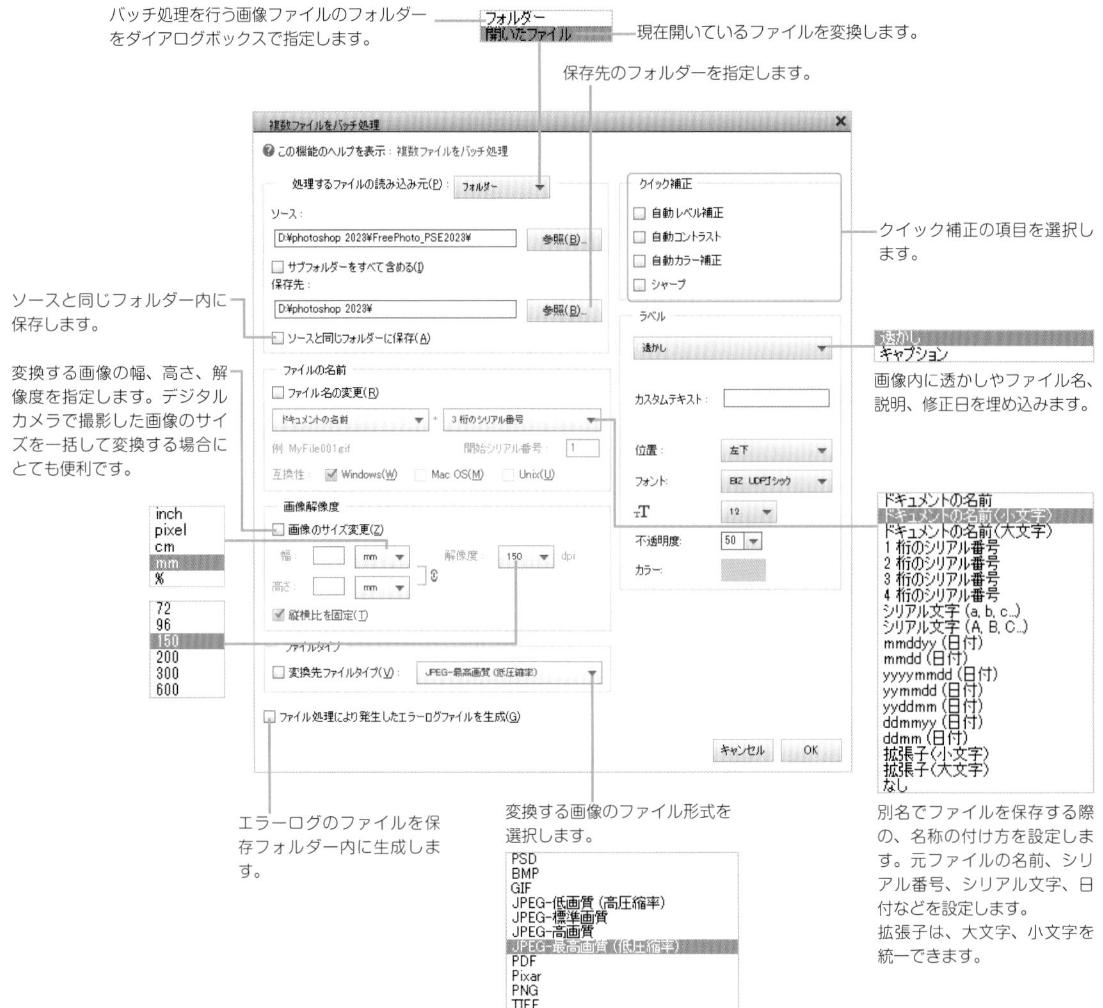

TIPS ファイル形式を変えて保存する場合はフォルダーに保存

バッチでファイル形式を変えて保存する場合は、新しいフォルダーを作成し、「保存先」で、新しく作ったフォルダーを指定するとファイル管理が簡単です。

CHAPTER

12

環境設定・カラー設定を行おう

Photoshop Elementsを使うにあたって、「環境設定」を確認しておきましょう。インターフェース、単位、カーソル、ファイル保存などさまざまな設定があります。使いやすい環境にしておくことも重要です。

SECTION

12.1

使用頻度

環境設定とカラー設定

環境設定とカラー設定で使いやすく

Photoshop Elementsでさまざまな作業を行うために、操作にかかわる環境設定を「編集」メニュー（Macは「Photoshop Elements Editor」メニュー）の「環境設定」で行っておきましょう。

一般

「一般」では、Photoshop Elements全体にかかわるさまざまな環境設定を行います。

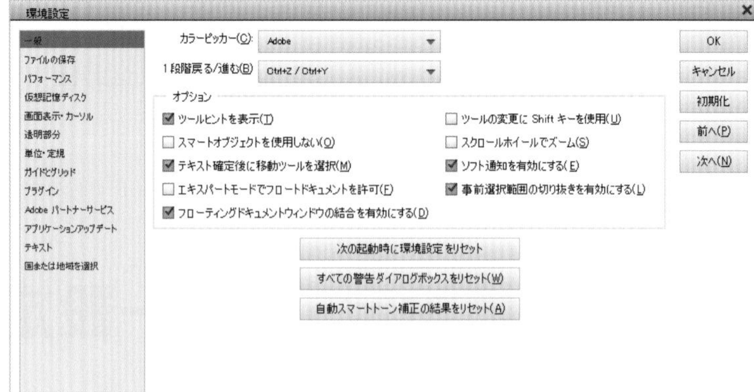

TIPS 初期設定に戻すには

Elements Editorの起動時に Ctrl + Alt + Shift（Macは ⌘ + option + shift）キーを押し続け、ダイアログボックスで「はい」ボタンをクリックします。

TIPS 環境設定のショートカット

Ctrl + Kキーを押すと「環境設定」ダイアログボックスの「一般」が表示されます。
Ctrl + Alt（Macは option + ⌘）＋Kキーで前回使用したダイアログボックスが表示されます。

▶ カラーピッカー

カラーピッカーでは、「Adobe」（初期設定値）と「Windows」（Windows標準）、Mac版は「Apple」を選択できます。

Adobe

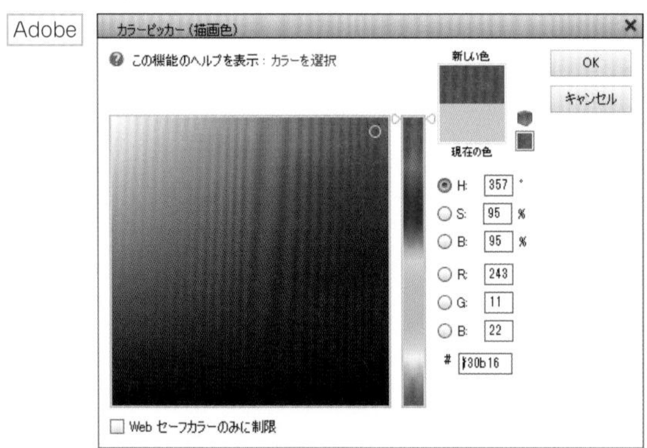

Windows

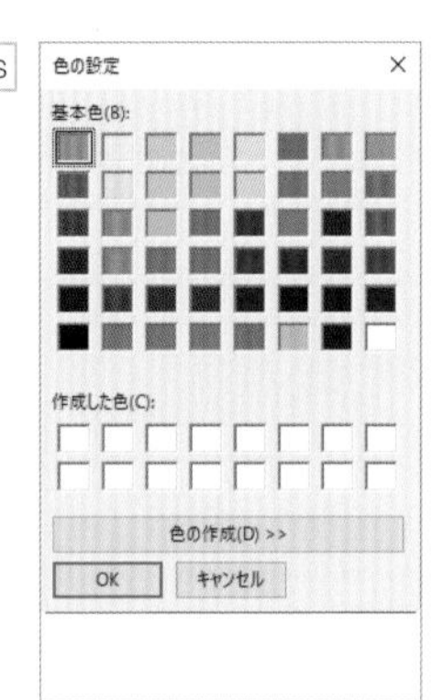

▶ 1段階戻る/進む

行った操作を取り消して前の段階に戻ったり、取り消した操作をやり直すためのキーボードショートカットをメニューから選んで設定します。

▶ ツールヒントを表示

マウスポインタをツールボタン上へもっていくと、ツール名を表示します。ツールのカッコ内の英字を半角で入力すると選択できます。

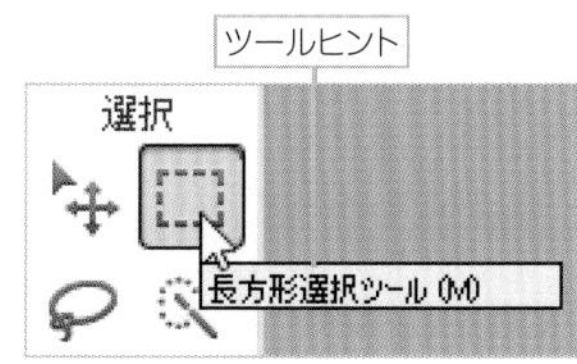

マウスポインタをツール上にしばらくおくと表示されます。

▶ スマートオブジェクトを使用しない

オンにすると、新規レイヤー作成時にスマートオブジェクトを使用しません。

▶ テキスト確定後に移動ツールを選択

オンにすると、テキストツールを使用した後、自動的に移動ツールが選択されます。

▶ エキスパートモードでフロートドキュメントを許可

オンでドキュメントウィンドウをフロート表示することができます。

▶ フローティングドキュメントウィンドウの結合を有効にする

フロートしているドキュメントウィンドウのタブを他のウィンドウにドラッグして結合することができます。ただし「エキスパートモードでフロートドキュメントを許可」をオンにしておきます。

▶ ツールの変更に Shift キーを使用

オンにすると、グループ化されたツールの切り換えに Shift キーを使用します。

▶ スクロールホイールでズーム

マウスのスクロールホイールを回転させてズームイン、ズームアウトを可能にします。

▶ ソフト通知を有効にする

ソフト通知を表示します。

▶ 事前選択範囲の切り抜きを有効にする

オンで切り抜きグリッドの事前選択範囲を有効にします。

▶ 次の起動時に環境設定をリセット

クリックすると、次回Photoshop Elementsを起動したときに環境設定を初期設定に戻します。

▶ すべての警告ダイアログボックスをリセット

クリックすると、警告ダイアログボックスの内容を初期化します。

▶ 自動スマートトーン補正の結果をリセット

「自動スマートトーン補正」で行なった補正のマトリクス位置(初期設定で記憶している)を元の位置に戻します。

TIPS 環境設定のショートカット

Ctrl+1	一般
Ctrl+2	ファイルの保存
Ctrl+3	パフォーマンス
Ctrl+4	仮想記憶ディスク
Ctrl+5	画面表示・カーソル
Ctrl+6	透明部分
Ctrl+7	単位・定規
Ctrl+8	ガイドとグリッド
Ctrl+9	プラグイン
Ctrl+0	Adobeパートナーサービス

ファイルの保存

ファイルの保存と互換性、最近使用したファイルのリスト数に関する環境設定を行います。

初回保存時

ファイルの保存時に、ダイアログボックスを出すかどうかを設定します（上図を参照）。

画像プレビュー

画像を開くときに確認できるプレビューや、サムネールアイコンに使う画像プレビューの保存オプションを設定します。

「保存しない」では、プレビュー画像は保存されないので、プレビュー表示に時間がかかります。

「必ず保存」では、プレビュー画像をファイル内に保存するので、プレビュー表示が速くなります。

「保存時に確認」では、「名前を付けて保存」ダイアログボックスに「サムネール」のチェックボックスが表示され、選択できます。

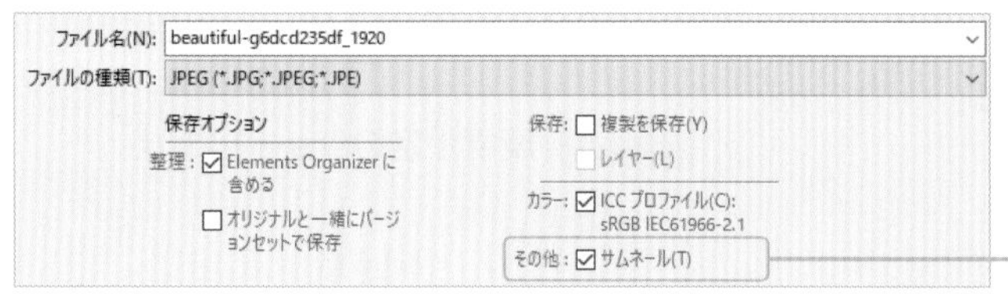

「名前を付けて保存」ダイアログボックスで「サムネール」にチェックされます。

ファイル拡張子

「ファイル拡張子」では、「小文字を使用」「大文字を使用」のいずれかを選択しておくことができます。選択した拡張子がファイルを保存するダイアログボックスのファイル名の拡張子として使用されます。

▶ ファイルの互換性

「カメラデータ（EXIF）プロファイルを無視」は、ファイルに埋め込まれたデジタルカメラのEXIFデータを無視します。

「PSDファイルの互換性を優先」は、「確認」にしておくとレイヤーなど画像合成を行った場合の保存時に「Photoshop Elements形式オプション」ダイアログボックスが表示されます。

「常に」を選択すると、他のアプリケーションやバージョンの異なるPhotoshop Elementsでの互換性を保ちます。

「チェックアウトしない」を選択すると互換性を保ちません。

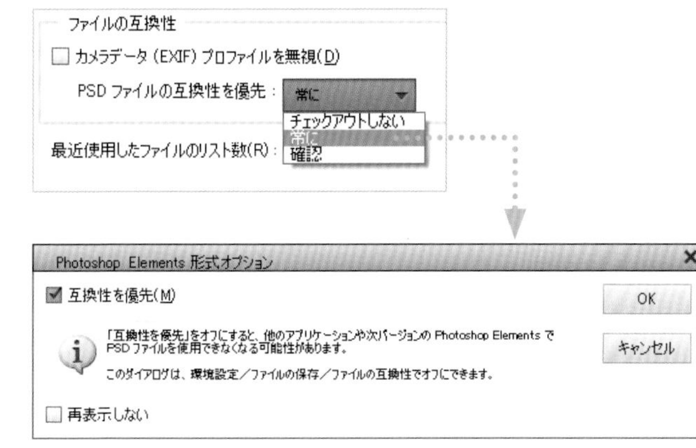

「最近使用したファイルのリスト数」は、「ファイル」メニューの「最近編集したファイルを開く」に登録される数を設定します。

パフォーマンス

一度画面表示を行った画像はキャッシュと呼ばれる記憶領域に保存され、再度表示する場合の速度を高めます。

「ヒストリー」は、ヒストリーパネルで遡ることのできる段階数を入力します。

「キャッシュレベル」には1～8の整数を入力して設定します。数値が大きいほどキャッシュレベルが高くなり、キャッシュ容量が高まります。

「メモリの使用状況」では、最大使用メモリを設定できます。設定の変更後は、Photoshop Elementsを再起動してください。

仮想記憶ディスク

「仮想記憶ディスク」では、仮想記憶に使用するドライブを指定します。ディスク1はシステムのあるディスクドライブが初期設定されます。大きなファイルを扱う場合には、速度の速いディスクを指定しておくと効果的です。

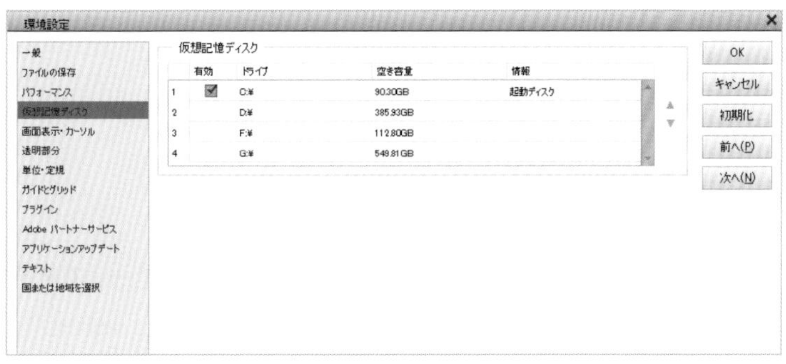

画面表示・カーソル

カーソルの形状、切り抜きツールのシールドカラーを設定します。
「UIスケール比率」では高密度のディスプレイにおけるインターフェースの表示比率を設定します。

▶ペイントカーソル

消しゴムツール、鉛筆ツール、ブラシツール、コピースタンプツール、パターンスタンプツール、指先ツール、ぼかしツール、シャープツール、覆い焼きツール、焼き込みツール、スポンジツールを使う際のカーソルの形式を設定します。

「標準」はツールアイコンと同じ形状のカーソル表示です。

「精細」は十字型のカーソルになり、精細なペイントに適しています。

「ブラシ先端（標準サイズ）」は、ブラシパネルで設定した50%のサイズのポインタで表示されます。「ブラシ先端（フルサイズ）」は、ブラシパネルで設定した実サイズのポインタで表示されます。

標準　精細
ブラシ先端（標準サイズ）　ブラシ先端（フルサイズ）

▶その他カーソル

選択ツール、なげなわツール、多角形選択ツール、自動選択ツール、切り抜きツール、スポイトツール、塗りつぶしツールなどの形状を設定します。

「標準」はツールアイコンと同じ形状のカーソル表示です。

「精細」は図のようなカーソルで細かな操作に向いています。

標準　精細

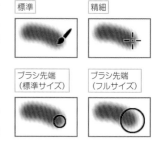

▶切り抜きツール

「シールドを使用」をチェックすると、切り抜く外側が指定したシールドカラーで暗く表示されます。

TIPS　ダイアログボックスの設定値を１単位ずつキーボードで変更する

ダイアログボックスの数値入力ボックスにカーソルを挿入し、↑キーで１単位増加、↓キーで１単位減少させることができます。

透明部分

透明部分の表示方法や、色域警告の色を設定します。

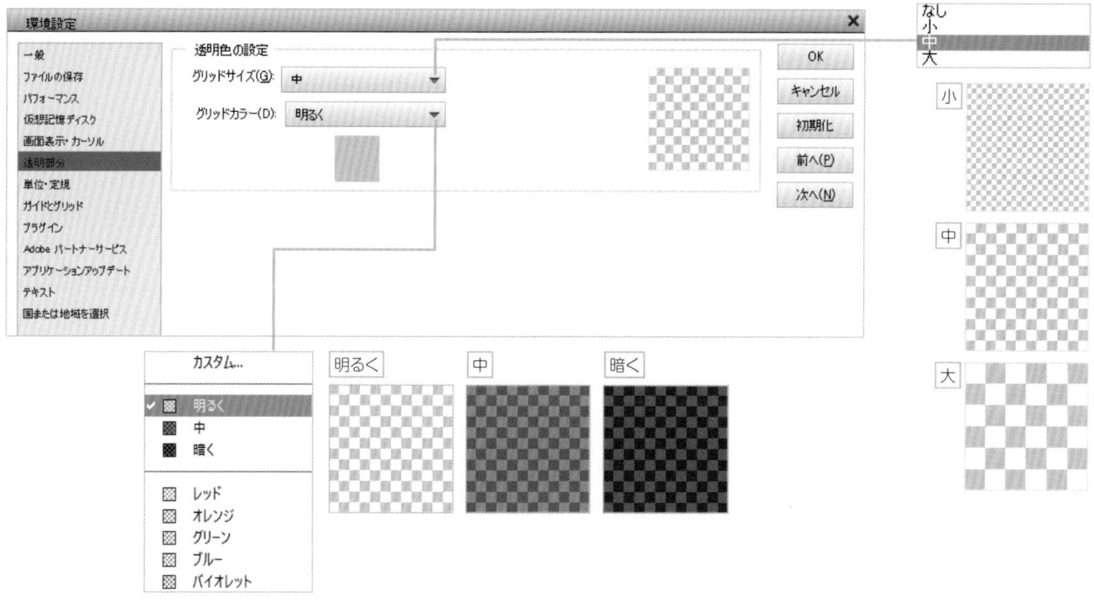

単位・定規

「単位」では、定規の単位、文字の単位、プリントサイズ、プロジェクトの単位を設定します。

「新規ファイル解像度のプリセット」では、新規画像を作成する際のプリント解像度、スクリーン解像度を設定します。

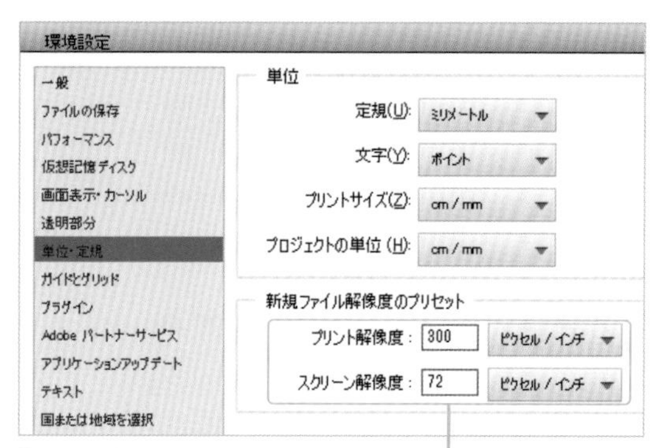

「ファイル」メニューの「新規」から「白紙ファイル」を選択し、ダイアログボックスの「プリセット」で紙サイズを選択したときのプリント解像度と、ピクセル値やモニタサイズを選択したときのスクリーン解像度の初期値をここで設定します。

ガイドとグリッド

「ガイドとグリッド」ではガイドとグリッドの色、スタイル、グリッド線と分割線を設定します。詳細は85ページを参照してください。

プラグイン

Photoshop Elementsに任意で追加するプラグインフォルダーの場所を設定します。

「選択」ボタンをクリックし、ダイアログボックスでプラグインフォルダーを選択します。

Adobeパートナーサービス

Adobe社から提供されるパートナーサービスを更新したり、アカウントの初期化、オンラインサービスデータを消去することができます。Elements Organizerの「Adobeパートナーサービス」ではサービスアップデートやプロモーション、製品サポートの通知などの設定を行なうことができます。

Elements Editor

Elements Organizer

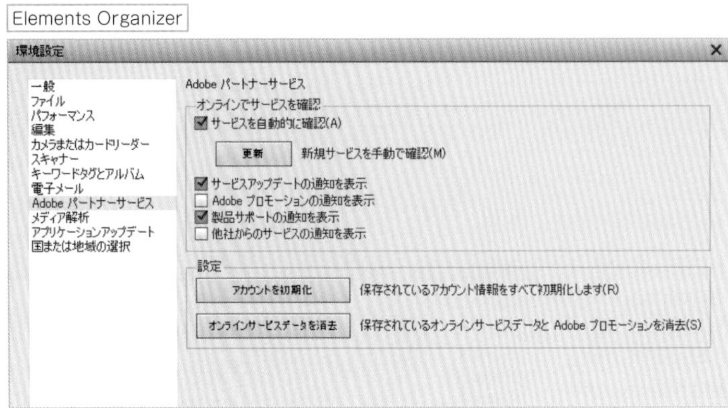

アプリケーションアップデート

Photoshop Elementsのアップデートを自動的にダウンロードしてインストールするか、アップデートが可能な場合に通知するかを選択します。

テキスト

スマート引用符、日本語テキストオプション、見つからない字形の保護、フォント名の英語表記、フォントプレビューサイズなど文字パネルの表示に関する設定をします。

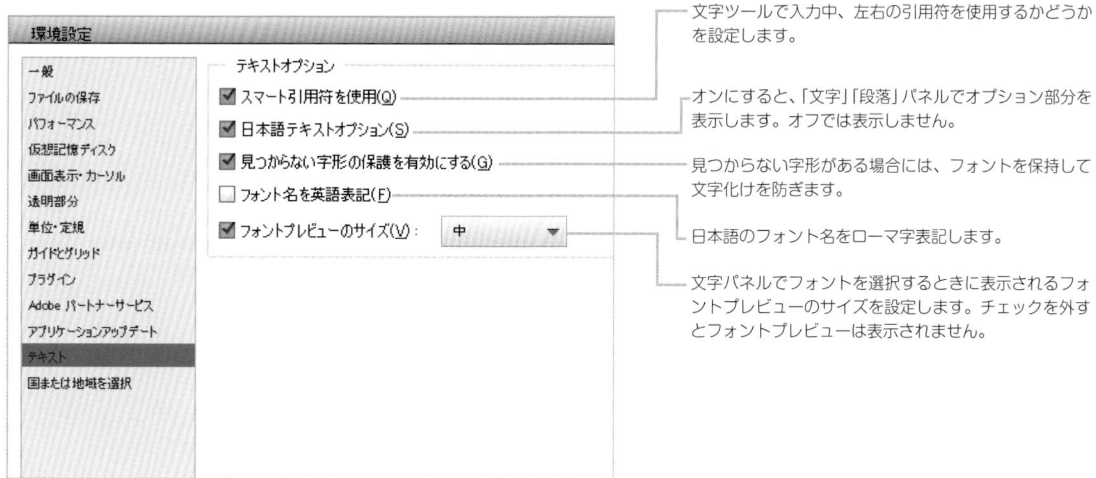

国または地域を選択

インターフェースで使用する言語の国や地域を選択します。

カラー設定

「編集」メニューの「カラー設定」では、作業内容に応じた**カラーマネジメントの方法**を選択します。

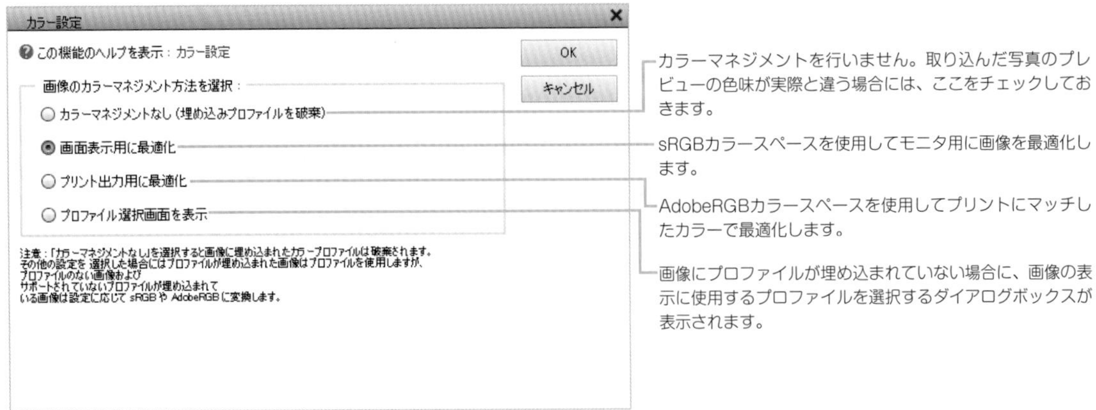
カラー設定
この機能のヘルプを表示：カラー設定
OK
キャンセル
画像のカラーマネジメント方法を選択：
カラーマネジメントなし（埋め込みプロファイルを破棄）
画面表示用に最適化
プリント出力用に最適化
プロファイル選択画面を表示
注意：「カラーマネジメントなし」を選択すると画像に埋め込まれたカラープロファイルは破棄されます。
その他の設定を選択した場合にはプロファイルが埋め込まれた画像はプロファイルを使用しますが、
プロファイルのない画像および
サポートされていないプロファイルが埋め込まれて
いる画像は設定に応じて sRGB や AdobeRGB に変換します。
カラーマネジメントを行いません。取り込んだ写真のプレビューの色味が実際と違う場合には、ここをチェックしておきます。
sRGBカラースペースを使用してモニタ用に画像を最適化します。
AdobeRGBカラースペースを使用してプリントにマッチしたカラーで最適化します。
画像にプロファイルが埋め込まれていない場合に、画像の表示に使用するプロファイルを選択するダイアログボックスが表示されます。

TIPS カラーマネジメントについて

同じ原稿を同じスキャナで取り込んだデータを異なるモニタで表示した場合、カラーの不一致が発生します。カラーマネジメントシステム（CMS）とは、カラー作成時のカラースペースと出力時のカラースペースを比較し、さまざまなデバイス（機器）間で同じように表示・出力が行えるようにするための補正システムです。
Photoshop Elementsのカラーマネジメントワークフローは、ICC（International Color Consortium）が策定した規約に基づいています。
カラーマネジメントを行う場合、入力（スキャナ・デジタルカメラ）・表示（モニタ）・出力（プリンタ・出力機）それぞれのデバイスごとに、同じ色が同じに見えたり同一の色で出力できるよう、プロファイルを統一して管理する必要があります。Web画像用、プリント用とそれぞれ最適なカラープロファイルを使用して画像を編集すると、出力のカラー表現が画面表示に近くなります。

TIPS Elements Organizerの環境設定

Elements Organizerで、「編集」メニューの「環境設定」を選ぶと、Elements Organizerの「環境設定」ダイアログボックスが表示されます。

サムネールの表示、カタログの保存先、電子メール、編集アプリケーション、取り込み機器、カレンダー、タグとアルバム、電子メールの設定、オンラインアカウントなどの設定を行うことができます。

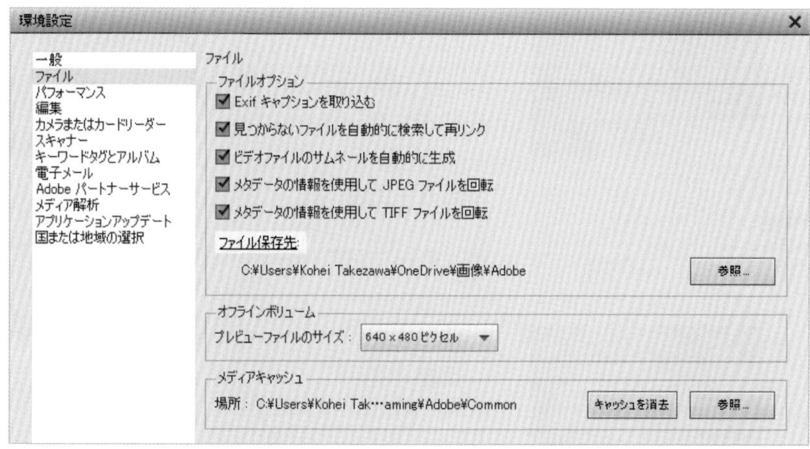

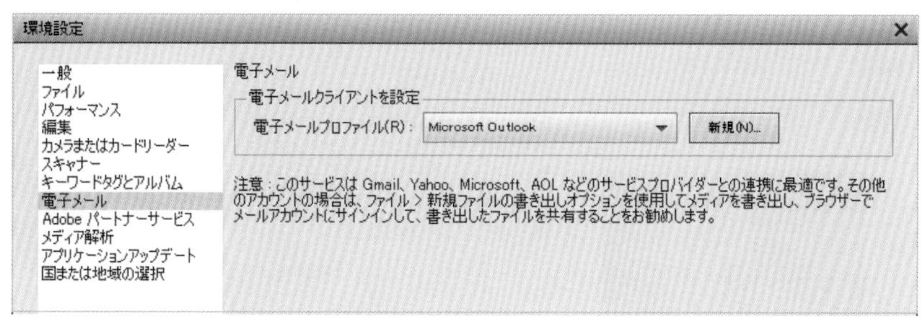

描画モード一覧

レイヤー同士、ブラシによる描画、塗りつぶしなど、ある画像の上に、別の画像を上書きする場合、上のピクセルを基準に下のピクセルとの関係を規定するのが描画モードです。
ここでは、2つのレイヤーの上のレイヤーについて描画モードを変更した場合の画像で示します。

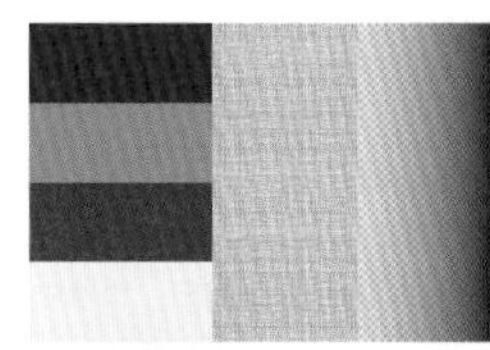

● 通常

上のレイヤーあるいは、ブラシの場合、ブラシの描画色がそのまま表示されます。レイヤーを作成した場合、ブラシで塗りつぶす場合の初期設定値です。

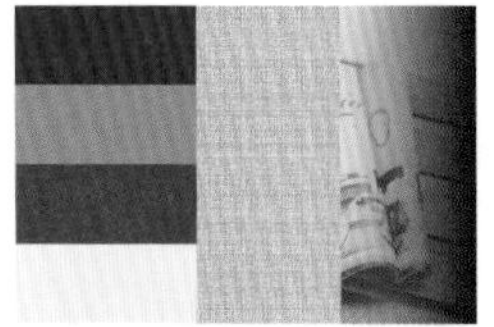

● ディザ合成

アンチエイリアスの部分にはディザがかかります。不透明度を100未満に設定するとその度合いによって、ランダムにディザがかかります。図は不透明度を70%。

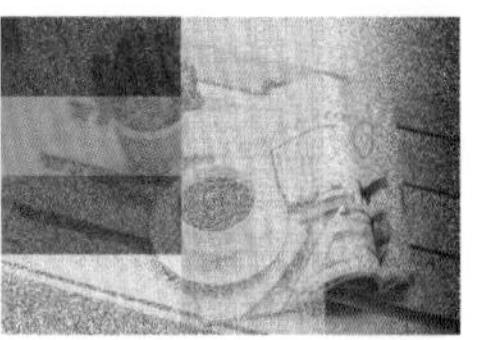

● 背景

「背景」はレイヤーの合成では適用できず、ブラシや塗りつぶしで透明部分のあるレイヤーの透明部分だけに対してのみ塗りを適用できます。図はブラシツールを適用。

ブラシツール
ブラシ:
サイズ: 89 px
不透明度: 100%
モード: 背景
ブラシ設定...
タブレット設定...

● 消去

ブラシツール、「塗りつぶし」「境界線を描く」コマンド、塗りつぶしツールで適用できるモードです。適用した部分が透明になります。

ブラシツール
ブラシ:
サイズ: 285 px
不透明度: 100%
モード: 消去
ブラシ設定...
タブレット設定...

● 比較（暗）

基本色と合成色をチャンネルごとに比較して、暗い色を結果色として表示します。

● 乗算

下の基調ピクセルに上のピクセルがかけ合わせられ、画像が暗くなります。フィルムを重ね合わせると暗くなっていくイメージです。

● 焼き込みカラー

各チャンネルの色情報によって、下の基調色を暗くし上の合成色が合成され、色調や輝度が調整されます。

● 焼き込み（リニア）

各チャンネル内のカラー情報に基づき基本色を暗くし明るさを落とし、合成色を反映します。ホワイトで合成した場合、何も変更されません。

● カラー比較（暗）

すべてのチャンネルの値の合計を比較し、値の低い方の色を表示します。

● 比較（明）

基本色と合成色をチャンネルごとに比較して、明るい色を結果色として表示します。

● スクリーン

乗算の逆の効果が適用されます。下の基調ピクセルの反転色に上の反転色のピクセルがかけ合わせられます。上のピクセルが白の場合は白に、黒の場合は変化ありません。

● 覆い焼きカラー

各チャンネルの色情報によって、下の基調色を明るくし上の合成色が合成され、色調や輝度が調整されます。

● ピンライト

合成色に応じて、カラーが置換されます。

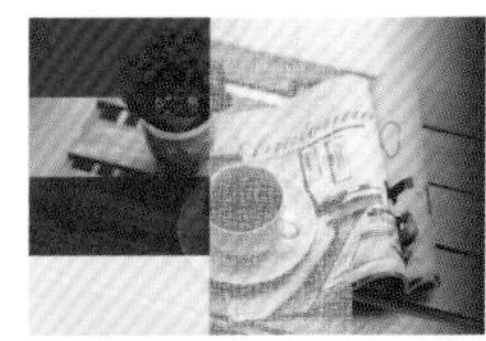

● 覆い焼き(リニア) - 加算

各チャンネル内のカラー情報に基づき、基本色を明るくして明るさを増し、合成色を反映します。ブラックと合成しても変化はありません。

● ハードミックス

合成色と基調色を比較し、その輝度の高低により、基調色のカラーを調整します。

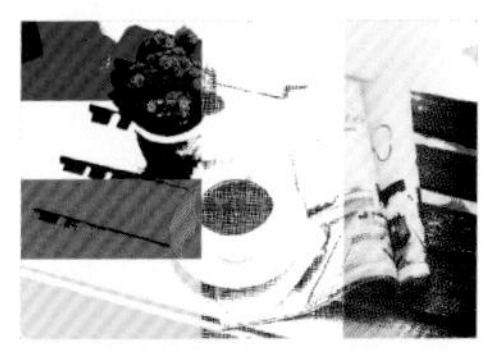

● カラー比較（明）

すべてのチャンネルの値の合計を比較し、値の高い方の色を表示します。

● 差の絶対値

基本色と合成色をチャンネルごとに比較して、明るいピクセル値から暗いピクセル値を引いた差の絶対値が結果色として表示されます。

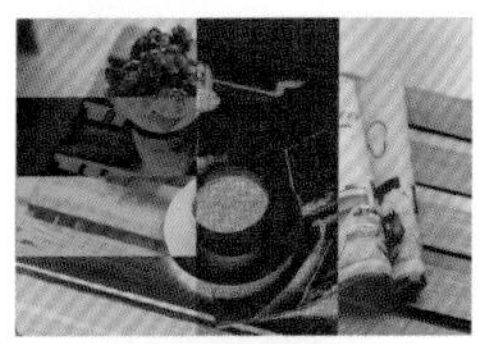

● オーバーレイ

下の基調色の輝度が51%以上の場合は乗算モードが、基調色の輝度が50%未満の場合は、スクリーンが適用されます。

● 除外

差の絶対値と基本的に効果は同じですが、効果がよりソフトな感じになります。

● ソフトライト

合成色（上のレイヤー）が、50%のグレー値より明るい場合、同じ色で明るくし、50%のグレー値より暗い場合、同じ色で焼き込みツールのように暗くします。

● 色相

基本色の輝度と彩度に合成色の色相を照らし合わせて結果色として表示します。

● ハードライト

合成色（上のレイヤー）が、50%のグレー値より明るい場合、スクリーンを適用し、50%のグレー値より暗い場合、乗算を適用します。

● 彩度

基本色の輝度と色相に合成色の彩度を照らし合わせて結果色として表示します。

● ビビットライト

合成色に応じてコントラストを増加または減少させ、カラーの焼き込みまたは覆い焼きを行います。

● カラー

基本色の輝度に合成色の色相と彩度を照らし合わせて結果色として表示します。

● リニアライト

合成色に応じて明るさを減少または増加させ、カラーの焼き込みまたは覆い焼きを行います。

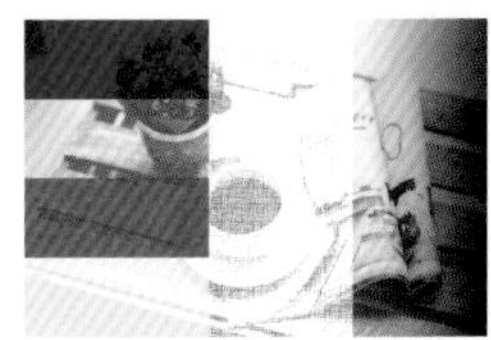

● 輝度

基本色の色相と彩度に合成色の輝度を照らし合わせて結果色として表示します。

ショートカット一覧

▼時短に役立つ厳選ショートカットキー

機能	Win	Mac
新規ファイルを開く	Ctrl+N	⌘+N
ファイルを上書き保存	Ctrl+S	⌘+S
印刷する	Ctrl+P	⌘+P
操作の取り消し	Ctrl+Z	⌘+Z
取り消した操作のやり直し	Ctrl+Shift+Z	⌘+shift+Z
コピー	Ctrl+C	⌘+C
ペースト	Ctrl+V	⌘+V
カット	Ctrl+X	⌘+X
自由変形	Ctrl+T	⌘+T
新規レイヤーを作成する	Ctrl+Shift+N	⌘+shift+N
レイヤーをグループ化する	Ctrl+G	⌘+G
一時的にズームツールに切り替える	Ctrl+Space	⌘+space

▼基本操作のショートカットキー

機能	Win	Mac
ファイルを開く	Ctrl+O(オー)	⌘+O(オー)
表示しているファイルをタブ順に切り替え	Ctrl+Tab	⌘+tab
ファイルを別名保存	Ctrl+Shift+S	⌘+shift+S
Web用に保存する	Ctrl+Alt+Shift+S	⌘+option+shift+S
ファイルを閉じる	Ctrl+W	⌘+W
ファイルをすべて閉じる	Ctrl+Alt+W	⌘+option+W
印刷する	Ctrl+P	⌘+P
Photo Shopを終了する	Ctrl+Q	⌘+Q

▼編集で使うショートカットキー

機能	Win	Mac
描画色と背景色を切り替える	X	X
描画色と背景色を初期設定に戻す	D	D

▼イメージ操作で使うショートカットキー

機能	Win	Mac
「画像解像度」ダイアログボックスを開く	Ctrl+Alt+I	⌘+option+I
「カンバスサイズ」ダイアログボックスを開く	Ctrl+Alt+C	⌘+option+C
自動スマート補正	Ctrl+Shift+M	⌘+shift+M
自動スマートトーン補正	Ctrl+Shift+T	⌘+shift+T
自動レベル補正	Ctrl+Shift+L	⌘+shift+L
自動コントラスト	Ctrl+Shift+Alt+L	⌘+shift+option+L
自動カラー補正	Ctrl+Shift+B	⌘+shift+B

▼レイヤー操作で使うショーットカットキー

機能	Win	Mac
下のレイヤーと結合	Ctrl+E	⌘+E
表示レイヤーを結合	Ctrl+Shift+E	⌘+shift+E
表示レイヤーの下に新規レイヤーを挿入	Ctrl+「新規レイヤー作成」ボタンをクリック	⌘+「新規レイヤー作成」ボタンをクリック
一番上のレイヤーを選択	Alt+.	option+.
一番下のレイヤーを選択する	Alt+,	option+,
1つ上/下のレイヤーを選択する	Alt+[ ]/[[ ]	option+[ ]/[[ ]
選択中のレイヤーを一つ上/下に移動する	Ctrl+[ ]/[[ ]	⌘+[ ]/[[ ]
レイヤーを一番上/下に移動する	Ctrl+Shift+[ ]/[[ ]	⌘+shift+[ ]/[[ ]
他のレイヤーを非表示にする	Alt+目のアイコンをクリック	option+目のアイコンをクリック
レイヤースタイルを隠す	Alt+レイヤー効果名をダブルクリック	option+レイヤー効果名をダブルクリック
レイヤーマスクを有効/無効にする	Shift+レイヤーマスクサムネイルをクリック	shift+レイヤーマスクサムネイルをクリック
クリッピングマスクを作成/解除する	Ctrl+Alt+G	⌘+option+G
クリッピングマスクを作成する	Alt+レイヤーの分割線をクリック	option+レイヤーの分割線をクリック
全体/選択範囲を隠すレイヤーマスクを作成する	Alt+「レイヤーマスクを追加」ボタンをクリック	option+「レイヤーマスクを追加」ボタンをクリック

▼ 選択の操作で使うショートカットキー

機能	Win	Mac
すべてを選択する	Ctrl＋A	⌘＋A
選択を解除	Ctrl＋D	⌘＋D
再選択	Ctrl＋Shift＋D	⌘＋shift＋D
選択範囲を追加	Shift＋ドラッグ	shift＋ドラッグ
選択範囲から除外	Alt＋ドラッグ	option＋ドラッグ
選択範囲を反転	Ctrl＋Shift＋I	⌘＋shift＋I
選択範囲を新規レイヤーに複製	Ctrl＋J	⌘＋J
正円や正方形の選択範囲を作成する	Shift＋ドラッグ	shift＋ドラッグ
選択範囲を中心から作成する	Alt＋ドラッグ	option＋ドラッグ

▼ 画像の表示に使うショートカットキー

機能	Win	Mac
カンバスを移動する	Space＋ドラッグ	space＋ドラッグ
100%で表示する	Ctrl＋1	⌘＋1
画像サイズに合わせる	Ctrl＋0	⌘＋0
表示している画像の拡大	Ctrl＋+	⌘＋+
表示している画像の縮小	Ctrl＋+	⌘＋-
一時的にズームツール（縮小）に切り替える	Alt＋Space	option＋space
マウスポインタの一で拡大縮小する	Alt＋マウスホイールの回転	option＋マウスホイールの回転
定規を表示する	Ctrl＋R	⌘＋R

▼ ツールの切り替えに使うショートカットキー

機能	Win	Mac
手のひらツール	H	H
ズームツール	Z（＋Altで縮小）	Z（＋option）
移動ツール	V	V
選択ツール	M	M
なげなわツール	L	L
クイック選択ツール	A	A
スポイトツール	I	I
ブラシツール	B	B
鉛筆ツール	N	N
コピースタンプツール	S	S
スポイトツール	I	I
消しゴムツール	E	E
グラデーションツール	G	G
塗りつぶしツール	K	K
スポンジツール	O	O
アイツール	Y	Y
横書き文字ツール	T	T
切り抜きツール	C	C
カスタムシェイプツール	U	U
再構成ツール	W	W
コンテンツに応じて移動ツール	Q	Q
角度補正ツール	P	P
選択ツールを移動ツールに切り替え	Ctrl	⌘

▼ Elements Organizerのショートカットキー

機能	Win	Mac
ファイルやフォルダから写真を取り込む	Ctrl＋Shift＋G	⌘＋shift＋G
カタログを管理	Ctrl＋Shift＋C	⌘＋shift＋C
カタログのバックアップを作成	Ctrl＋B	⌘＋B
写真だけを検索する	Alt＋1	option＋0
表示の更新	F5	F5
表示するメディアの種類を選択・解除	Ctrl＋1〜4	⌘＋1〜4
日付とタグを表示	Ctrl＋D	⌘＋D
フルスクリーン	F11	F11
タイムグラフ	Ctrl＋L	⌘＋L
新規キーワードタグ	Ctrl＋N	⌘＋N
Elements Editorで編集	Ctrl＋I	⌘＋I
日時を変更	Ctrl＋J	⌘＋J

INDEX

数字

90°回転 …… 152
180°回転 …… 152

A

Adobeパートナーサービス …… 290

C

Camera Rawデータを開く …… 20

D

Digimarc …… 262
DNG …… 21

E

Elements Organizer …… 13, 40, 47, 264
Exif …… 55

F

Flickr …… 273

H

HEIF …… 19
HSB …… 183

P

Photomerge …… 158
Photomerge Compose …… 159
Photomerge Exposure …… 159
Photomerge Faces …… 159
Photomerge Group Shot …… 159
Photomerge Panorama …… 158
Premiere Elements …… 271

R

RGB …… 37, 183
RGBカラー …… 37

W

Webセーフカラーのみに制限 …… 184
Web用に保存 …… 27

Y

YouTube …… 273

あ

赤目修正ツール…… 201, 214
明るさ・コントラスト…… 227
明るさとコントラスト…… 241
明るさの最小値…… 262
明るさの最大値…… 262
明るさの中間値…… 254
アクションパネル…… 160
浅浮彫り…… 252
網目…… 256
粗いパステル画…… 249
粗描き…… 249
アルバムの作成…… 64
アンシャープマスク…… 250
アンチエイリアス…… 93, 165

い

移動ツール…… 101, 125, 164
イベントビュー…… 72
イベントを追加…… 72
イベントを編集する…… 74
色鉛筆…… 249
色温度…… 21, 22, 216
色かぶり補正…… 21, 22
色の置き換えツール…… 198
インク画（外形） …… 256
印象派ブラシツール…… 196
インターレース…… 31
インターレース解除…… 255
インデックスカラー…… 38
インデックスプリント…… 280

う

ウォーターペーパー…… 252
渦巻き…… 261
海の波紋…… 261

え

エアブラシモード…… 190
エキスパートモードでフロートドキュメントを許可…… 285
エッジの強調…… 256
エッジの光彩…… 259
エッジのポスタリゼーション…… 249
遠近法…… 154
鉛筆ツール…… 191
エンボス…… 259

お

覆い焼きツール…… 199
オートセレクションツール…… 98
オートン効果…… 244
オーバーレイ…… 135
置き換え…… 261
押し出し…… 259
オリジナルと一緒にバージョンセットで保存 …… 26

か

解像度…… 16
階調の反転…… 235
回転…… 155
回転ハンドル…… 151
ガイド…… 85
ガイドモード…… 241
顔立ちを調整…… 234
拡散…… 259
角度補正ツール…… 155
可視性…… 142
カスタム…… 262
カスタムシェイプツール…… 178
「カスタムプリントサイズ」オプション…… 279
カスタムワークスペース…… 172
かすみの除去…… 240
風…… 259
画像解像度…… 32
画像のサイズの変更…… 32
画像タグ…… 61
画像の拡大と縮小表示…… 76
画像の再サンプル…… 35
画像プレビュー…… 286
画像を統合…… 133
画像を取り込む…… 42

画像を開く……18
型抜きツール……115
カタログマネージャー……40
カタログを管理……40
カタログをつくる……40
カット……111
カットアウト……249
カメラキャリブレーション……21
カメラまたはカードリーダーから……44
画面サイズに合わせる……77
画面にフィット……77
画面表示・カーソル……288
「カラー」オプション……216
カラーカーブ……237
カラー数……30
カラー設定……292
カラーの設定……182
カラーハーフトーン……255
カラーバランス……226
カラーバランスを補正……242
カラーピッカー……166, 183, 187, 284
カラーマネジメント……292
「カラーマネジメント」オプション……278
カラーモード……11, 16
カラーを削除……231
カラーを調整……230, 242
ガラス……261
カレンダーパネル……74
環境設定……284
かんたんアルバムを作成……65
かんたん補正……52, 53
カンバスカラー……17
カンバスサイズ……36

き

キーワードタグ……58
キーワードタグを削除……59
ぎざぎざのエッジ……252
逆光……260
キャッシュレベル……287
球面……261
境界線……106
境界線を調整……108
境界をぼかす……105

行揃え……166
共通の選択範囲……103
切り抜き……114
切り抜きツール……114
近似色を選択……109

く

クイック整理……52
クイック選択ツール……94
クイック編集……52
クイックモード……214
雲模様……260
グラデーションエディター……207
グラデーションツール……205
グラデーションの不透明度……209
グラデーションピッカー……206
グラデーションマップ……210
グラフィックパネル……144, 173
グラフィックペン……252
グリーティングカード……271
グリッド……86
グリッドにスナップ……86
クリッピングマスク……156
クリップボード……112
グループを追加……69
グレースケール……38
グレースケールへの変換……239
グレー点を設定……223
クレヨンのコンテ画……252
クロム……252
黒レベル……21

け

消しゴムツール……190
検索条件を保存する……57
「検索」ボタン……56
減色アルゴリズム……30

こ

「効果」パネル……136, 217
効果を拡大・縮小……144
光彩（内側）……139
光彩拡散……261
光彩（外側）……138

黒点を設定……223
こする……249
コピー（フィルター）……252
コピー……112, 120
コピースタンプツール……197
コンテンツに応じた移動ツール……118
コンテンツに応じる……188
コントラスト……21, 22
コンポジットチャンネル……220

さ

サイズ……16
再選択……91
彩度……21, 216
「作成」メニュー……14
差の絶対値……135
極座標……261
サムネールスライダ……49
サムネールの大きさ……49
サムネールを削除する……50

し

シアー……261
シールドを使用……288
シェイプオプション……179
シェイプに沿ったテキスト……180
シェイプの自由変形……178
シェイプ範囲オプション……179
シェイプライブラリ……178
シェイプレイヤー……175
シェイプを移動する……177
シェイプを追加する……177
シェイプを変形する……178
しきい値……250
色彩の統一……231
色相……135, 216
色相・彩度……219, 229
ジグザグ……261
自然な彩度……23, 216
下のレイヤーと結合……131
自動赤目修正……42
自動かすみ除去……240
自動キュレーション……53
自動コントラスト……215, 225, 227

自動作成……13
自動シャープ……251
自動スマートトーン補正……224
自動スマートトーン補正の結果をリセット…285
自動スマート補正……224
自動選択ツール……96
自動的に写真をスタック……42, 43, 46, 54
自動補正……223
自動レベル補正……215
シャープ……21, 216
シャープツール……199
写真テキスト……174
写真の編集……14
写真をカラーにする……237, 239
写真を並べ替える……48
シャドウ……21, 23
シャドウ（内側）……138
シャドウ・ハイライト……228
シャドウ部を調整する……221
縦横比……93
縦横比を固定……32
自由な形に……154
修復ブラシツール……201
自由変形……151
重要度……59
重要度で検索……47
終了……15
定規……85
小規模のスタックを表示しない……67
詳細スマートブラシツール……203
乗算……135
「情報」タブ……55
情報パネル……79
白レベル……21
新規イベントを追加……72
新規キーワードタグ……61
新規グループを作成……129
新規ファイル……16
新規ブラシ……193
新規レイヤーを作成……123
人物スタックに名前を追加……68
人物ビュー……67

す

水彩画……249
水彩図効果……244
水晶……255
ズームスライダ……47
ズームツール……76
スクリーン……135
スクロール……78, 262
スクロールホイールでズーム……285
スタック……54
スタンプ……252
ステンドグラス……253
ストローク……141
ストローク（暗）……256
ストローク（スプレー）……256
ストローク（斜め）……256
スナップ先……85
すべてのウィンドウをスクロール……78
すべての警告ダイアログボックスを初期化…285
すべての効果を隠す……144
すべてを閉じる……24
スポット修復ブラシツール……201
スポンジ……249
スポンジツール……200
スマートタグ……56, 59
スマートブラシツール……202
「スマート補正」オプション……214
スマート補正を調整……224
墨絵……256
スライドショー……51, 264

せ

整理……13
選択エリア調整ブラシツール……99
選択範囲……90
選択範囲からブラシを定義……194
選択範囲内へペースト……113
選択範囲に沿ったテキストを追加ツール 170
選択範囲の移動……100
選択範囲の塗りつぶし……188
選択範囲を拡張……107
選択範囲をコピーしたレイヤー……124
「選択範囲を反転……104
選択ブラシツール……97
選択を解除……91
選択範囲の一部分を解除……102

そ

ソフト通知を有効にする……285
ソラリゼーション……259

た

ダイナミックレンジ……221
タイムグラフ……50
楕円形選択ツール……90
多角形選択ツール……92
「タグ／情報」ボタン……55
タスクエリア……47
タスクバー……47
縦書き文字ツール……163
タブレット設定……190
単位・定規（環境設定）……289

ち

チェックフォルダー……45
調整レイヤー……218
長方形選択ツール……90
長方形ツール……175
チョーク・木炭画……252
ちりめんじわ……252
チルトシフト……260

つ

通常……135
ツールオプション……80
ツールヒントを表示……285
ツールボックス……84
つまむ……261

て

ディザ……30
ディテール……21
テキスト（環境設定）……291
テキスト全体を選択……164
テキストの書式……162
テキストの入力……162
テキストの方向の切り替え……163
テキストのレイヤースタイル……172

テキストレイヤー…… 163
「テクスチャ」パネル …… 217
テクスチャライザー…… 253
デジタル画像…… 10
電子メールにファイルを添付…… 272
点描…… 255

と

透明…… 17
透明部分（環境設定） …… 289
ドキュメントのサイズ…… 35
閉じた目を調整…… 234
閉じる…… 24
ドライブラシ…… 249
トリミング…… 115
塗料…… 249
ドロップシャドウ…… 137

な

なげなわツール…… 92
ナビゲーターパネル…… 77
滑らかに…… 106
並べ替えバー…… 47
並べて比較する…… 52
並べて表示…… 78

に

2階調化 …… 236

ぬ

塗りつぶしツール…… 187
塗りつぶしレイヤー…… 145

ね

ネオン光彩…… 249

の

ノイズ軽減…… 21
ノイズを加える…… 254
ノイズを軽減…… 254
ノート用紙…… 252

は

バージョンセット…… 26
ハードミックス…… 135
ハードライト…… 135
ハーフトーンパターン…… 252
背景消しゴムツール…… 117
背景色…… 182
「背景」レイヤー …… 127
背景を置き換え…… 113，244
配信…… 272
「配信」ボタン …… 15
ハイパス…… 262
ハイライト…… 21，23
ハイライト部を調整する…… 222
バウンディングボックスを表示…… 150
白紙ファイル…… 16
白色点を設定…… 223
波形…… 261
場所タグ…… 70
場所ビュー…… 70
場所を追加…… 71
パターンスタンプツール…… 212
パターンで塗りつぶし…… 149
パターンを定義…… 211
肌色補正…… 233
肌を滑らかにする…… 233
パッチワーク…… 253
はね…… 256
パネルエリア…… 47，81
パネルの表示…… 80
パネルを初期化…… 82
パネルを分離する…… 82
パノラマの作成…… 158
パフォーマンス（環境設定） …… 287
波紋…… 261
「バランス」オプション …… 216
パレットナイフ…… 249
歯を白くする…… 214
ハンドルをドラッグ…… 150

ひ

比較（明） …… 135
光の三原色…… 37
ピクセル数を変更する…… 34
ピクセル等倍…… 77
ピクチャパッケージ…… 280
被写界深度…… 258
被写体の選択…… 110
ヒストグラム…… 221
ヒストグラムパネル…… 225
ヒストリー…… 287
ヒストリーを消去…… 88
ヒストリ−パネル …… 87
ビューを切り替える…… 48
描画色…… 182
描画モード…… 134
表示レイヤーを結合…… 132
開く…… 18
ピン留めあり…… 70

ふ

ファイバー…… 260
ファイル拡張子…… 286
ファイル形式…… 18, 19
ファイルの互換性…… 287
ファイルの保存（環境設定） …… 286
フィルター…… 246
フィルムストリップ…… 51
フォトエリア…… 14，19
フォトカレンダー…… ，269
フォトコラージュ…… 271
フォトダウンローダー…… 44
フォトブック…… 267
フォルダー階層の表示…… 48
フォントサイズ…… 165
フォントの書式を変更…… 165
複数ファイルをバッチ処理…… 281
複製を保存…… 25
不透明度…… 134
ブラウザーでプレビューする…… 28
プラグイン…… 289
ブラシ設定…… 192
ブラシセット…… 190
ブラシツール…… 189
ブラシファイルの読み込み…… 195
ブラシを削除…… 193
プラスター…… 252
プリセットを選択する…… 28
プリンタの選択…… 276
プリント…… 276

プリントサイズ……77
「プリントの指定」オプション……278
古い写真の復元……244
フルスクリーン表示……51
ぶれ……255, 256
「フレーム」パネル……217
フレスコ……249
ぶれの軽減……251
プロジェクトの作成……14
プロジェクトを作成する……264

へ

平均化（イコライズ）……235
ペースト……112, 120
べた塗り……145
ベベル……140
変形を確定……151
「編集」ボタン……19

ほ

ホーム画面……13
ぼかし……93
ぼかし（移動）……257
ぼかし（強）……257
ぼかし（詳細）……257
ぼかしツール……199
ぼかし（表面）……257
ぼかし（放射状）……258
ポスタリゼーション……236
保存……25
ポップアート……243
ホワイトバランス……21, 22

ま

マイフォルダーリスト……47
マグネット選択ツール……95
マジック消しゴムツール……116
マップ上にピンを追加……71

む

ムービングエレメンツ……31
ムービングオーバーレイ……31
ムービングフォト……31
昔風の写真……243

め

明瞭度……23
メゾティント……255
メディア解析……67
面を刻む……255

も

木炭画……252
モザイク……255
モザイクタイル……253
文字のカラー……166
モノクロ2階調……38
モノクロバリエーション……237

や

焼き込みカラー……135
焼き込みツール……200

ゆ

ゆがみ……153
「ゆがみ」フィルター……247
指先ツール……198

よ

用紙設定……277
横書き文字ツール……162
横書き文字マスクツール……167

ら

ライティング……215
ラスタライズ……164, 168
ラップ……249

り

リサイズ……32
粒状……253
粒状フィルム……249
輪郭以外をぼかす……254
輪郭検出……259
輪郭のトレース……259

れ

「レイアウト」ボタン……78
レイヤー……122
レイヤーオプション……148
レイヤースタイル……136
レイヤースタイルをコピー……143
レイヤースタイルを消去……137, 144
レイヤーの階層移動……127
レイヤーのグループ化……129
レイヤーの整列……157
レイヤーの塗りつぶし……188, 212
レイヤーの表示/非表示……121
レイヤーの不透明度……121
レイヤーの変形……150
レイヤーのリンク……126
レイヤーマスク……147
レイヤーを削除……124
レイヤーを左右に反転……155
レイヤーを自動選択……126
レイヤーを複製する……128
レイヤーをラスタライズ……168
レベル補正……220
レンズフィルター……238
レンズフィルターカラー……186
「レンズ補正」フィルター……248

ろ

ロールオーバーにハイライトを表示……126, 150
露光量……22, 215

わ

ワープテキスト……169

本書で使用した写真のダウンロードについて

本書で使用している写真は、弊社のホームページからダウンロードし、実際にPhotoshop Elementsで開いて本書の解説と併せてご使用ください。
なお、権利関係上、配布できないサンプル画像もございますので、あらかじめご了承ください。

本書サンプルファイルのダウンロードサイト
http://www.sotechsha.co.jp/sp/1309/

からダウンロードすることができます。
なお、ダウンロードしたファイルはZIP形式で圧縮されているので、Webサイトのページに書かれている解凍方法の説明をよく読んで解凍して下さい。

基礎からしっかり学べる
Photoshop Elements 2023
最強の教科書
Windows & macOS 対応

2022年10月30日　初版　第1刷発行

著者　ソーテック社
発行人　柳澤淳一
編集人　久保田賢二
発行所　株式会社　ソーテック社
〒102-0072　東京都千代田区飯田橋4-9-5　スギタビル4F
電話（注文専用）03-3262-5320　FAX03-3262-5326
印刷所　図書印刷株式会社

©2022 Katsuya Imura / Sotechsha
Printed in Japan
ISBN978-4-8007-1309-4

制作協力
Noriyo Nozawa /Kohei Takezawa

本書の一部または全部について個人で使用する以外著作権上、株式会社ソーテック社および著作権者の承諾を得ずに無断で複写・複製することは禁じられています。
本書に対する質問は電話では一切受け付けておりません。なお、本書の内容と関係のない、パソコンの基本操作、トラブル、固有の操作に関する質問にはお答えできません。内容の誤り、内容についての質問がございましたら切手を貼付けた返信用封筒を同封の上、弊社までご送付ください。
乱丁・落丁本はお取り替え致します。

本書のご感想・ご意見・ご指摘は
http://www.sotechsha.co.jp/dokusha/
にて受け付けております。Webサイトではご質問はいっさい受け付けておりません。